高·等·职·业·教·育·教·材

 湖南省职业教育（高职）
精品在线开放课程配套教材　 岗课赛证、融媒体教材

光谱分析技术

周言凤　王祝　漆寒梅　主编

U0387605

化学工业出版社
·北京·

内容简介

《光谱分析技术》介绍了紫外－可见分光光度法、红外分光光谱法、原子发射光谱法、原子吸收光谱法、原子荧光光谱法5类常用光谱分析仪器，优选9个企业典型的真实检测任务，基于典型任务的基本工作流程，将各仪器的原理、结构、使用及维护保养方法等知识融入实际检测任务中，重构形成了"模块＋任务"的课程体系。

本书一改传统的编写思路，结合高职学生的学情特点及认知规律，整体编写思路为：启发生疑，了解仪器——究疑探索，操作仪器——解惑理解，探秘仪器——熟练操作，应用仪器。

实验任务按"任务导入—实验方案—实验实施—实验报告—任务评价"进行编排，任务导入明确做什么，实验方案明确怎么做，实验实施明确如何具体做，实验报告则是让学生学会计算含量、数据处理及报告的填写，任务评价是对实验全过程的完成质量进行评分，帮助学生查漏补缺、反思提升。知识学习按"问题导学—知识讲解—习题测验"进行编排，让学生带着问题，有目的、有方向地进行学习，通过习题测验强化巩固。

课程思政以学习内容为载体，五个模块的"见微知著"分别从专业素质、行业振兴、家国情怀、构建人类命运共同体四个层面递进挖掘，突出知识的传授和能力的培养，提高学生分析问题、解决问题的能力。

本书既面向中、高职或本科的分析检验技术相关专业在校学生，也适用于社会上相关专业技术人员的学习和培训。

图书在版编目（CIP）数据

光谱分析技术/周言凤，王祝，漆寒梅主编．—北京：化学工业出版社，2022.7
高等职业教育教材
ISBN 978-7-122-41597-4

Ⅰ．①光… Ⅱ．①周…②王…③漆… Ⅲ．①光谱分析-高等职业教育-教材 Ⅳ．①O433.4

中国版本图书馆CIP数据核字（2022）第094207号

责任编辑：旷英姿 提 岩	文字编辑：陈 雨
责任校对：刘曦阳	装帧设计：王晓宇

出版发行：化学工业出版社（北京市东城区青年湖南街13号　邮政编码100011）
印　　装：大厂聚鑫印刷有限责任公司
787mm×1092mm　1/16　印张15¾　字数380千字　2022年7月北京第1版第1次印刷

购书咨询：010-64518888　　　　　　　　　　　　售后服务：010-64518899
网　　址：http://www.cip.com.cn
凡购买本书，如有缺损质量问题，本社销售中心负责调换。

定　　价：48.00元

编审人员名单

主　　编　周言凤　王　祝　漆寒梅
副 主 编　秦亚平　伍惠玲　顾秋香　于　勇　彭　欢
编写人员　（按姓氏笔画排序）

丁爱梅　株洲冶炼集团股份有限公司

于　勇　湖南食品药品职业学院

王　祝　西藏自治区地质矿产勘查开发局中心实验室

王晓明　辽宁有色勘察研究院有限责任公司

石力博　湖南有色环保研究院有限公司

冯源强　西藏自治区地质矿产勘查开发局中心实验室

伍惠玲　湖南有色金属职业技术学院

邬　晔　湖南有色金属职业技术学院

苏思强　西藏自治区地质矿产勘查开发局中心实验室

陈明珠　湖南有色环保研究院有限公司

邵　蓓　西藏自治区地质矿产勘查开发局中心实验室

尚新月　辽宁有色勘察研究院有限责任公司

周言凤　湖南有色金属职业技术学院

秦亚平　广东省地质局第五地质大队

顾秋香　宜宾学院

黄军维　北京燕京电子有限公司

黄志遥　湖南石油化工职业技术学院

彭　欢　湖南石油化工职业技术学院

漆寒梅　湖南有色金属职业技术学院

滕　达　辽宁有色勘察研究院有限责任公司

主　　审

谭骁彧　湖南有色金属职业技术学院

李继睿　湖南化工职业技术学院

前言

光谱分析是根据物质的光谱来鉴别物质、确定其化学组成和相对含量的分析方法。光谱分析技术在有色、冶金、地质、环境、化工、食品、药品等行业的无机金属元素分析中应用广泛。在分析检测类专业课程体系中，一贯传统是将"光、电、色"三部分内容统归于"仪器分析"课程。但随着计算机、信息技术的引入，生命、环境、新材料等科学的发展，仪器设备成本的降低，常用仪器分析技术进入了普通实验室，仪器分析在日常分析检测工作中的地位日益突出，检测岗位的需求越来越大。由于仪器分析涉及"光谱、色谱、电化学"等方面的内容，知识面广、技能点多、仪器设备繁杂，在实际教学中，往往教和学不够深入。

本着职教改革的新理念，以及培养适应社会需求的高技能人才的原则，多数高职院校已将"仪器分析"分解为"光谱分析、色谱分析和电化学分析"三门课程。由于目前还很难找到合适的配套教材，特邀请多年从事光谱分析检测技术工作的教师和企事业单位高级工程师联合编写本书。

本书在内容的选取上，始终贯彻"突出核心能力，重视理论基础"的原则。针对紫外－可见分光光度法、红外分光光谱法、原子发射光谱法、原子吸收光谱法、原子荧光光谱法5类常用光谱分析仪器，精心优选企业典型的真实检测任务，基于典型任务的基本工作流程，将各类仪器的原理、结构、使用及维护保养方法等知识融入实际检测任务中，重构形成了"模块＋任务"的课程体系。

在内容的编排上，避免"先被动灌输原理结构，后动手操作如梦初醒"的状态，结合高职学生的学情特点及认知规律，一改"先原理结构，后仪器应用"的传统思路，通过"先认识仪器，生疑启发学生带着问题学习——操作仪器，究疑探索问题边做边学，边学边做，完成单一的实验任务——讲解仪器原理结构，帮助学生真实操作仪器，解惑理解仪器的奥秘——应用仪器开展综合实验，帮助学生熟练操作、加深巩固对仪器的理解和应用"。

实验任务"基于工作过程"配套丰富的教学视频资源，让学生探索仪器有视频演示原理结构，技能操练有实验视频演示方法步骤和操作过程，计算含量有微课视频详解计算方法步骤，助力了"线上＋线下"混合式教学模式的展开，极大地拓宽了课程教育教学的时空界限，帮助学生养成自主学习习惯。

课程思政以学习内容为载体，在知识传授和技能训练的基础上进一步挖掘，引用古语将中国传统文化融入理工科专业课程教学，提升学生的文化修养，培养学生见微知著的能力。

本书既面向中、高职或本科的化学检验相关专业在校学生，也适用于社会上化学检验专业相关技术人员的学习和培训。为培养适应社会需求的技术型分析检验人员，本书的每一个实验任务，均邀请多年从事该仪器分析工作的技术负责人编写。

本书由周言凤、王祝、漆寒梅任主编，秦亚平、伍惠玲、顾秋香、于勇、彭欢任副主编，谭骁彧、李继睿任主审。周言凤编写导入；周言凤、漆寒梅、彭欢、黄志遥编写模块一；于勇、石力博编写模块二；王祝、周言凤、丁爱梅编写模块三；顾秋香、王祝、周言凤编写模块四；周言凤、王晓明编写模块五。思政部分内容由邬晔、周言凤、伍惠玲、漆寒梅共同编写。本书配套数字化资源由周言凤、王祝、漆寒梅、秦亚平、丁爱梅、王晓明、石力博、黄军维、邵蓓、冯源强、苏思强、滕达、尚新月、彭欢、陈明珠共同开发。全书由周言凤统稿。

在教材编写过程中，得到了湖南有色金属职业技术学院陈志勋、湖南化工职业技术学院李继睿的悉心指导，湖南有色金属职业技术学院谭骁彧对课程思政元素的发掘进行了细致的指导与审定，在此向他们表示衷心的感谢。还要特别感谢湖南有色金属职业技术学院胡拥军、陆柏林、夏松涛的指导及学院、资源环境系、教务处各位领导和分析检验技术团队的大力支持！另外，在本书编写过程中，我们还参考了专家的研究成果和有关文献资料，在此表示衷心的感谢。

本书编写过程中尽了最大努力，尤其各类光谱分析仪器的应用来源于企业真实任务，编写团队较大，历经一学期的应用与完善，费时较长，但部分内容难免有不足之处，敬请各位专家和读者批评指正！

编者

2022.5

目录
CONTENTS

》》走进光谱分析

　　分析化学是关于研究物质的组成、含量、结构和形态等化学信息的分析方法及理论的一门科学，它包括化学分析、仪器分析两部分。化学分析是基础，仪器分析是新时代的发展方向。**仪器分析**是以物质的物理或物理化学性质为基础，应用特殊精密仪器，探求物质在分析过程中所产生的信号与物质组成的内在关系和规律，进而对其进行定性、定量和形态分析的一类分析方法。仪器分析方法包括的分析方法有数十种之多，每一种分析方法所依据的原理不同，所测量的物理量不同，操作过程及应用情况也不同。仪器分析主要包括**光谱分析、色谱分析和电化学分析**。如图 0-1 所示。

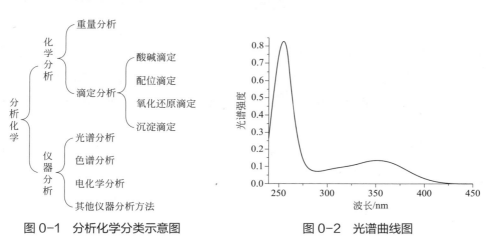

图 0-1　分析化学分类示意图　　　　　　　图 0-2　光谱曲线图

　　光谱分析法是根据光与物质相互作用产生的光谱信息来鉴别物质及确定其化学组成和相对含量的分析方法。利用物质的特征光谱对其进行定性分析，根据光谱强度进行定量分析。如图 0-2 光谱曲线所示，其中横坐标是波长，波长的位置可以反映物质的结构信息，不同物质有不同的特征光谱，从而进行定性分析；纵坐标是光谱强度，光谱的强度与物质的含量符合一定的函数关系，根据光谱的强度来进行定量分析。

光谱史话　**光谱分析法如何得来?**

　　19 世纪 50 年代初，德国化学家本生（Robert Bunsen），发明了一种燃烧煤气的灯，他试着把各种物质放到灯的高温火焰里，看看它们在火焰里究竟有什么变化。

火焰本来几乎是无色的，可当含钠的物质放进去时，火焰变成了黄色；含钾的物质放进去时，火焰又变成了紫色……连续多次的试验使本生相信，他已经找到了一种新的化学分析的方法。一种不需要复杂的试验设备，不需要试管、量杯和试剂，只要根据物质在高温无色火焰中发出的彩色信号，就能知道这种物质里含有什么化学成分。

但是，进一步的试验发现：有些物质的火焰几乎有着同样颜色的光辉，单凭肉眼根本没法把它们分辨清楚是什么成分。反复多次不断的试验让本生烦恼了。

这时，同住一座城里的研究物理学的基尔霍夫（Gustav Robert Kirchhoff）想到三棱镜能够将太阳光分解成七种颜色的光谱，那么可否用这块简单的玻璃块来分辨高温火焰里那些物质所发出的彩色信号呢？

基尔霍夫告诉了本生这个想法，并把自己研制的分光镜拿来开展试验。他们把各种物质放到火焰上，让物质灼烧成蒸气后，通过分光镜，果然发现被分解为由一些分散的彩色线条组成的光谱——线光谱。蒸气成分里有什么元素，线光谱中就会出现这种元素所特有的跟别的元素不同的色线。每一种元素都有自己的特征谱线，如同人的指纹也是独有的一样。比如：钠蒸气的光谱里有两条挨得很近的黄线；钾蒸气有两条红线，一条紫线；等等。就这样给人们找到了一种可靠的探索和分析物质成分的方法——光谱分析法。

如今，光谱分析法已广泛应用于常用的定性定量分析，光谱分析仪器成为了一般分析室最常规的"武器"。

见微知著

从光谱分析法的发现过程，你看到了科学家本生和基尔霍夫哪些珍贵的精神品质，在以后的学习工作中，可带来哪些启发？

【工欲善其事，必先利其器。】

科学技术的发展深刻改变了世界，科学家的高尚情操树立了光辉的榜样。作为新时代的青年，要努力养成开拓创新、团结协作、锐意进取、不畏艰险、敢为人先、勇攀高峰、推陈出新、永无止境的精神，争做有担当、有责任、有理想、有志气的接班人。

0.1　光的本质

问题导学

1. 光谱分析要用到光，那么，光的本质是什么？
2. 光有哪些基本特性？描述光的参数有哪些？各参数之间的关系是怎样的？

知识讲解

1. 光的认识历程

1666 年，英国著名的物理学家牛顿第一次进行了光的色散试验，他在暗室中引入一束太阳光，让它照射到三棱镜上，在三棱镜另一侧的白纸屏上形成了一条像彩虹一样的光带，而且这条光带的颜色从上到下依次按红、橙、黄、绿、青、蓝、紫顺序排列，这是光谱的早期发现。

牛顿主张光的微粒说，他继承了道尔顿的原子假说理论，认为一切物质都是由最小微粒构成的。在同一时期，荷兰物理学家惠更斯有不同的观点，他认为光具有波动性。但鉴于牛顿的学术地位，当时的人们更愿意接受牛顿的光的微粒说。

见微知著

牛顿继承道尔顿的原子假说理论，主张光的微粒说。而在当时，惠更斯不惧牛顿的学术权威，提出光的波动性，推翻了牛顿的微粒说。从惠更斯的身上，可看出科学家的哪些珍贵品质？科学探究路上需要哪些精神？

【疑是思之始，学之端。】

无论是科学探索还是科学研究，无一不是从问题开始的。新时代青年，要学会提出问题，形成追求真理、敢于质疑、不惧权威的探索意识。新时代的青年，要学会解决问题，培养锐意进取、孜孜以求的科学精神。

19 世纪初，英国物理学家托马斯·杨通过试验发现了光的干涉现象，为了验证光的干涉性，参照水的干涉波设计了杨氏双缝干涉试验。光的干涉是波特有的性质。法国物理学家菲涅耳为了进一步证明光的基本特性，通过试验发现了光的衍射现象，光能够绕过障碍物进行传播，进一步证明了光的波动性。

1865 年英国物理学家麦克斯韦预言了电磁波的存在，他认为电磁波只可能是横波，并推导出电磁波的传播速度等于光速，同时得出结论：光是电磁波的一种形式，揭示了光现象和电磁现象之间的联系，成功地将电学、磁学、光学统一起来。

　　1887 年德国物理学家赫兹发现了光电效应，用试验验证了电磁波的存在。20 世纪初，爱因斯坦通过试验发现金属表面在光照作用下发射电子，他认为光是有能量的，并且光的能量传播不是连续的传播，而是一份一份地进行传播。光具有量子性，光由有光量子组成，他成功解释了光电效应。光电效应说明了光具有粒子性。在爱因斯坦以后，科学家们还在光学领域追求真理的路上一路前行。

2. 光的基本特性

　　光的本质是一种电磁波，它是由一种称为光子的基本粒子组成。光具有波动性和微粒性，或者称为波粒二象性。

　　（1）光的波动性　　光是一种电磁波（电磁辐射），以高速（真空中接近光速，$c=2.997×10^8$m/s）传播能量，传播过程不需要介质。在光的传播过程中，光的反射、衍射、干涉、折射、偏振、散射等现象，尤其是光的干涉和衍射，证明光具有波动性。

　　电磁波为正弦波，其传播方式可以通过一个振荡的电场和磁场来描述，如图 0-3 所示。

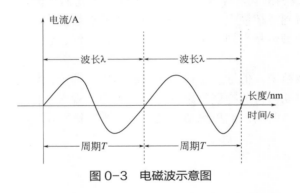

图 0-3　电磁波示意图

　　从图 0-3 可见，电磁波可从时间及长度两个维度来描述，常用的参数有：波长 λ（m、cm、μm、nm 等）、波数 σ（cm^{-1}）、频率 ν（Hz）、周期 T（s）、光速 c（cm/s）等。

　　其中，长度维度的描述有波长和波数。波长 λ 是指相邻两个波峰或波谷间的直线距离。波数 σ 是每厘米内波的振动次数。波长和波数互为倒数，$\sigma=1/\lambda$。

　　时间维度的描述有频率和周期。频率 ν 是指单位时间（每秒）内振动的次数。周期 T 是指波形变化一次所需的时间。频率和周期互为倒数，$\nu=1/T$。

　　光速指单位时间内光传播的速度。光速 c 与波长 λ、频率 ν、周期 T、波数 σ 之间的关系为：

$$c=\lambda\nu=\frac{\nu}{\sigma}$$

式（0-1）

　　式中，λ 为波长，单位为 m、cm、μm、nm 等；ν 为频率，单位为赫兹（Hz）；σ 为波数，单位为 cm^{-1}；c 为光速，单位为 cm/s。

　　（2）光的粒子性　　当光照射到金属上，引起物质的电性质发生变化，只要光的频率超过某一极限频率，受光照射的金属表面立即就会逸出光电子，发生光电效应。光电效应现象，证明光具有微粒性。电磁辐射是由大量以光速运动的粒子流组成的，这种粒子称为光子。光子具有能量，每个光子的能量为：

$$E=h\nu=h\frac{c}{\lambda} \qquad\qquad 式（0-2）$$

式中，E 为辐射能，单位为焦耳（J）或电子伏特（eV），$1eV=1.602\times10^{-19}J$；h 为普朗克常数，$6.626\times10^{-34}J\cdot s$。

式（0-2）表明，光子的能量与光的频率或波长有关，频率愈大，能量愈大；波长愈长，能量愈小。

电磁波的频率范围很广，若将各种电磁波按其频率或波长大小顺序排列成谱，则称为电磁波谱。不同频率或波长范围的电磁波对应的能量、跃迁类型及光谱分析方法如表 0-1 所示。

表 0-1　电磁波谱与光分析方法

光谱区域	波长范围	光子能量 /eV	跃迁类型	光谱分析方法
γ 射线	$0.005\sim0.14nm$	$2.5\times10^{6}\sim8.3\times10^{3}$	核能级跃迁	
X 射线	$0.01\sim10nm$	$1.2\times10^{6}\sim1.2\times10^{2}$	原子内层电子能级跃迁	X 射线光谱法
真空紫外	$10\sim200nm$	$125\sim6$	分子的中壳层电子能级跃迁	真空紫外吸收光谱法
近紫外	$200\sim380nm$	$6\sim3.1$	分子外层电子（价电子）能级跃迁	紫外分光光度法
可见	$380\sim780nm$	$3.1\sim1.7$	分子外层电子（价电子）能级跃迁	可见分光光度法
近红外	$0.75\sim2.5\mu m$	$1.7\sim0.5$	分子振动能级	
中红外	$2.5\sim50\mu m$	$0.5\sim0.02$	分子振动能级	红外吸收光谱
远红外	$50\sim1000\mu m$	$2\times10^{-2}\sim4\times10^{-4}$	分子转动能级	远红外光谱
微波	$0.1\sim100cm$	$4\times10^{-4}\sim4\times10^{-7}$	电子自旋能级	电子顺磁共振谱
无线电波	$>>300mm$	$4\times10^{-7}\sim4\times10^{-10}$	核自旋	核磁共振谱

由表 0-1 可见，不同波段的电磁波具有不同的能量，其大小顺序是：γ 射线 > X 射线 > 紫外光 > 可见光 > 红外光 > 微波 > 无线电波。

此外，在光学分析法中常用电磁辐射强度 I 的概念，其定义为电磁辐射在单位时间内穿过垂直于辐射方向上单位面积的能量，单位为 $J/(s\cdot cm)$。

 ## 习题测验

1. 光量子的能量正比于辐射的（　　　）。

A. 频率　　　　　　　B. 波长　　　　　　　C. 周期　　　　　　　D. 传播速度

2. 下面四个电磁波谱中，请指出能量最小者。（　　　）

A. X 射线　　　　　　B. 无线电波　　　　　C. 红外区　　　　　　D. 紫外可见光区

3. 光子能量 E 波长 λ、频率 ν 和速度 c 及 h（普朗克常数）之间的关系为（　　　）。

A. $E=h/\nu$　　　　　B. $E=h/\nu=h\lambda/c$　　　C. $E=h\nu=hc/\lambda$　　　D. $E=c\lambda/h$

4. 频率可用下列哪种方式表示？（　　　）

A. σ/c　　　　　　B. σc　　　　　　　C. $1/\lambda$　　　　　　D. c/σ

5. 已知：$h=6.63×10^{-34}J·s$，则波长为 0.01nm 的光子能量为（　　　）

A. 12.4eV   B. $1.24×10^5$ eV   C. 124eV   D. 0.124eV

0.2　光与物质的相互作用

问题导学

1. 基本概念：单色光、复合光、互补色光是什么？它们之间的关系是怎样的？
2. 物质颜色与光的选择性吸收的关系。
3. 光与物质的相互作用有哪些？请列举几种常见的光学作用现象。

知识讲解

1. 物质颜色与光的选择性吸收

（1）基本概念　具有同一波长（或频率）的光，称为单色光。实际上，纯的单色光很难获得，比如人为制造的激光，单色性虽然很好，但也只接近于单色光。

含有多种不同波长的光，称为复合光。复合光通过棱镜或光栅可分离出单色光。如常见的日光、白炽灯光等均为复合光。当日光通过棱镜或光栅后，日光中各种波长的光被分离开来，从而可得到各种不同波长的单色光。

凡是能被人类肉眼感受到的光称为可见光。可见光波长范围为 400～780nm。波长小于 400nm 或波长大于 780nm 的光均不能被人眼感觉，这些波长范围的光是看不到的，称为不可见光。

在可见光范围内，由于人的视觉分辨能力限制，人类眼睛对不同波长光的感觉不一样，不同波长的光会让人感觉出不同的颜色。如日光属于可见光，它是由红、橙、黄、绿、青、蓝、紫等各色光按一定的比例混合而成的白光，当其通过棱镜后，白光中各种波长的光被分离开来，从而得到了各种不同颜色的单色光。

如果两种适当颜色的光按一定强度比例混合得到白光，则这两种颜色的光称为互补色光。见图 0-4，黄色和蓝色、绿色和紫色、青色和红色互为互补色光。

图 0-4　互补色光示意图

（2）物质颜色的产生　当一束白光照射到物质时，由于不同物质对不同波长光的吸收、透过、反射、折射程度不同，使物质产生不同的颜色，从而看到的物质世界是五彩缤纷的。

当一束白光照射到物质时，如果物质完全吸收各种波长的光，则呈黑色；如果对可见光区各波长的光都不吸收，或各种颜色的光透过的程度相同，则呈白色或无色透明；如果选择性吸收了某些波长的光，则呈现的颜色与其反射或透过的光的颜色有关。例如，硫酸铜溶液呈现蓝色是因为吸收了白光中的黄色光，高锰酸钾溶液呈现紫色是因为吸收了白光中的绿色光。物质呈现颜色的光学现象如表 0-2 所示。

表 0-2　物质光学现象

完全透过或完全反射则呈无色透明或白色	选择性吸收或反射某些波长的光则呈现某种颜色	完全吸收则呈黑色

由表 0-2 可见，物质的颜色是基于物质对光的选择性吸收的结果。但若物质吸收的是非可见光时，则不能用颜色来判断物质微粒是否吸收光子。若要更精确地说明物质对光的吸收具有选择性，则必须用吸收光谱曲线来描述。

2. 光与物质的相互作用

当光照射物质，光与物质相互作用的方式除了吸收，还有发射、散射、反射、折射、干涉、衍射、透射和旋光等作用。

（1）吸收　吸收是指当电磁波作用于物质时，若电磁波的能量正好等于物质某两个能级之间的能量差时，电磁辐射就可能被物质所吸收。

（2）发射　发射是指当受激粒子弛豫回到低能级或基态时，以光子的形式释放多余的能量，产生电磁辐射的过程。

（3）散射　当光束通过不均匀媒质时，部分光束将偏离原来方向而分散传播，从侧向也可以看到光的现象，叫做光的散射。散射是指传播介质的不均匀性引起的光线向四周射去的现象。如一束光通过稀释的牛奶后为白色，而从侧面和上面看，却是浅蓝色的。

（4）折射和反射　折射是指光从一种透明介质斜射入另一种透明介质时，传播方向发生变化。折射现象是由于光在两种介质中传播速度不同而引起的，不同波长的光对同一物质的折射率不相同。棱镜分光作用就是基于光的折射性质。反射是指光在传播到不同物质时，在分界面上改变传播方向又返回原来物质中的现象。如光遇到水面、玻璃以及其他许多物体的表面都会发生反射。

光的折射与光的反射一样都是发生在两种介质的交界处，只是反射光返回原介质中，而折射光则进入到另一种介质中。在两种介质的交界处，既发生折射，同时也发生反射。

（5）干涉　干涉是两列或两列以上的波在空间中相遇时发生叠加或抵消从而形成新的波形的现象。如分束器将一束单色光束分成两束后，再让它们在空间中的某个区域内重叠，将会发现在重叠区域内的光强并不是均匀分布的，其明暗程度随其在空间中位置的不同而变化，最亮的地方超过了原先两束光的光强之和，而最暗的地方光强有可能为零，这种光强的重新分布被称为"干涉条纹"。当频率相同、振动相同、周期相等或周期相差保持恒定的波源所发射的相干波互相叠加时，会产生波的干涉现象。

（6）衍射　衍射是指光波遇到障碍物时偏离原来直线传播的现象。光波在穿过狭缝、小孔或圆盘之类的障碍物后会发生不同程度的弯散传播。如果将一个障碍物置放在光源和观察屏之间，则会有光亮区域与阴暗区域出现于观察屏，而且这些区域的边界并不锐利，是一种明暗相间的复杂图样。

光与物质的相互作用，其中吸收、发射和散射涉及内能变化。而反射、折射、干涉、衍射、透射和旋光等不涉及内能变化。

习题测验

1. 物质的颜色是由于选择性吸收了白光中某些波长的光所致，硫酸铜显蓝色是由于它吸收了白光中的（　　）。

A. 蓝色光　　　　　　B. 绿色光　　　　　　C. 黄色光　　　　　　D. 青色光

2. 光与物质的相互作用，涉及内能变化的有（　　），不涉及内能变化的有（　　）。

A. 吸收　　　　　　B. 发射　　　　　　C. 散射

D. 反射　　　　　　E. 折射

0.3　光分析方法及光谱分析仪器

问题导学

1. 光分析法是根据光与物质的相互作用并将其应用于分析检测的方法，那么，光分析法可分为哪些种类？其中，光谱分析法又可分为哪些种类？请描述光谱分析法的特点。

2. 光谱分析法应用光谱分析仪器进行测定，那么，常用的光谱分析仪器有哪些？请简要说明光谱分析仪器的基本组成及其结构特点。

知识讲解

1. 光谱分析法的分类及特点

光分析法是根据电磁辐射与物质相互作用或物质发射的电磁辐射而建立起来的一类分析化学方法。这些电磁辐射范围包括从无线电波到 γ 射线的所有电磁波谱。

光学分析法可分为非光谱分析法和光谱分析法两大类。非光谱分析法是基于物质与辐射相互作用时，测量辐射的某些性质，如折射、干涉、散射、衍射、偏振等变化的分析方法。光谱分析法是基于物质与辐射能作用时，测量由物质内部发生量子化的能级之间的跃迁而产生的发射、吸收或散射时，辐射的波长和强度进行分析的方法。光分析法的分类如图 0-5 所示。

（1）根据被测成分的形态分类　光谱分析法根据被测成分的形态，可分为分子光谱法和原子光谱法。被测成分形态是分子的，称为分子光谱；被测成分形态是原子的，称为原子光谱。

分子光谱法是由分子中电子能级、振动和转动能级的变化产生的，表现形式为带光谱，属于这类分析方法的有紫外 - 可见分光光度法（UV-Vis）、红外光谱法（IR）、分子荧

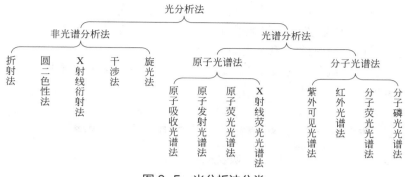

图 0-5　光分析法分类

光光谱法（MFS）和分子磷光光谱法（MPS）等。

原子光谱法是由原子外层或内层电子能级的变化产生的，它的表现形式为线光谱。属于这类分析方法的有原子发射光谱法（AES）、原子吸收光谱法（AAS）、原子荧光光谱法（AFS）以及 X 射线荧光光谱法（XFS）等。

（2）根据分析原理分类

① 吸收光谱法　当物质所吸收的电磁辐射能与该物质的原子核、原子或分子的两个能级间跃迁所需的能量满足 $\Delta E = h\nu$ 的关系时，将产生吸收光谱。

$$M + h\nu \longrightarrow M^*$$

吸收光谱法可分为：紫外 - 可见分光光度法、红外光谱法、原子吸收光谱法等。

② 发射光谱法　物质通过电致激发、热致激发或光致激发等激发过程获得能量，变为激发态原子或分子 M^*，当从激发态过渡到低能态或基态时产生发射光谱。

$$M^* \longrightarrow M + h\nu$$

通过测量物质发射光谱的波长和强度进行定性和定量分析的方法叫做发射光谱分析法。根据发射光谱所在的光谱区和激发方法不同，常用发射光谱分析法分为：原子发射光谱分析法、原子荧光分析法、分子荧光分析法、分子磷光分析法、X 射线荧光分析法、γ射线光谱法、化学发光分析法等。

（3）光谱分析法特点　光谱分析法分析速度较快、操作简便、不需纯样品、可同时测定多种元素或化合物、选择性好、灵敏度高、样品损坏少。历史上曾通过光谱分析技术发现了许多新元素，如铷、铯、氦等。

局限性：由于光谱定量分析建立在相对比较的基础上，必须有一套标准样品作为基准，而且要求标准样品的组成和结构状态应与被分析的样品基本一致，这常常比较困难。

2. 光谱分析仪器

19 世纪 60 年代，德国物理学家基尔霍夫和化学家本生一起研制了世界上第一台实用的光谱仪器。20 世纪 60 ～ 70 年代，随着电子信息技术的发展、CPU 的微型化，以及电子产品成本的降低，光谱分析仪器进入了大众的普通实验室。常用的光谱分析仪器有：紫外可见分光光度计、红外分光光度计、原子吸收分光光度计、原子荧光光谱仪、原子发射光谱仪等。

光谱分析仪是以吸收、发射、散射、荧光、磷光、化学发光为基础建立的，用来研究吸收、发射的电磁辐射强度和波长关系，具有大致相同的基本部件。通常由光源、试样引入系统、波长选择系统、检测器、信号处理及读出系统五大部件组成。

（1）吸收光谱仪　吸收光谱仪包括紫外-可见光谱仪、红外光谱仪、原子吸收光谱仪。检测的是入射光被试样吸收前后的光强。

结构特点：检测系统与光源发出的光即入射光在同一光轴上（图0-6）。吸收光谱仪理论上都满足 Lambert-Beer 定律。

图0-6　吸收光谱仪结构示意图

（2）发射、化学发光光谱仪　发射、化学发光光谱仪包括原子发射光谱仪和化学发光光谱仪。检测信号是试样直接发光的强度，因此没有光源。

结构特点：检测系统与试样发出的光在同一条光轴上，见图0-7。

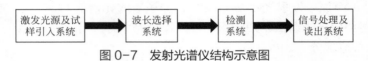

图0-7　发射光谱仪结构示意图

（3）荧光、磷光、散射光谱仪　荧光、磷光、散射光谱仪包括原子荧光、分子荧光和分子磷光光谱仪以及 Raman 光谱仪。检测信号是吸光后的发光强度或 Raman 散射光强度。

由于入射光的干扰，检测系统与入射光不能在同一条光轴上，见图0-8。

图0-8　荧光光谱仪结构示意图

可见：各类光谱分析仪器基本部件大致相同，但由于不同仪器工作机理不同，测定的信号不同，从而巧妙设计了光源与检测系统是否在同一光轴有所区别。其中，吸收、发射、化学发光光谱仪的光源与检测系统在同一光轴上；而荧光、磷光、散射光谱仪为避免入射光的干扰，检测系统与光源不能在同一条光轴上。

 习题测验

1. 分子光谱法是由（　　　　）中电子能级、振动和转动能级的变化产生的，表现形式为（　　　　），属于这类分析方法的有紫外-可见分光光度法、红外光谱法等。

A. 分子　　　　　　　　B. 原子　　　　　　　　C. 带光谱　　　　　　　　D. 线光谱

2. 吸收光谱仪检测的是入射光被试样吸收前后的光强，其检测系统与光源发出的光即入射光（　　　　）。荧光光谱仪检测信号是吸光后的发光强度或 Raman 散射光强度，由于入射光的干扰，检测系统与入射光（　　　　）。

A. 在同一光轴上　　　　　　　　　　B. 不能在同一光轴上

C. 有干扰　　　　　　　　　　　　　D. 无干扰

模块一

紫外 – 可见分光光度法

知识目标

√ 掌握紫外 – 可见分光光度法的基本概念，了解紫外 – 可见分光光度法的发展历程、特点及应用。

√ 理解光吸收的基本定律。

√ 熟悉有机化合物的紫外吸收光谱的特性。

√ 掌握紫外 – 可见分光光度计的基本结构及其主要部件的功能，熟悉紫外 – 可见分光光度计的类型及其特点。

√ 理解紫外 – 可见分光光度法的定量分析方法，以及各定量方法的特点及应用。

√ 掌握最佳实验条件的选择方法原则，以及条件实验的操作方法。

能力目标

√ 能正确规范使用吸收池，能熟练进行样品溶液制备、标准曲线溶液配制。

√ 能选择最佳实验条件及适宜的定量分析方法。

√ 能熟练操作常用紫外 – 可见分光光度计（应用仪器操作软件和控件面板两种方法），进行定性定量分析。

√ 能熟练应用标准对照法和标准曲线法进行测定，并正确计算物质的含量，出具规范标准的实验报告。

√ 能熟练维护保养紫外 – 可见分光光度计。

√ 具有一定的信息迁移能力，能根据不同型号的紫外 – 可见分光光度计说明书对仪器进行认知、操作。

√ 养成安全、环保、意识，形成良好的职业道德和职业素养。比如，工作服穿着整齐，试剂废液按要求处理，严格遵守操作规程。

√ 树立质量观念，养成严谨认真、实事求是的科学态度和精益求精、开拓创新的工作作风，比如，数据记录真实、严谨、规范。

√ 养成团结协作、积极进取的团队精神，比如，采用分组开展实验任务的模式，小组内部分工协作。

分光光度法是指测定物质溶液在一定波长范围内或特定波长处的吸光强度，对该物质进行定性和定量分析的方法。在分光光度计中，将不同波长的光连续照射一定浓度的样品溶液，便可得到不同波长下该物质对光的吸收程度（吸光度 A）。以波长（λ）为横坐标，吸光度（A）为纵坐标，绘制的曲线称为吸收光谱曲线。利用该曲线对物质进行定性、定量的分析方法，称为分光光度法，也称为吸收光谱法。

分光光度法适用的光学光谱区有紫外光区、可见光区、红外光区。根据测定的光谱范围，分为紫外分光光度法（200～400nm），可见分光光度法（400～780nm），红外分光光度法（2.5～25μm，按波数计为 4000～400cm^{-1}）。

任务1 吸收光谱曲线的测定

 任务分解

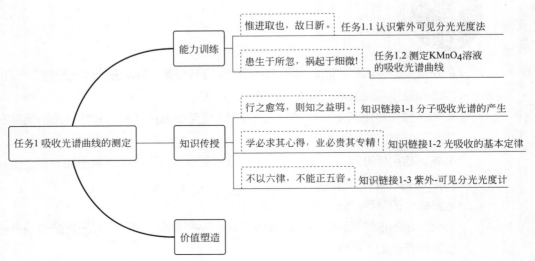

任务 1.1　认识紫外－可见分光光度法

问题导学

1. 紫外－可见分光光度法的基本概念。
2. 分光光度法的发展历程、特点及应用。

知识讲解

　　紫外-可见分光光度法（UV-Vis）是指在紫外及可见波长范围内（200～780nm）测定物质的吸光度，基于物质分子或离子对光辐射的吸收特性而建立起来的分析方法，用于定性鉴别、杂质检查和定量测定。紫外-可见分光光度法属分子吸收光谱法，涉及的是分子的价电子在不同分子轨道间能级的跃迁，又称电子光谱法。

1. 发展历程

　　起初，人们靠肉眼比较溶液颜色的深浅以测定物质含量。据记载，早在公元初古希腊人就用五倍子溶液测定醋中的铁；1795年俄国人也曾用五倍子的酒精溶液测定矿泉水中的铁；1838年 W.A. 兰帕迪乌斯在玻璃量筒中测定钴矿中的铁和镍；1846年 A. 雅克兰提出根据铜氨溶液的蓝色测定铜等。这种通过人的肉眼观察、比较溶液颜色的深浅，以测定物质含量的方法，称为目视比色法。

　　19世纪30～40年代，目视比色法作为一种定量分析方法在工厂和实验室得到应用并推广。但当时人们只是利用金属水合离子溶液本身的颜色，用简单的目视法与标准溶液进行比较，得出测定结论。图1-1为目视比色法测定示意图。

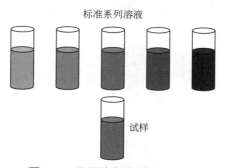

标准系列溶液

试样

图1-1　目视比色法测定示意图

　　1852年，比尔（Beer）参考布给尔（Bouguer）和朗伯（Lambert）发表的文章，提出了分光光度的基本定律，即液层厚度相等时，颜色的强度与呈色溶液的浓度成比例，奠定了分光光度法的理论基础，这就是著名的朗伯-比尔定律。

　　1854年，杜包斯克（Duboscq）和奈斯勒（Nessler）等人将朗伯-比尔定律应用于定量分析化学领域，并且设计了第一台比色计。为使比色分析更为精确，1873年德国化学家菲罗尔特设计了用分光镜取得单色光的目视分光光度计。

　　进入20世纪以后，比色分析的最重要变化是以光电比色法替代目视比色法。光电比色法有效避免了眼睛观察存在的主观误差，提高了测量准确度，并可通过选择滤光片和参比溶液来消除干扰，提高了测定的选择性。1918年，美国国家标准局制成了第一台紫外可见分光光度计。分光光度计使用单色光和光电倍增管，波长范围为220～1000nm，比目视范围（400～780nm）更宽。

然而，能够本身显色的金属水合离子溶液非常有限，灵敏度也不高，分光光度法的应用有一定的局限性。20世纪50年代，有机显色剂的应用极大地拓宽了显色物质溶液的种类，使分析的灵敏度、普遍性有了进一步的提高。

此后，紫外可见分光光度计经不断改进，又出现自动记录、自动打印、数字显示、微机控制等各种型号的仪器，分光光度法的灵敏度和准确度也不断提高，应用范围不断扩大。

2. 紫外可见分光光度法的特点及应用

紫外可见分光光度法测定的相对误差为2%～5%，若采用精密分光光度计进行测量，相对误差可达1%～2%。对于常量组分的测定准确度不及化学法，但对微量组分的测定则可完全满足测定要求。如采用差示法，则可提高准确度，可用于高含量组分的测定。紫外可见分光光度法是定量测定低含量及微量组分最为广泛的分析方法之一，该分析方法成熟、分析速度快、仪器价格便宜、操作简便、灵敏度高且准确度较好。

紫外可见吸收光谱应用广泛，不仅可进行定量分析，还可利用吸收峰的特性进行定性鉴别、杂质检查和简单的结构分析；也可用于无机化合物和有机化合物的分析，对于常量、微量、多组分都可测定。

见微知著

通过分光光度法发展历程的学习，请讨论分光光度法的发展经历了哪些关键突破点，才有了现在的广泛应用。从最初记载的用五倍子溶液测定醋中的铁，到如今实验室的普遍应用，请谈谈你从中得到了哪些启发。

【惟进取也，故日新。】

只有不断地进取，才有不断的创新和成长。新时代青年要学会坚持科学精神，做到以科学的态度看待问题、评价问题，追求真理；坚持创新精神，做到敢为人先、求实创新、传承创新；坚持奉献精神，孜孜求索、甘为人梯。

 习题测验

一、填空题

1. 紫外-可见分光光度法是在_____波长范围测定物质的吸光度，是基于物质分子或离子，对光辐射的_____特性建立起来的分析方法。

2. 紫外-可见分光光度法属于_____吸收光谱法，涉及的是分子的价电子在不同分子轨道间能级的跃迁，又称电子光谱法。

二、选择题

目视比色法中，常用的标准系列是比较（　　　）。

A. 入射光的强度　　　　B. 吸收光的强度　　　　C. 透过光的强度　　　　D. 溶液颜色的深浅

任务 1.2　测定 $KMnO_4$ 溶液的吸收光谱曲线

任务导入

什么是吸收光谱曲线？以波长（λ）为横坐标，对应吸光度（A）为纵坐标，作图得到 A-λ 关系曲线，即吸收光谱曲线，通常称为吸收光谱。如图 1-2 为 a、b、c 三个不同浓度 $KMnO_4$ 溶液的吸收光谱曲线。那么，要测定 $KMnO_4$ 溶液的吸收光谱曲线，应该怎么做呢？

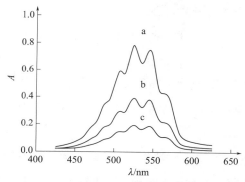

图 1-2　a、b、c 三个不同浓度 $KMnO_4$ 溶液的吸收光谱曲线

实验方案

实验 1　测定 $KMnO_4$ 溶液的吸收光谱曲线

1. 仪器与试剂

（1）实验仪器　紫外可见分光光度计、玻璃比色皿；滤纸、擦镜纸；500mL 烧杯、玻璃棒、10mL 吸量管、50mL 容量瓶。

（2）实验试剂

① 高锰酸钾（$KMnO_4$）　分析纯。

② $c_{1/5KMnO_4}$=0.1mol/L 高锰酸钾溶液　准确称取 1.58g $KMnO_4$ 溶于 500mL 去离子水，煮沸 30min，冷却后，转入干燥的棕色试剂瓶，放置一周，过滤后备用。

2. 实验步骤

（1）配制溶液

① 准确移取 $c_{1/5KMnO_4}$=0.1mol/L 溶液 5.00mL 于 50.00mL 容量瓶中，稀释定容摇匀，溶液浓度为 $c_{1/5KMnO_4}$=0.01mol/L。

② 取 5 个 50mL 容量瓶，分别加入 0.50、1.00、2.00、4.00、6.00（mL）$c_{1/5KMnO_4}$=0.01mol/L 高锰酸钾溶液，用水稀释至刻度、摇匀，待测。

（2）测定吸光度　取上述待测的 5 个不同浓度 $KMnO_4$ 溶液（可选取其中 3 个进行测定），以蒸馏水为参比，测定吸光度，在波长为 450～650nm 范围内，每隔 5nm 测吸光度，在最大吸收峰附近，每隔 1nm 测定吸光度。

（3）绘制 $KMnO_4$ 溶液的吸收曲线　以波长为横坐标，对应吸光度为纵坐标，绘制 $KMnO_4$ 溶液的吸收曲线。

3. 结果讨论

安全常谈　"患生于所忽，祸起于细微"如何防范？

1. 进实验室前，须熟悉实验室及周围环境，明确电闸、紧急喷淋装置、灭火器材等设施的位置，熟悉操作程序、紧急应变措施和流程。

2. 穿工作服进实验室，长发及宽松衣服须束起，拖鞋、凉鞋或露趾鞋切勿穿进实验室，实验结束及时洗手，离开实验室须脱下工作服。

3. 实验操作前，须了解所用试剂、仪器等的物理、化学、生物方面的潜在危险及相应的安全措施。

4. 进行可能发生危险的实验，须根据实验情况穿戴合适的个人防护装备，如戴护目镜、面罩或防护手套等。对于有毒、易挥发、易腐蚀的实验，一定要在通风橱中进行，做好防范措施，不可心存侥幸。

5. 所有盛装化学品的容器须标签清晰，分类储存。

6. 易燃、易爆、剧毒化学试剂和高压气瓶要严格按照有关规定领用、存放和保管。

7. 实验进行时，要密切关注实验的进展情况，不得随意离开岗位。

8. 严格按照操作规程使用仪器设备，不熟悉的仪器经培训合格后方可使用。

9. 对实验室应勤打扫、勤通风，保持实验室干净整洁有序，及时清理或处理废弃物。所有实验废弃物应弃置在相应的废物容器内，分类收集处置。

10. 实验室内禁止吸烟、饮食、娱乐和睡觉等与实验操作无关的活动。比如：做实验中途不吃东西、不喝水是首要的健康准则。如果做实验太累，可在做实验前补充能量。

11. 禁止在实验室内私拉乱拉电线，在烘箱、电炉等加热设备或冰箱等散热设备附近堆放物品。经常检查长期通电作业的冰箱、烘箱等设备，及时清除隐患或报废到期设备。

12. 严禁在实验室消防通道及安全出口处堆放物品，严禁堵塞安全通道。

13. 实验结束或离开实验室前，按规定采取结束或暂离实验措施，并关闭仪器设备、水、电、气和门窗等。

14. 一旦发生火灾、爆炸、失窃及污染等安全事故时，应采取有效应急措施，并向有关部门和负责人报告。

见微知著

实验室安全是老生常谈且常谈常新的课题，这是本学期的第一个实验，实验前请认真学习实验室安全准则，写一份学习心得。建议上网查阅资料，引用其中一起典型的实验室安全事故案例，分析其事故引发原因和注意事项。

【患生于所忽，祸起于细微！】

安全责任重于泰山！举安全之盾，防事故之患。新时代青年要树立安全意识、规矩意识、制度意识、环保意识，形成注意安全、遵守各项规章制度的习惯意识，保持对安全和制度的敬畏之心，做到业务以勤学为径、工作有安全做舟。

 实验实施

实验方法及思路

1. 实验方法

将一定浓度的 $KMnO_4$ 溶液装入玻璃比色皿，以一连续波长的单色光，按波长大小顺序依次垂直通过，测定其溶液分子或离子对各波长光的吸收程度（用吸光度 A 表示）。以波长（λ）为横坐标，测定的对应吸光度（A）为纵坐标，绘制 A-λ 关系图，即为 $KMnO_4$ 溶液吸收光谱曲线。

配制待测溶液

2. 实验过程

（1）配制溶液　按实验方案配制溶液。

（2）测定吸光度　下面以 UV-1800DS2 为例，介绍使用仪器控制面板进行吸光度测定的方法。

① 仪器开机

a. 打开样品室盖，确认样品室内光路无阻挡物，关闭样品室盖。插上电源，打开仪器开关，仪器自检、预热。

b. 按 Enter 键跳过仪器预热进入主界面，为保证仪器的精度需校

仪器组成及工作原理

紫外-可见分光光度计开机

正仪器的波长，在"系统应用"下找到"波长校正"，波长校正后，按 Return 键返回主界面，待仪器预热 20min。

② 盛装溶液　以蒸馏水为参比溶液，将参比溶液和待测溶液分别装入比色皿，依次放入样品槽。

③ 测定吸光度

a. 设置波长。例：波长为 650 nm 的测定。按"Gotoλ"键进入波长输入界面，输入"650"，按 Enter 键确认。

b. 调零校正仪器。确认参比溶液处在光路中，按"Zero"键，也就是调节参比溶液的吸光度为 0。

c. 测定吸光度。拉动样品架拉杆，将待测溶液拉入光路，待吸光度读数稳定后，记下吸光度 A。

④ 仪器关机　测定完毕后，清洗比色皿，归位样品槽，在样品室放置硅胶干燥剂，关闭仪器电源开关，拔掉电源插头，盖上防尘罩。及时填写仪器使用记录，并清理台面。

控制面板介绍

比色皿的使用

测定吸光度

紫外－可见分光光度计关机

3. 仪器日常维护和注意事项

（1）日常维护

① 清洗比色皿　如果比色皿留有污渍，不能用试管刷刷洗，也不能用铬酸洗液浸泡，可配制浸泡液（10% 盐酸和 95% 乙醇按 1∶1 的比例混合）浸泡 24h，再洗净。

② 检查样品室

a. 每次测试完成后，要及时将溶液取出样品室，否则放置时间长，会导致液体挥发，引起镜片发霉，尤其要注意易挥发和腐蚀性的液体！如样品室有遗漏液体，需及时擦拭干净，否则会导致样品室内的部件腐蚀和螺钉生锈。

b. 放置并定期更换样品室的硅胶干燥剂，避免光学元件和电子元件受潮。

③ 清洁仪器表面　每次测试完成，应盖好防尘罩避免仪器表面积尘。仪器的外壳有喷漆保护，如有溶液遗洒在外壳，请立即用湿毛巾擦净，杜绝使用有机溶液进行擦拭。

④ 仪器如不经常使用，每星期开机 1～2h。

（2）注意事项

① 仪器使用前，一定要仔细阅读说明书，观看操作视频，了解仪器构造、各个旋钮按键的功能、基本操作方法；使用时，一定要遵守操作规程，听从老师的指导。

② 正确使用比色皿要注意以下几点：

a. 拿取比色皿时，只能手捏毛玻璃面，不得接触其透光面。

b. 用比色皿盛装溶液，适宜液位至比色皿高度的 3/4 处，不能超过 4/5。

c. 盛好溶液后，先用滤纸轻轻吸去外部的水（或溶液），再用擦镜纸朝同一方向擦拭透光面，直至洁净透明，注意比色皿外壁不能带有溶液进入样品槽；另外，还应注意比色皿内不得黏附小气泡，否则影响透光率。

③ 测量之前，比色皿需用被测溶液荡洗 2～3 次，然后再盛溶液。比色皿用毕后，应立即取出，用自来水及蒸馏水洗净、倒立晾干。

④ 在进行数据处理绘制吸收光谱前，应先选择合适的横坐标和纵坐标比例，绘制的吸收光谱曲线应是光滑的。

4. 数据处理与结果讨论

 实验报告

测定 KMnO₄ 溶液的吸收光谱曲线实验报告单

姓名：_____ 实验时间：_____年___月___日 组员：_____

1. KMnO₄ 溶液的吸光度测定值

λ/nm		650	645	640	635	630	625	620	615	610	605	600	595	590	585	580	575
A	1#																
	2#																
	3#																

λ/nm		570	565	560	555	550	545	540	535	530	525	520	515	510	505	500	495
A	1#																
	2#																
	3#																

λ/nm		490	485	480	475	470	465	460	$\lambda_{max}+4$	$\lambda_{max}+3$	$\lambda_{max}+2$	$\lambda_{max}+1$	λ_{max}	$\lambda_{max}-1$	$\lambda_{max}-2$	$\lambda_{max}-3$	$\lambda_{max}-4$
A	1#																
	2#																
	3#																

2. 绘制 KMnO₄ 溶液的吸收光谱曲线

根据测得 KMnO₄ 溶液的 A，以波长 λ 为横坐标，对应吸光度 A 为纵坐标，绘制不同浓度 KMnO₄ 溶液的 A-λ 关系曲线。鼓励采用计算机处理数据。

KMnO₄ 溶液吸收曲线粘贴处：

3. 结果讨论与思考

① 根据绘制的 KMnO₄ 吸收曲线，查出最大吸收波长 λ_{max}，请思考最大吸收波长 λ_{max} 在测定中的意义。

② 请讨论不同浓度 $KMnO_4$ 溶液的颜色深浅与溶液浓度的关系。从不同浓度 $KMnO_4$ 溶液的吸收曲线可以得出哪些结论？试测定 $K_2Cr_2O_7$ 溶液的吸收曲线，并结合 $KMnO_4$ 溶液吸收曲线进行讨论。

 任务评价

见表 1-1。

表 1-1　实验完成情况评价表

姓名：_____　完成时间：_____　总分：_____

第___组　组员：_____

评价内容及配分		评分标准	扣分情况记录	得分
实验结果（30分）	吸收光谱曲线	波长选择不正确，扣5分		
		横纵坐标选择错误，扣10分		
		单位不正确，扣2分		
		曲线连接错误，扣3分		
		结果思考讨论，10分		
过程操作（40分）（注：操作分扣完为止，不进行倒扣）		1. 玻璃仪器未清洗干净，每件扣2分； 2. 损坏仪器，每件扣5分； 3. 定容溶液：定容过头或不到，扣2分； 4. 标准溶液：每重配一个，扣5分； 5. 50mL比色液：每重配一个，扣2分； 6. 显色时间不到：扣2分； 7. 仪器未预热：扣5分； 8. 吸收池类型选择错误：扣5分； 9. 吸收池操作不规范：扣5分； 10. 计算有错误：扣5分/处（出现第一次时扣，受其影响而错不扣）； 11. 数据中有效数字位数不对或修约错误：每处扣1分； 12. 其他犯规动作，每次扣0.5分，重复动作最多扣2分		
职业素养（20分）	原始记录（5分）	原始记录不及时，扣2分；原始数据记在其他纸上，扣5分；非正规改错，扣1分/处；原始记录中空项，扣2分/处		
	安全与环保（10分）	未穿实验服：扣5分； 台面、卷面不整洁：扣5分； 损坏仪器：每件扣5分； 不具备安全、环保意识：扣5分		
	6S管理（5分）	1. 考核结束，仪器清洗不洁：扣5分； 2. 考核结束，仪器堆放不整齐：扣1～5分； 3. 仪器不关：扣5分		
	否决项	涂改原始数据未经考核老师同意不可更改，在考核时不准进行讨论等作弊行为发生，否则作0分处理。不得补考		
考核时间（10分）超60min停考	超过时间≤	0：00　　0：10　　0：20　　0：30		
	扣分标准/分	0　　　　3　　　　6　　　　10		

知识链接
1-1

分子吸收光谱的产生

 问题导学

1. 什么是分子吸收光谱？
2. 分子吸收光谱的产生条件及产生机理是什么？
3. 物质对光的吸收特性是什么？

 知识讲解

1. 分子吸收光谱

将单色光以波长大小顺序依次通过试样溶液，溶液中物质分子或离子对各波长光的吸收程度，经记录得到的吸收光谱线形，称为分子吸收光谱。图 1-3 为 $K_2Cr_2O_7$ 和不同浓度 $KMnO_4$ 溶液的吸收光谱。

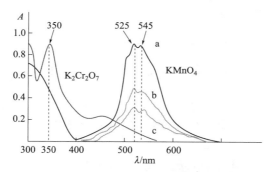

图 1-3　$K_2Cr_2O_7$ 和不同浓度 $KMnO_4$ 的吸收光谱（浓度 a＞b＞c）

吸收光谱上吸光度最大处对应的波长称为最大吸收波长（λ_{max}）；吸收程度大而形成的极值峰，称为吸收峰。如 $KMnO_4$ 溶液吸收曲线，最大吸收波长为 525nm，在 525nm、545nm 处各有一个吸收峰。

从图 1-3 $K_2Cr_2O_7$ 和不同浓度 $KMnO_4$ 的吸收光谱可见：

① 同一种物质对不同波长光的吸收程度不同。

② 不同浓度的同一物质，吸收曲线形状相似，一定波长处的吸光度随溶液浓度增加而增大。这是物质定量分析的基础。

③ 不同浓度的同一物质，位置越靠上的吸收曲线，溶液浓度越大，但最大吸收波长（λ_{max}）不变。最大吸收波长处，吸光度随浓度变化的幅度最大，测定吸光度最灵敏，因此，在定量分析时，作为选择入射光波长的重要依据。

④ 不同物质的吸收光谱曲线，其形状特性不同。吸收光谱曲线与物质特性有关，

它和分子结构有严格的对应关系，可以提供物质的结构信息，并作为物质定性分析的依据之一。

见微知著

理论来源于实践，又指导实践。从图1-3中得到的几点结论，给了你什么启发？

【行之愈笃，则知之益明。】

实践是理论的基础、是检验真理的唯一标准，科学的理论对实践具有指导作用，理论和实践是相辅相成的。新时代青年要在实践中不断提升理论知识和理论水平，在科学的道路上养成求知、求真、求实的精神，勇于实践、善于归纳、勤于总结。

2. 分子吸收光谱的产生

物质分子通常处于稳定的基态，当光照通过物质时，如果入射光能量相当于分子由基态能级跃迁到激发态能级所需要的能量，分子就会从入射光中吸收能量，发生能级跃迁，产生分子吸收光谱。

（1）分子吸收光谱的产生条件　在光的吸收过程中，光与物质之间会产生能量传递。当入射光能量相当于分子由基态跃迁到激发态所需的能级差 ΔE，则物质吸收能量，发生跃迁。如图1-4分子吸收能量跃迁示意图。

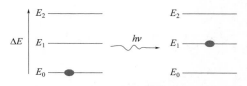

图1-4　分子吸收能量跃迁示意图

$$M(基态，E_0)+h\nu \rightarrow M^*(激发态，E_j)$$

$$E_{入射光}=\Delta E=E_2-E_1=h\nu=\frac{hc}{\lambda} \qquad \text{式（1-1）}$$

式中，E_1、E_2 分别为低能级、高能级的能量，通常以电子伏特（eV）为单位，$1eV=1.626\times10^{-19}J$；h 为普朗克常数（$6.6256\times10^{-34}J\cdot s$）；$\lambda$、$\nu$ 分别为入射光的波长和频率；c 为光在真空中的传播速度（$2.997\times10^{10}cm/s$）。

（2）分子吸收光谱的产生机理　构成物质的分子一直处于运动状态，其内部有三种运动方式：价电子运动、分子内原子在其平衡位置上的振动、分子本身绕其重心。三种运动方式对应三种不同的能级，分别为电子能级、振动能级和转动能级。分子的能量 E 为三能级能量之和。即：

$$E=E_e+E_v+E_r \qquad \text{式（1-2）}$$

式中，E_e 为电子能；E_v 为振动能；E_r 为转动能。图1-5为双原子分子三种能级跃迁示意图。

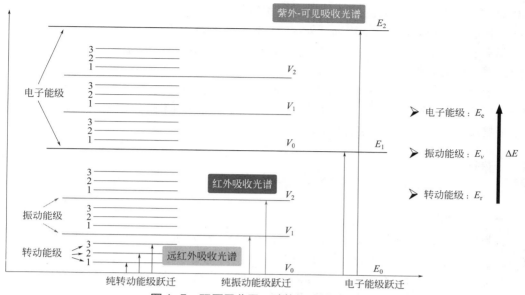

图 1-5 双原子分子三种能级跃迁示意图

当分子受到光照，吸收能量引起能级跃迁，分子跃迁的总能量变化为三种能级跃迁能量变化之和，即：

$$\Delta E=\Delta E_e+\Delta E_v+\Delta E_r$$

三种能级跃迁所需的能量不同，其中电子能级最大，其次为振动能级、转动能级，即：$\Delta E_e > \Delta E_v > \Delta E_r$。由于电子能级跃迁同时伴随着振动能级、转动能级的跃迁，且三种能级跃迁所需能量不同，所以需要不同波长的电磁辐射使它们跃迁，即在不同的光谱区出现吸收谱带。

电子能级跃迁所需的能量 ΔE_r 一般约为 $1 \sim 20eV$。试计算：如果是1eV，若要电子在两个能级发生跃迁，则相应吸收光的波长为多少？如果是20eV呢？

【解】
$$\Delta E=h\nu=\frac{hc}{\lambda} \qquad \lambda=\frac{hc}{\Delta E}$$

如果是1eV，则对应吸收光的波长为：

$$\lambda=\frac{6.626\times10^{-34}J\cdot s\times3.0\times10^{10}cm/s}{1.0eV\times1.626\times10^{-19}J/eV}\times10^7nm/cm=1223nm$$

如果是20eV，则对应吸收光的波长为：

$$\lambda=\frac{6.626\times10^{-34}J\cdot s\times3.0\times10^{10}cm/s}{20eV\times1.626\times10^{-19}J/eV}\times10^7nm/cm=61nm$$

可见，分子中电子能级跃迁产生的吸收光谱波长范围在 $1223 \sim 61nm$ 之间，主要位于紫外-可见光谱区。所以，在光的吸收过程中，基于分子中电子能级跃迁而产生的光谱，称为紫外可见光谱或分子的电子光谱。

振动能级跃迁所需的能量 ΔE_v 和转动能级跃迁所需的能量 ΔE_r 分别约为 $0.05 \sim 1eV$

和 0.005～0.050eV，产生的振动能级跃迁和转动能级跃迁吸收光谱分别位于红外区（形成红外光谱或分子振动光谱）和远红外区（形成远红外光谱或分子转动光谱）。

在电子能级跃迁时，同时伴随振动能级跃迁和转动能级跃迁，因此，观察到的光谱是由密集谱线组成的带状光谱，而不是线状光谱。

由于分子的运动能级和分子跃迁的能量变化都是量子化的，所以，分子吸收能量具有量子化特征，只能吸收特定能量波长的光。而不同物质结构不同，能级差也不相同，这就决定了物质对光的吸收具有选择性。

 习题测验

一、填空题

1. 将单色光以波长大小顺序依次通过试样溶液，测定试样分子或离子对各波长光的吸收程度，经记录得到的吸收光谱线形，称为_____。

2. 分子吸收能量具有量子化特征，只能吸收特定能量波长的光。而不同物质结构不同，能级差也不相同，这就决定了物质对光的吸收具有_____。

3. 分子中电子能级的跃迁产生的吸收光谱波长范围为 1223～61nm 之间，主要位于紫外 - 可见光谱区。所以，在光的吸收过程中，基于分子中电子能级跃迁而产生的光谱，称为紫外 - 可见光谱或_____。

二、选择题

1. 针对吸收光谱曲线的讨论，以下说法正确的有（　　　）。
A. 同一物质对不同波长光的吸光度相同
B. 不同浓度的同一种物质，其吸收曲线形状相似，最大吸收波长不变。而对于不同物质，它们的吸收曲线和最大吸收波长则不同
C. 吸收曲线不可以提供物质的结构信息，不能作为物质定性分析的依据之一
D. 不同浓度的同一种物质，在某一定波长下吸光度 A 有差异，在最大吸收波长处吸光度 A 的差异最大，此特性可作为物质定量分析的依据

2. 构成物质的分子一直处于运动状态，通常认为分子内部运动方式有哪几种（　　　）。
A. 电子运动　　　B. 原子核之间的相对振动　　　C. 分子本身绕其重心的转动

三、简答题

为什么分子吸收光谱是带状光谱，不是线状光谱？

四、计算题

某分子中两个电子能级之间的能级差为 5eV，若要电子在两个能级发生跃迁，则相应吸收光的波长为多少？

光吸收的基本定律

问题导学

1. 基本概念：光强度、透光率、吸光度。吸光度与透光率的关系。

2. 朗伯 – 比尔定律的描述及其数学表达式。

3. 朗伯 – 比尔定律表达式中各物理量的意义。

4. 吸光系数的物理意义是什么？其数值大小与什么因素有关？质量吸光系数 a、摩尔吸光系数 ε 二者之间如何换算？

5. 吸光度的加和性指的是什么？吸光度的加和性在分析含量的应用上有何意义？

6. 引起朗伯 – 比尔定律偏离的因素有哪些？

7. 朗伯 – 比尔定律的应用条件和适用范围。

知识讲解

从不同浓度 $KMnO_4$ 溶液的吸收曲线可得：在一定波长下，物质对光的吸收程度随溶液浓度增加而增大。事实上，物质对光的吸收程度，其定量关系在很早就开始了研究。布格和朗伯分别在1729年和1760年阐明了物质对光的吸收程度与吸收介质厚度之间的关系；1852年比尔又提出物质对光的吸收程度与吸光物质浓度也具有类似关系，两者结合得到光吸收的基本定律——朗伯 - 比尔定律。

1. 基本术语

（1）光强度（I）　单位时间（s）、单位面积（cm^2）上辐射光的能量，与光子数目有关。

入射光、吸收光、透射光的强度分别表示为入射光强度 I_0、吸收光强度 I_a、透射光强度 I_t。如图 1-6 所示。

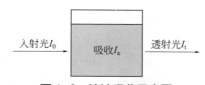

入射光I_0　　吸收I_a　　透射光I_t

图 1-6　溶液吸收示意图

（2）透光率（T）　透射光强度与入射光强度的比值（I_t/I_0），或称透射比。表达式为：$T=I_t/I_0$。

透光率表示透过光的程度，T 愈大，透过的光愈多。T 的取值范围为 0.00% ～ 100%。$T=0.00\%$ 表示光全部被吸收，$T=100\%$ 表示光全部透过。

（3）吸光度（A）　描述溶液对光的吸收程度。

当入射光 I_0 一定，I_t 愈小，I_t/I_0 愈小，透过的光愈小，被吸收的光愈多，$-\lg(I_t/I_0)$

愈大，所以，常将透光率的负对数称为吸光度。即：

$$A=-\lg(I_t/I_0)=-\lg T \qquad \text{式（1-3）}$$

A 的取值范围为 $0.00 \sim \infty$。$A=0.00$ 表示光全部透过，$A \to \infty$ 表示光全部被吸收。

2. 朗伯-比尔定律描述

当一束平行单色光垂直通过某一均匀非散射的溶液时，溶液对光的吸收程度与溶液的浓度及液层厚度的乘积成正比。数学表达式：

$$A=kbc \qquad \text{式（1-4）}$$

式中　b——液层厚度，常以 cm 为单位；

　　　k——比例常数。

3. 比例常数

比例常数 k 表示物质对某一特定波长光的吸收能力。物质对光的吸收能力愈强，比例常数愈大，故测定的灵敏度愈高。为了提高测定灵敏度，通常选择比例常数大的有色溶液和入射波长。

比例常数的大小与溶液浓度和液层厚度无关，其值取决于待测物的性质、入射光的波长、溶液温度和溶剂的性质等。通常，根据溶液浓度的表示单位不同，比例常数常有两种表达形式。如表 1-2 所示。

（1）摩尔吸光系数　当溶液浓度以摩尔浓度（mol/L）表示，液层厚度以厘米（cm）表示，则此常数称为摩尔吸光系数，用 ε 表示，单位为 L/（mol·cm）。其物理意义是指一定波长的入射光，通过浓度为 1mol/L 的吸光物质溶液，其液层厚度为 1cm，所产生的吸光度值。

在单色光波长、溶剂、温度等一定的条件下，吸光系数是物质的特性常数，可作为定性鉴定的参数，也可用来估量定量方法的灵敏度。一般认为，$\varepsilon \geqslant 10^4 \text{L/(mol·cm)}$ 为强吸收物质，$\varepsilon \leqslant 10^2 \text{L/(mol·cm)}$ 为弱吸收物质，ε 在 $10^2 \sim 10^4 \text{L/（mol·cm）}$ 之间为中强吸收物质。

在实际测定中，摩尔吸光系数不能直接取 1mol/L 的高浓度溶液直接测量，而是通过计算求得。

（2）质量吸光系数　当溶液浓度以质量浓度（g/L）表示，液层厚度以厘米（cm）表示，则此常数称为质量吸光系数，用 a 表示，单位为 L/（g·cm）。其物理意义是指一定波长的入射光，通过浓度为 1 g/L 的吸光物质溶液，其液层厚度为 1cm，所产生的吸光度值。a 与 ε 的关系为：$a=\varepsilon/M$。

当有色化合物的化学式不清楚的情况下，常用质量吸光系数 a 值表示反应的灵敏度。

表 1-2　比例常数的几种表达形式及关系

名称	符号	浓度单位	单位	定量关系
摩尔吸光系数	ε	mol/L	L/（mol·cm）	$\varepsilon=aM$ M 为摩尔质量
质量吸光系数	a	g/L	L/（g·cm）	

4. 朗伯-比尔定律的适用条件

① 入射光必须为平行单色光。

② 被测样品必须是均匀非散射体系。

③ 在吸收过程中，吸收物质之间不能发生相互作用。

④ 被测溶液为稀溶液，适用吸光度范围在 0.2 ～ 0.8 之间。

5. 吸光度的加和性

在多组分体系中，若各组分之间没有相互作用，则在某一波长下，样品的总吸光度等于各组分吸光度之和。

$$A_{总}=A_1+A_2+\cdots+A_n=\sum A_i \qquad 式（1-5）$$

即吸光度具有加和性。

6. 朗伯-比尔定律的应用范围

① 适于均匀非散射的液态样品，也适于微粒分散均匀的固态或气态样品。

② 适于紫外光、可见光，也适于红外光。

③ 可用于单组分分析，也可用于多组分的同时测定。

7. 朗伯-比尔定律的偏离现象

朗伯-比尔定律是一个有限的定律，其成立是有一定条件的。在标准曲线法测定时，常发现标准曲线在溶液浓度较高时发生弯曲（向横坐标或向纵坐标偏离），这种现象称为朗伯-比尔定律的偏离，如图1-7所示。

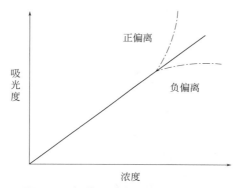

图 1-7　朗伯-比尔定律的偏离现象

导致朗伯-比尔定律偏离的因素有很多，首先，朗伯-比尔定律本身的局限性决定了其只适合于浓度不高的稀溶液；还有，从源头上分析，来源于仪器本身和待测溶液两方面，主要由仪器本身的单色光不纯和待测溶液化学变化造成。

（1）单色光不纯引起的偏离　单色光是经仪器分光系统的色散元件分光而得。实际工作中，色散元件的分光能力并不理想，在工作波长附近或多或少含有杂色光，也就是说，理论上的单色光是不存在的，仪器分光系统得到的单色光，只能是让入射光的光谱带宽尽可能小，尽可能靠近单色光。

然而，朗伯-比尔定律只适用于单色光，这种由于仪器本身原因造成的单色光不纯会导致标准曲线发生偏离。

（2）待测溶液引起的偏离　朗伯-比尔定律假定所有吸光质点之间不发生相互作用，如果溶液浓度变大，吸光粒子间的平均距离变小，引起溶质的解离、缔合、生成配合物或溶剂化，溶质和溶剂的作用等使吸收光谱的波长发生移动，导致朗伯‐比尔定律的偏离。

所以，朗伯‐比尔定律只适用于稀溶液。在实际测定中，待测溶液的浓度应控制在浓度小于 0.01mol/L。

见微知著

朗伯‐比尔定律的偏离会导致测定结果的偏高或者偏低，保持测定结果的高精密度和准确度是分析检验工作永恒的追求，那么，如何避免偏离的出现呢？

【学必求其心得，业必贵其专精！】

一个人要想有作为，有成就，必须要在自己的领域内下苦功，要做到专而精。作为分析检测专业人员，必须养成精确、精准、准确的职业素养，在自己的专业领域做到深入钻研、精益求精，养成及时主动避偏、纠偏的良好习惯。

 习题测验

一、填空题

1. 吸光度表示溶液对光的吸收程度，吸光度为透光率的_____。

2. 当一束平行单色光垂直通过某一均匀非散射的溶液时，溶液对光的吸收程度与溶液的_____及液层厚度的乘积成_____比。

二、单选题

1. 有两种不同有色溶液，都符合朗伯‐比尔定律，测定时如果比色皿厚度、入射光强度及溶液浓度皆相等，以下说法正确的是（　　）。

A. 透过光强度相等　　B. 吸光度相等　　　C. 吸光系数相等　　D. 以上说法都不对

2. 某有色溶液在某一波长下用 2cm 吸收池测得其吸光度为 0.750，若改用 0.5cm 和 3cm 厚度的吸收池，则测得其吸光度各为（　　）。

A. 0.188/1.125　　B. 0.108/1.105　　C. 0.088/1.025　　D. 0.180/1.120

3. 符合比尔定律的有色溶液稀释后，其最大吸收峰的波长将（　　）。

A. 向长波方向移动　　　　　　　　B. 向短波方向移动

C. 不移动，但峰高值降低　　　　　D. 不移动，但峰高值增加

4. 在分光光度法中，运用朗伯‐比尔定律进行定量分析采用的入射光为（　　）。

A. 白光　　　　　　B. 单色光　　　　　C. 可见光　　　　　D. 紫外光

5. I_0 为入射光的强度，I_a 为吸收光的强度，I_t 为透射光的强度，那么，透光率是（　　）。

A. $I_0 - I_a$　　　　B. I_0/I_t　　　　C. I_t/I_0　　　　D. I_a/I_0

6. 在相同条件下测定甲、乙两份同一有色物质溶液吸光度。若甲液用 1cm 吸收池，

乙液用 2cm 吸收池进行测定，结果吸光度相同，甲、乙两溶液浓度的关系是（　　　）。

A. $c_{甲}=c_{乙}$ 　B. $c_{乙}=2c_{甲}$ 　　C. $c_{乙}=4c_{甲}$ 　　D. $c_{甲}=2c_{乙}$

7. 有两种不同有色溶液均符合朗伯-比尔定律，测定时若比色皿厚度、入射光强度及溶液浓度皆相等，以下说法正确的是（　　　）。

A. 透过光强度相等　B. 吸光度相等　　C. 吸光系数相等　　D. 以上说法都不对

8. 分光光度法的吸光度与（　　　）无关。

A. 入射光的波长　　B. 液层的高度　　C. 液层的厚度　　D. 溶液的浓度

9. 在分光光度法中，（　　　）是导致偏离朗伯-比尔定律的因素之一。

A. 吸光物质浓度 > 0.01mol/L 　　　　B. 单色光波长

C. 液层厚度 　　　　　　　　　　　　D. 大气压力

10. 有甲、乙两个不同浓度的同一有色物质的溶液，用同一厚度的比色皿，在同一波长下测得的吸光度为：A（甲）$=0.20$，A（乙）$=0.30$，若甲的浓度为 $40×10^{-4}$mol/L，则乙的浓度为（　　　）

A. $8.0×10^{-4}$mol/L 　　B. $60×10^{-4}$mol/L 　　C. $1.0×10^{-4}$mol/L 　　D. $1.2×10^{-4}$mol/L

11. 符合朗伯-比尔定律的有色溶液稀释时，其最大吸收峰的波长位置（　　　）。

A. 向长波移动　　B. 向短波移动　　C. 不移动、吸收峰值下降

D. 不移动、吸收峰值增加　　　　　　E. 位置和峰值均无规律改变

三、多选题

1. 某溶液浓度为 c_s 时测得 $T=50.0\%$，若测定条件不变，测定浓度为 $1/2c_s$ 的溶液，（　　　）

A. $T=25.0\%$ 　　B. $T=70.7\%$ 　　C. $A=0.3$ 　　D. $A=0.15$

2. 下列选项中，影响吸光系数 k 的因素有（　　　）。

A. 吸光物质的性质　B. 入射光的波长　　C. 吸光溶液的温度　D. 溶液浓度

3. 朗伯-比尔定律的数学表达式中，其比例常数的三种表示方法为（　　　）。

A. 质量吸光系数　　B. 比例常数　　C. 摩尔吸光系数　　D. 比吸光系数

4. 摩尔吸光系数很大，则表明（　　　）。

A. 该物质的浓度很大　　　　　　B. 光通过该物质溶液的光程长

C. 该物质对某波长的光吸收能力很强　　D. 测定该物质的方法的灵敏度高

四、计算题

1. 以丁二酮肟光度法测定微量镍，配制镍和丁二酮肟配合物标准溶液的浓度为 $1.70×10^{-5}$mol/L，用 2.0cm 吸收池在 470nm 波长下测得透光率为 30%，计算配合物在该波长下的摩尔吸光系数和质量吸光系数。

2. 有一遵守比尔定律的溶液，吸收池厚度不变，测得透射比为 60%，如果浓度增加一倍，求：（1）该溶液的吸光度；（2）该溶液的透射比。

3. 某亚铁螯合物的摩尔吸光系数为 12000L/（mol·cm）。若采用 1.00cm 的吸收池，欲把透射比读数限制在 0.200 ~ 0.650 之间，分析的浓度范围是多少？

知识链接
1-3

紫外－可见分光光度计

问题导学

1. 紫外－可见分光光度计的组成部件有哪些？各组成部件的主要作用是什么？
2. 分光光度计对光源有什么要求？常用光源有哪些？各波长使用范围是多少？
3. 单色器的组成及工作原理。其核心部分色散元件的类型。其狭缝宽度如何选择？
4. 吸收池按材质分为哪几种？如何选择使用不同材质的吸收池？
5. 如何对吸收池进行配对检验？
6. 紫外可见分光光度计有哪几种类型，各类型的仪器特点及适用范围是什么？

知识讲解

紫外-可见分光光度计用于紫外及可见光区测定溶液的吸光度。仪器生产厂家及型号较多，但就其基本构造来说，都是由五个部分组成，即光源、单色器、吸收池（比色皿）、检测器和信号指示系统。

紫外-可见分光光度计的工作原理：光源发射连续波长的紫外及可见光，经过单色器，被分解为波长可调的单色光，经吸收池被待测物质吸收，检测器测量被吸收的光强度变化，并通过信号处理与显示系统记录下来。如图1-8所示。

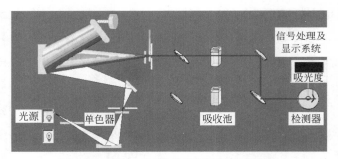

图1-8　紫外－可见分光光度计工作原理

1. 紫外－可见分光光度计仪器结构

（1）光源　光源的作用是提供光能，与待测物质产生光的吸收。要求光源在整个紫外或可见光谱区能够发射连续光谱，具有足够的辐射强度和良好的稳定性，使用寿命长，且辐射能量随波长的变化应尽可能小。为保证发光强度稳定，需采用稳压电源供电。

实际常用的光源有热辐射光源和气体放电光源两类。其中，热辐射光源用于可见光区，常见钨丝灯（即白炽灯）和卤钨灯；气体放电光源用于紫外光区，常见氢灯和氘灯。两类光源的发光强度-波长关系见图1-9。

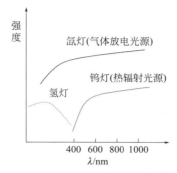

图1-9 两类光源发光强度－波长关系图

① 可见光区热辐射光源 钨丝灯和卤钨灯发射 340 ~ 2500nm 的连续光谱。钨灯的价格和使用寿命相对较低，卤钨灯是在钨丝灯的灯泡内充溴或碘的低压蒸气，卤钨灯比钨丝灯发光效率高、使用寿命长，但价格相对也贵一些。这类光源的辐射能量与施加的外加电压有关，在可见光区，辐射的能量与工作电压的 4 次方成正比。因此为保证发光强度稳定，需采用稳压电源供电。

② 紫外光区气体放电光源 氢灯和氘灯辐射波长范围在 160 ~ 375nm。氘灯的灯管内充有氢的同位素氘，其光谱分布与氢灯类似，但发光强度相比同功率的氢灯大 2 ~ 4 倍，是紫外光区应用最为广泛的一种光源。

紫外 - 可见分光光度计需要同时安装两种光源。

（2）单色器 单色器是将光源发出的连续光谱分解为波长可调的单色光的装置。单色器也叫分光系统，通常由入射狭缝、准光装置、色散元件、聚焦装置和出射狭缝组成（图 1-10）。主要功能是能够产生光谱纯度高且波长在紫外 - 可见区域内任意可调的单色光。

① 准光装置 准光装置把进入狭缝的入射光转变为平行光。由进光狭缝即透镜（或凹面镜）组成。要求色差小，光能损失小。

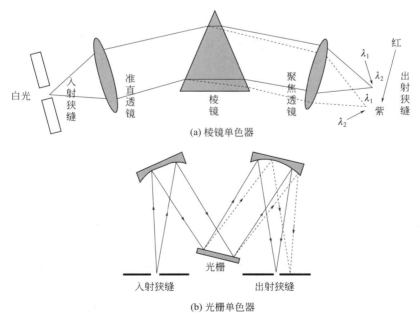

图1-10 单色器工作原理示意图

② 色散元件　单色器的核心部分是色散元件，其作用是将复合光分解为单色光。要求色散系统的色散率高、分辨率好及光能损失小。色散元件有棱镜和光栅两类。早期仪器多采用棱镜，现在普遍使用光栅。

a. 棱镜　棱镜常用的材质有玻璃和石英两种，它们的分光原理是依据不同波长光通过棱镜时折射率不同而将其按波长大小顺序依次分开。

由于玻璃可吸收紫外光，玻璃棱镜适用于 350 ～ 3200nm 的波长范围，实际测定工作中，玻璃棱镜只能用于可见光区。石英棱镜适用的波长范围约在 185 ～ 4000nm，可用于紫外、可见、近红外三个光区，石英棱镜常用于紫外光区。

棱镜分离后的光谱属于非均排光谱，长波区密而短波区疏，短波部分的谱线分得较开些，因此长波的分辨率要比短波的分辨率小。棱镜的缺点是色散不均匀，且色散后光强度的损失较大。

b. 光栅　光栅是在镀铝的玻璃表面刻有数量很大的等宽度等间距条痕（600 条 /mm、1200 条 /mm、2400 条 /mm）。利用光通过光栅时发生衍射和干涉现象而分光。如图 1-11 为光栅衍射示意图。

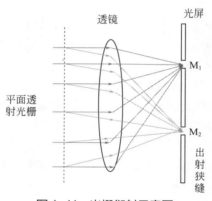

图 1-11　光栅衍射示意图

在光栅分光后的同一级光谱中，色散率基本上不随波长改变，均匀分散。光栅具有色散波长范围宽、分辨本领高、成本低、便于保存和易于制备等优点，可用于紫外、可见及近红外光域，而且在整个波长区具有良好的、几乎均匀一致的分辨能力。缺点是各级光谱会重叠而产生干扰。

单色器的性能直接影响入射光的单色性，从而也影响到测定的灵敏度、选择性及校准曲线的线性关系等。

③ 聚焦装置　聚焦装置把色散元件分解的各种不同波长的平行光进行聚焦，形成按波长顺序排列的光谱，聚焦至出射狭缝。要求色差小、能量损失小、分辨率好。

入射狭缝、出射狭缝、透镜、准直镜等光学元件中，狭缝在决定单色器性能上起重要作用。狭缝宽度大小直接影响单色光纯度，狭缝过大，光通量大，单色光不纯；过小的狭缝又会减弱光强，灵敏度降低。实际测定时，普通价格仪器多是固定宽度的狭缝，不需调节；精密仪器狭缝的调节，一般以调低狭缝宽度至溶液的吸光度不再增加为宜。

（3）吸收池　吸收池也叫比色皿，用于盛放分析试样，一般有石英和玻璃两种材质。石英吸收池常标注字母 Q，适用于紫外光区；玻璃吸收池常标注字母 G，只能用于可见光区。

拿取比色皿时，只能手捏毛玻璃面，不得接触其透光面；测量之前，比色皿需用被测溶液润洗 2～3 次，然后再盛装溶液，适宜液位至比色皿高度的 3/4 处，不能超过 4/5；盛好溶液后，先用滤纸轻轻吸去外部溶液，再用擦镜纸朝同一方向擦拭；注意比色皿内不得附着小气泡，否则影响透光率。为减少光的反射损失，吸收池的光学面必须完全垂直于光束方向。

在高精度的分析测定中（紫外区尤其重要），吸收池需要进行配套性检验。因为吸收池材料的本身吸光特征以及吸收池的光程长度的精度等对分析结果都有影响。

配套性检验方法如下：

① 玻璃比色皿　将待用的玻璃比色皿装入蒸馏水，在 600nm 波长处，以其中一个比色皿为参比，调节透射比为 100%（吸光度为 0），测定其他比色皿的透射比，其偏差小于 0.5% 的比色皿可配成一套使用。

② 石英比色皿　石英比色皿装蒸馏水，在 220nm 波长下，以其中一个比色皿为参比，调节透射比为 100%，测定其余比色皿的透射比，其偏差小于 0.5% 可配成一套使用。

吸收池有 0.5cm、1.0cm、2.0cm、3.0cm、5.0cm 厚度等规格，其中 1.0cm 规格较为常用，实际使用时可根据需要进行选择。

在实际测定中，为减小误差，通常将盛放参比溶液与样品溶液的吸收池进行槽差校正。

见微知著

某同学使用比色皿盛装待测溶液测定含量时，未对比色皿进行配套性实验，也未进行槽差校正，那么，测定结果可能会带来哪些影响？我们该如何避免同样的情况再次出现？请讨论校正工作的重要性！

【 不以六律，不能正五音。】

没有规矩，不成方圆。作为新时代的青年，要养成遵守操作规程、尊重规则的意识，严格按照规矩和规则办事，培养对标对表及时校正和纠偏意识。

（4）检测器　检测器是检测光信号、测量单色光透过溶液后光强度变化的一种装置。常用的检测器有光电池、光电管和光电倍增管等。它们通过光电效应将照射到检测器上的光信号转变成电信号。检测器要求光电转换有恒定的函数关系，响应灵敏度要高，噪声低，稳定性好等。

硒光电池对光的敏感范围为 300～800nm，其中又以 500～600nm 最为灵敏。这种光电池的特点是能产生可直接推动微安表或检流计的光电流，使用方便、便于携带，且耐用、成本低。但只在高强度辐射区较灵敏，且长时间使用容易出现疲劳，因而只能用于低档的分光光度计中。硒光电池工作原理见图 1-12。

光电管在紫外 - 可见分光光度计上应用广泛。它是一个阳极和一个光敏阴极组成的真空二极管。阴极的内表面涂有光敏层，在圆柱形的中心置一金属丝为阳极，接受阴极释放出的电子，两电极密封于玻璃或石英管内并抽成真空。阴极上光敏材料不同，光谱的灵敏区也不同。光电管可分为蓝敏和红敏两种光电管，前者是在镍阴极表面上沉积锑和

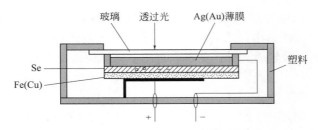

图 1-12　硒光电池工作原理示意图

铯，可用波长范围为 210～625nm；后者是在阴极表面上沉积了银和氧化铯，可用范围为 625～1000nm。与光电池比较，它有灵敏度高、光敏范围宽、不易疲劳等优点。光电管结构见图 1-13。

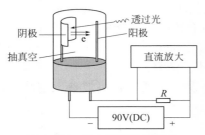

图 1-13　光电管结构示意图

光电倍增管是检测微弱光最常用的光电元件，它的灵敏度比一般的光电管要高 200 倍，因此可使用较窄的单色器狭缝，从而对光谱的精细结构有较好的分辨能力。注意光电倍增管不得置于强光下。光电倍增管原理结构如图 1-14 所示。

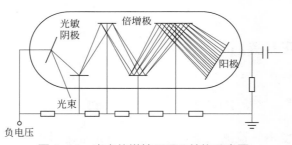

图 1-14　光电倍增管原理及结构示意图

（5）信号指示系统　信号指示系统把检测器产生的电信号，经放大处理后，用适当方式指示或记录下来。早期常用的信号指示装置有直读检流计、电位调节指零装置以及数字显示或自动记录装置等。现在很多型号的分光光度计都可配套计算机使用，一方面可对分光光度计进行操作控制，另一方面可进行数据处理。

2. 仪器类型

紫外 - 可见分光光度计根据使用光区范围可分为可见分光光度计和紫外 - 可见分光光度计。可见分光光度计的使用波长范围是 400～780nm；紫外 - 可见分光光度计的使用波长范围是 200～1000nm。根据测量光路可分为单光束分光光度计及双光束分光光度计。根据测量时提供的波长数又可分为单波长分光光度计及双波长分光光度计。现简要介绍单光束分光光度计、双光束分光光度计和双波长分光光度计。

（1）单光束分光光度计　单光束分光光度计的光路如图 1-15 所示。光源经单色器分光后，得到一束平行单色光，依次轮流通过参比溶液和样品溶液，以测定其吸光度。因使用时来回拉动吸收池，让其轮流通过参比溶液和样品溶液，因而测定时存在移动误差，分析误差较大。

但这种类型的分光光度计结构简单，操作方便，维修容易，适用于常规定性定量分析。国产 721 型、722 型、723 型、724 型、751G 型、752 型、英国 SP500 型以及 BackmanDU-8 型等均属于此类光度计。

图 1-15　单光束分光光度计的光路示意图

（2）双光束分光光度计　双光束分光光度计的光路如图 1-16 所示。光源经单色器分光后，经反射镜分解为弧度相等的两束光，一束通过参比池，另一束通过样品池。光度计能自动比较两束光的强度，此比值即为试样的透射比，经对数变换将它转换成吸光度并作为波长的函数记录下来。双光束分光光度计的特点是能连续改变波长，自动比较样品和参比溶液的透光强度，自动消除光源强度变化所引起的误差。因不用拉动吸收池，自动进行扫描吸收光谱，可减小移动误差。但因结构复杂，价格较贵。双光束分光光度计适合结构分析。这类仪器有国产 710 型、730 型和 760MC 型，日立 U2000 系列，岛津 UV-1750、UV-1800，美国热电、美国瓦里安 UV-2700 等。

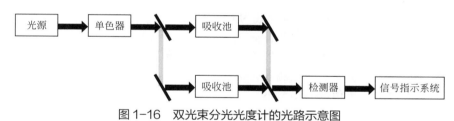

图 1-16　双光束分光光度计的光路示意图

（3）双波长分光光度计　双波长分光光度计的基本光路如图 1-17 所示。由同一光源发出的光被分成两束，分别经过两个可以自动转动的光栅单色器，得到两束不同波长的单色光。再利用切光器使两束光以一定的频率交替照射同一吸收池，然后经过光电倍增管和电子控制系统，最后由显示器显示出两个波长处的吸光度差值 ΔA（$\Delta A = A_1 - A_2$）。定量基础为 $\Delta A = (\varepsilon_{\lambda_1} - \varepsilon_{\lambda_2})bc$。

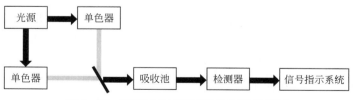

图 1-17　双波长分光光度计的光路示意图

双波长分光光度计的优点：只有一个待测溶液，不需要参比溶液，可消除干扰和吸收池不匹配引起的误差。不仅能测量高浓度、多组分混合试样，而且测定浑浊试样比单波长灵敏度更高、选择性更好。

习题测验

一、填空题

1. 分光光度计的种类和型号繁多，但基本都是由下列五大部分组成：_____，_____，_____，_____，_____。

2. 紫外 - 可见分光光度计常用的色散元件有_____和_____。

3. 石英吸收池常标注字母 Q，适用于_____光区；玻璃吸收池常标注字母 G，只能用于_____光区。

4. 紫外 - 可见分光光度计根据使用光区范围分类，可分为_____和_____分光光度计。根据测量中提供的波长数可分为_____和_____分光光度计。

二、单选题

1. 分光光度计的核心部件是（　　）。
A. 光源 　　　　　　　B. 单色器 　　　　　　　C. 检测器 　　　　　　　D. 显示器

2. 在 260nm 进行分光光度测定时，应选用（　　）比色皿。
A. 硬质玻璃 　　　　　B. 软质玻璃 　　　　　　C. 石英 　　　　　　　　D. 透明塑料

3. 721 分光光度计的波长使用范围为（　　）nm。
A. 320 ～ 780 　　　　B. 340 ～ 780 　　　　　C. 400 ～ 780 　　　　　D. 520 ～ 780

4. 紫外 - 可见分光光度计的结构组成为（　　）。
A. 单色器—吸收池—光源—检测器—信号显示系统
B. 光源—单色器—吸收池—检测器—信号显示系统
C. 光源—吸收池—单色器—检测器—信号显示系统
D. 光源—吸收池—单色器—检测器

5. 在分光光度计的检测系统中，用光电管代替硒光电池，可以提高测量的（　　）。
A. 灵敏度 　　　　　　B. 准确度 　　　　　　　C. 精密度 　　　　　　　D. 重现性

6. 可见分光光度法中，使用的光源是（　　）。
A. 钨灯 　　　　　　　B. 氢灯 　　　　　　　　C. 氘灯 　　　　　　　　D. 汞灯

三、多选题

1. 分光光度计的比色皿使用要注意（　　）。
A. 不能拿比色皿的毛玻璃面　　　　　B. 比色皿中试样装入量一般应为 2/3 ～ 3/4 之间
C. 比色皿一定要洁净　　　　　　　　D. 一定要使用成套玻璃比色皿

2. 属于分光光度计单色器组成部分的有（　　）。
A. 入射狭缝 　　　　　B. 准光镜 　　　　　　　C. 波长凸轮 　　　　　　D. 色散器

3. 分光光度计常用的光电转换器有（　　）。
A. 光电池 　　　　　　B. 光电管 　　　　　　　C. 光电倍增管 　　　　　D. 光电二极管

四、简答题

请写出紫外 - 可见分光光度计操作过程和维护保养注意事项。

任务2　未知物的定性定量分析

 任务分解

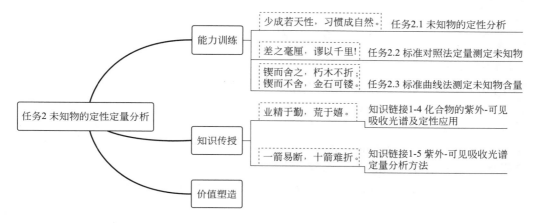

任务 2.1　未知物的定性分析

任务导入

　　实验室现有一瓶未知试剂（如图 1-18 所示），标签已经看不清楚。已知该试剂就是 4 种物质（磺基水杨酸、苯甲酸、邻二氮菲、硝酸盐）中的 1 种，现要对该未知试剂进行定性分析，得出该试剂是什么？应该怎么做呢？

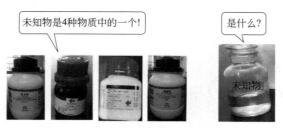

图 1-18　标准物质与未知试剂示意图

见微知著

　　试剂瓶上的标签是一个非常重要的标志，它可以标识瓶内的物质，以便更好完成实验，同时也能保障实验者及实验室的人身安全。既然试剂瓶标签如此重要，那么我们应该养成习惯，及时维护试剂瓶上的标签信息，并且配制试剂及时贴好标签！

【少成若天性，习惯成自然。】

良好的习惯是成功的关键。养成好的工作习惯后，可以有效地提高工作效率，减少工作错误。新时代青年要在日常的工作、学习生活中有意识地培养自己的规矩意识、尊重规则，形成及时、不拖拉、勤快的良好习惯。

 实验方案

实验2　未知物的定性分析

1. 仪器与试剂

（1）实验仪器　紫外－可见分光光度计，石英比色皿，滤纸，擦镜纸，100mL烧杯，5mL、10mL吸量管，50mL、100mL容量瓶。

（2）实验试剂

① 标准物质溶液（1.000mg/mL）　磺基水杨酸、苯甲酸、邻二氮菲（也称邻菲啰啉）、硝酸盐分别配成1.000mg/mL的标准溶液，作为标准储备液。

② 未知液　浓度约为1mg/mL（未知液为给出的四种物质之一）。

2. 实验步骤

（1）配制溶液　将磺基水杨酸、苯甲酸、邻二氮菲、硝酸盐四种标准储备液均稀释成10μg/mL。将未知液稀释100倍，约为10μg/mL，待测。配制的溶液见表1-3。

表1-3　配制的标准溶液和未知样

序号	1	2	3	4	5
物质名称	磺基水杨酸	苯甲酸	邻二氮菲	硝酸盐	未知样
c/（μg/mL）	10	10	10	10	≈10

（2）进行光谱扫描　以蒸馏水为参比，分别测定稀释好的四种标准物质溶液和未知样液在190～350nm波长范围的吸收曲线。

3. 数据处理与结果讨论

比较标准物质吸收曲线和未知物的吸收曲线，得出未知物名称。

 实验实施

1. 方法原理

在相同条件下，分别测定未知物及其标准物的吸收光谱曲线。对比两者吸收光谱的形状、吸收峰的数目、位置和相应的摩尔吸光系数等。如果两者完全一致，就可初步判断为同一种物质；如果有明显差别，肯定不是同一种物质。

方法原理及思路

2. 实验过程

（1）配制溶液　按实验方案配制溶液。

（2）测定吸收光谱曲线

以蒸馏水为参比，分别测定四种标液和未知样液在 190 ～ 350nm 波长范围的吸收光谱曲线。下面以 UV-1800DS2 为例，介绍使用仪器的 M.V 应用软件进行光谱扫描。

配制标准溶液和
未知样液

① 仪器开机

a. 确认仪器主机与计算机全部接线准确无误，电脑主机插上 usb 加密锁。

b. 打开计算机，同时打开 UV-1800DS2 主机电源开关，仪器自动自检，预热 20min。

② 参数设置

a. 双击桌面上的"M.V"图标运行应用软件，在弹出的选项窗口中输入用户信息，单击"确定"。单击快捷工具栏左上角的"联机"按钮，连接仪器主机。

光谱扫描
（应用软件）

b. 单击"光谱扫描"图标，进入光谱扫描界面。单击快捷工具栏上的"设置"按钮，设置测量参数。根据要求选择或输入参数，单击"确定"完成设置。

本实验要求参数设置如下：起始"350"nm，终止"190"nm，间隔"1"nm，扫描模式重复"1"，响应模式"正常"，显示最大"3.0"，最小"0"。

③ 光谱扫描

a. 以蒸馏水为参比，将装参比和样液的比色皿放入样品槽，关闭样品室盖。

b. 将参比溶液置于光路中，单击快捷工具栏"校准背景"图标，弹出"基线"窗口，输入起始"350"nm，终止"190"nm，单击"扫描"，开始扫描基线。

c. 将样液置于光路中，单击快捷工具栏的"开始"图标，对样液进行扫描测量。对应的测量值显示在右边的数据表格中。

d. 如需查看吸收峰的位置和测量值，单击快捷工具栏的"峰"图标，软件将自动查找并标注峰的位置。

e. 单击快捷工具栏的"保存"图标，输入文件名后可保存测量结果。

f. 重复以上步骤，扫描测定四个标准和未知样的吸收曲线。完成测量后将样品槽归位，取出所有比色皿清洗干净。

④ 仪器关机　测定完毕后，退出应用软件，关闭电脑，关闭仪器电源开关，拔掉电源插头，盖上防尘罩。及时填写仪器使用记录，并清理台面。

3. 数据处理与结果讨论

数据处理

实验报告

未知物定性分析报告单

姓名: _____ 实验时间: _____年____月____日　　　　　　组员: _____

1. 标准物质的吸收曲线

吸收曲线粘贴处

2. 未知物吸收曲线

吸收曲线粘贴处

3. 未知物定性分析结果

波长扫描范围: _____　　　　吸收池厚度: _____

序号	标 1	标 2	标 3	标 4	样 1
物质名称					
吸收峰数目及其位置 /nm					
最大吸收波长 /nm					
最大吸收波长处摩尔吸光系数 / [L/ (mol · cm)]					
吸收强度较大峰且较平坦处波长 /nm					

结论: 未知物名称_____。

任务评价

见表 1-4。

表 1-4　实验完成情况评价表

姓名：_____　完成时间：_____　总分：_____

第___组　　组员：_____

评价内容及配分		评分标准	扣分情况记录	得分
实验结果（30分）	吸收光谱曲线	波长选择不正确，扣5分		
		横纵坐标选择错误，扣5分		
		单位不正确，扣2分		
		曲线连接错误，扣3分		
		比较标准和未知样的吸收曲线，得出正确结论，15分		
过程操作（40分） （注：操作分扣完为止，不进行倒扣）		1. 玻璃仪器未清洗干净，每件扣2分； 2. 损坏仪器，每件扣5分； 3. 定容溶液：定容过头或不到，扣2分； 4. 标准溶液：每重配一个，扣5分； 5. 50mL比色液：每重配一个，扣2分； 6. 显色时间不到：扣2分； 7. 仪器未预热：扣5分； 8. 吸收池类型选择错误：扣5分； 9. 吸收池操作不规范：扣5分； 10. 计算有错误：扣5分/处（出现第一次时扣，受其影响而错不扣）； 11. 数据中有效数字位数不对或修约错误：每处扣1分； 12. 其他犯规动作，每次扣0.5分，重复动作最多扣2分		
职业素养（20分）	原始记录（5分）	原始记录不及时，扣2分；原始数据记在其他纸上，扣5分；非正规改错，扣1分/处；原始记录中空项，扣2分/处		
	安全与环保（10分）	未穿实验服：扣5分； 台面、卷面不整洁：扣5分； 损坏仪器：每件扣5分； 不具备安全、环保意识：扣5分		
	6S管理（5分）	1. 考核结束，仪器清洗不洁：扣5分； 2. 考核结束，仪器堆放不整齐：扣1～5分； 3. 仪器不关：扣5分		
	否决项	涂改原始数据未经监考老师同意不可更改，在考核时不准进行讨论等作弊行为发生，否则作0分处理。不得补考		

考核时间（10分） 超60min停考	超过时间≤	0：00	0：10	0：20	0：30		
	扣分标准/分	0	3	6	10		

化合物的紫外－可见吸收光谱及定性应用

问题导学

1. 基本概念：生色团、助色团、红移、蓝移、增（减）色效应。
2. 有机物价电子跃迁的方式有哪些？各价电子跃迁产生的光谱区及其应用。
3. 影响紫外－可见吸收光谱的因素有哪些？各因素对吸收光谱带来的影响是怎样的？
4. 紫外－可见吸收光谱定性分析的依据是什么？定性分析方法有哪些？

知识讲解

紫外-可见吸收光谱是由于物质分子或离子吸收紫外-可见光（通常 200 ～ 800nm），发生价电子的跃迁所引起的。由于电子能级跃迁的同时伴随着振动和转动能级的跃迁，因此紫外-可见光谱呈现宽谱带。

紫外-可见吸收光谱的横坐标为波长，纵坐标为吸光度，其有两个重要特征：最大吸收峰位置（λ_{max}）以及最大吸收峰的摩尔吸光系数（ε_{max}）。横坐标吸收峰位置为化合物在紫外-可见光谱中的特征吸收，用作定性分析的依据，纵坐标表示对应的吸收强度，则用作定量分析。

1. 基本概念

（1）生色团　生色团是指产生紫外或者可见吸收的不饱和基团，一般是具有 n 电子和 π 电子的基团，如 C ═ O、C ═ N 等。当出现几个生色团共轭时，几个生色团所产生的吸收带将消失，取而代之的是新的共轭吸收带，其波长向长波方向移动，吸收强度也增强。

（2）助色团　助色团是指本身无吸收，但可以使生色团吸收峰加强或（和）使吸收峰红移的基团，如 OH^-、Cl^- 等。

（3）红移　最大吸收峰向长波方向移动，也就是向红外光区方向移动，叫红移。

（4）蓝移　最大吸收峰向短波方向移动，也就是向紫外光区方向移动，叫蓝移，也叫紫移。

（5）增（减）色效应　使吸收强度增强（减弱）的效应叫增（减）色效应。

2. 价电子跃迁的类型以及吸收带

（1）有机物的价电子跃迁　在有机化合物分子中，有三种不同类型的价电子：形成单键的 σ 电子、形成不饱和键的 π 电子以及未成键的孤对 n 电子。如甲醛分子所示：

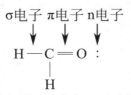

当分子吸收紫外或者可见辐射后,这些外层电子就会从成键轨道向反键轨道跃迁,主要的跃迁方式可分四种,按所需能量大小顺序为:$\sigma \to \sigma^* > n \to \sigma^* > \pi \to \pi^* > n \to \pi^*$。如图 1-19 电子能级及电子跃迁示意图。

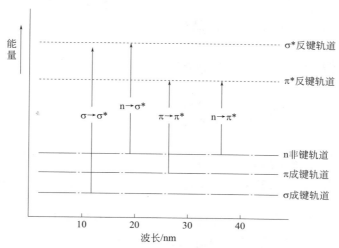

图 1-19　电子能级及电子跃迁示意图

① $\sigma \to \sigma^*$ 跃迁　指处于成键轨道上的 σ 电子吸收光能跃迁到 σ* 反键轨道。该跃迁吸收能量较高,一般发生在真空紫外区,吸收光波长小于 200nm。

饱和烃中的 C—C 属于这种跃迁类型。如甲烷的 λ_{max} 为 125mm、乙烷 λ_{max} 为 135nm,但是一般紫外-可见分光光度计无法检测 $\sigma \to \sigma^*$ 跃迁,只能被真空紫外分光光度计检测到,常作为溶剂使用。

② $n \to \sigma^*$ 跃迁　指处于非键轨道上的 n 电子吸收光能跃迁到 σ* 反键轨道。该跃迁所需能量较大,吸收波长在 200nm 附近,大部分在远紫外区,近紫外区仍不易观察到。

含有 O、N、S 等杂原子的基团,如—NH_2、—OH、—SH 等可能产生 $n \to \sigma^*$ 跃迁。

③ $\pi \to \pi^*$ 跃迁　指不饱和键中的 π 电子吸收光能跃迁到 π* 反键轨道。有 π 电子的基团会发生 $\pi \to \pi^*$ 跃迁,如 C=C、C≡C、C=O 等,一般位于近紫外区,在 200nm 左右。

该跃迁吸收能力强,一般 $\varepsilon_{max} \geq 10^4 L/(mol \cdot cm)$,为强吸收带。解析光谱时,可根据吸收带的位置、强度、形状及数目来推测化合物的分子结构。该跃迁常见的吸收带如下:

a. K 带　是指共轭体系的 $\pi \to \pi^*$ 跃迁,它与共轭体系的数目、位置和取代基的类型有关。吸收强度高 $[\varepsilon_{max} \geq 10^4 L/(mol \cdot cm)]$,吸收峰位于 217 ~ 280nm,共轭烯烃和取代的芳香烃化合物可以产生这类谱带。

b. B 带　是指芳香族化合物的苯环振动和 $\pi \to \pi^*$ 跃迁重叠而产生的精细结构特征吸收带。吸收峰位于 230 ~ 270nm,可用于辨识芳香烃化合物。

c. E 带　E 带是苯环上三个双键共轭体系中的 π 电子向 π* 反键轨道跃迁的结果,分为 E_1 和 E_2 两个吸收带。当苯环上的氢被助色团取代,并和苯环产生共轭时,E 带和 B 带发生红移,此时的 E_2 带和 K 带合并。E_1 带 λ_{max} 为 184nm,E_2 带 λ_{max} 为 204nm,苯含有 B 带和 E 带。

④ n → π* 跃迁　指处于非键轨道上的 n 电子吸收光能跃迁到 π* 反键轨道。主要吸收发生在近紫外或者可见光区。该跃迁吸收强度弱，摩尔吸光系数小，吸收峰一般在 270nm 以上，产生的吸收带叫 R 带。

含有杂原子的不饱和基团会发生 n → π*，如 C＝O、C＝S、—N＝N—等基团。

以上各吸收带相对的波长位置由大到小的次序为：R、B、K、E$_2$、E$_1$，但一般 K 和 E 带常合并成一个吸收带。

（2）无机物中的电子跃迁　无机化合物的紫外 - 可见吸收主要是由电荷转移跃迁和配位场跃迁产生。

电荷转移跃迁：无机配合物中心离子和配体之间发生电荷转移。不少过渡金属离子和水合无机离子以及含有生色团的试剂反应生成的配合物都会产生电荷转移跃迁。

电荷转移吸收光谱出现的波长位置，是由电子给体和电子受体相应电子轨道的能量差来确定的。一般，中心离子的氧化能力越强或配体的还原能力越强（同理，中心离子的还原能力越强或配体的氧化能力越强），则发生电荷转移跃迁时所需能量越小，吸收光谱波长红移。

配位场跃迁：元素周期表中第 4 和第 5 周期过渡元素分别含有 3d 和 4d 轨道，镧系和锕系元素分别有 4f 和 5f 轨道，这些轨道能量通常是相等的，但是在配合物中，由于配体的影响分裂成了几组能量不等的轨道。若轨道是未充满的，当吸收光后，电子会发生跃迁，分别形成 d — d 跃迁和 f — f 跃迁。

3. 影响紫外 - 可见吸收光谱的因素

（1）共轭效应　共轭效应是指两个或两个以上的不饱和键共轭时，由于共轭体系形成大 π 键，引起各能级间的能量差减小，从而电子跃迁的能量降低，因此共轭效应会使吸收向长波方向移动，产生红移，同时摩尔吸光系数增大。见表 1-5 共轭效应对紫外吸收光谱的影响。

表 1-5　共轭效应对紫外吸收光谱的影响

化合物	溶剂	λ_{max}/nm	ε_{max}/ [L/（mol·cm）]
CH$_2$＝CH—（CH$_2$）—CH$_3$	己烷	177	11800
CH$_2$＝CH—CH＝CH$_2$	己烷	217	21000
CH$_2$＝CH—CH＝CH—CH＝CH$_2$	异辛烷	268	43000

（2）溶剂效应　因溶剂极性不同而引起某些化合物的吸收峰位置、数目、形状及吸收强度发生变化，这种现象称为溶剂效应。

同一物质，使用溶剂不同，得到的吸收光谱可能不一样。见表 1-6，4- 甲基 -3- 戊烯 -2- 酮（异亚丙基丙酮）在不同溶剂下的紫外吸收光谱 λ_{max}。

表 1-6　不同溶剂对异亚丙基丙酮紫外吸收光谱的影响　　　　　　单位：nm

项目	λ_{max}（正己烷）	λ_{max}（氯仿）	λ_{max}（甲醇）	λ_{max}（水）
n → π*	329	315	309	305
π → π*	230	238	237	243

由表 1-6 可见：

① n → π* 跃迁　溶剂依次从正己烷、氯仿、甲醇到水，随着溶剂极性增大，λ_{max} 依次从 329nm、315nm、309nm 到 305nm，最大吸收波长发生蓝移，即：极性↑，λ↓。

② n → π* 跃迁　随着溶剂极性降低，λ_{max} 发生红移，即：极性↓，λ↑。

因此，在测定物质的紫外吸收光谱时，应当注明所用溶剂。

（3）溶液 pH　不同 pH 溶液中，分子或离子的解离形式可能发生变化，其吸收光谱位置、数目、形状及吸收强度可能不一样。如苯酚在碱性介质中形成苯酚阴离子，其吸收峰从 210.5nm 和 270nm 红移到 235nm 和 287nm。

见微知著

溶液 pH 不同，分子或离子的解离形式可能发生变化，从而影响实验结果。如水杨酸 -Fe^{3+}，在 pH 值为 2 ～ 3 时，形成紫红色的 FeR；当 pH=4 ～ 7 时，生成橙色的 FeR_2。可见，溶液的酸度不同，生成的产物配比也可能不同，即生成的物质也不同。在实验过程中，如果某同学因大意加入酸或碱过量，请讨论实验测定会带来哪些影响？

【业精于勤，荒于嬉。】

理想的实现要靠艰苦奋斗和勤学苦练。科学研究来不得半点马虎和虚假，作为一名检测人员，要培养认真、用心、精心、细心、规范的科学意识。

4. 定性应用

不同物质的分子结构不同，其量子化能级不同，吸收光的能量也不相同，因此，每种物质都有其特有的吸收光谱曲线。根据化合物吸收光谱中的特征吸收波长（λ_{max}）和吸收强度（ε_{max}），可对物质进行定性分析和纯度检验。

但紫外 - 可见吸收光谱较为简单、特征性不强，还有不少官能团在近紫外及可见光区无吸收或吸收很弱，且外界因素如溶剂、酸度等改变也会影响吸收光谱。所以只根据紫外吸收光谱不能完全确定物质的分子结构，实际应用有较大的局限性，必须与红外、核磁共振、质谱以及其他物理、化学方法共同配合才能得到可靠结论。

（1）未知化合物的定性分析　紫外 - 可见吸收光谱的定性分析一般采用吸收光谱比较法。在相同条件下，测定提纯的未知样品及已知标准物的吸收光谱曲线，比较两者吸收光谱的形状、吸收峰数目、吸收位置 λ_{max} 及其相应吸收强度 ε_{max}，两者如果完全一致，就可初步判断可能为同一种物质；如果有明显差别，则肯定不是同一种物质。

如果没有标准物质，可与文献标准图谱进行对照。常用的标准图谱是《The Sadtler standard spectra, Ultraviolet》（萨特勒标准图谱及手册），收集了 46000 种化合物的紫外光谱图。

采用与标准物图谱对照，操作时测定条件要完全与文献规定的条件相同，否则可靠性差。

（2）化合物的纯度检验　检验方法有吸收光谱比较法和吸光系数比较法。

① 吸收光谱比较法　如果某化合物在紫外 - 可见光区某一位置没有明显吸收峰，而测定的吸收光谱却有较强的吸收峰，就可判断其中的吸收峰是该化合物所含杂质对光的吸收。

如苯在波长 256nm 处产生 B 吸收带，而甲醇在此处无吸收，要检查甲醇中是否含苯杂质，可通过比较吸收光谱检验。

② 吸光系数比较法　理论认为，在相同条件下，同一浓度同一物质，测定的摩尔吸光系数相等。如果测出试样的摩尔吸光系数小于标准摩尔吸光系数，则其纯度不如标准样品。相差越大，则认为纯度越低。如菲的氯仿溶液在 296nm 处有强吸收，而某公司生产的菲，测得摩尔吸光系数比标准品低 5%，说明生产的菲实际含量只有 95%，其余则可能是蒽醌等杂质。

 习题测验

一、填空题

1. _____是指本身无吸收，但可以使生色团吸收峰加强或（和）使吸收峰红移的基团，如 OH^-、Cl^- 等。

2. 蓝移是指最大吸收峰向_____波方向移动，也就是向紫外光区方向移动，也叫紫移。

3. 共轭效应是指两个或两个以上的不饱和键共轭时，由于共轭体系形成大 π 键，引起各能级间的能量差_____，从而电子跃迁的能量降低。

二、单选题

1. 下列分子中能产生紫外吸收的是（　　）。

A. NaO　　　　　　　B. C_2H_2　　　　　　　C. CH_4　　　　　　　D. K_2O

2. 下面化合物中，吸收波长最长的化合物是（　　）。

A. $CH_3(CH_2)_6CH_3$　　　　　　　　B. $(CH_2)_2C=CHCH_2CH=C(CH_3)_2$

C. $CH_2=CHCH=CHCH_3$　　　　　　D. $CH_2=CHCH=CHCH=CHCH_3$

三、多选题

1. 在紫外吸收光谱曲线中，能用来定性的参数是（　　）。

A. 最大吸收峰的吸收度　　　　　　B. 最大吸收峰的波长

C. 最大吸收峰的峰面积　　　　　　D. 最大吸收峰处的摩尔吸收系数

2. 影响紫外 - 可见吸收光谱的因素有（　　）等。

A. 共轭效应　　　　B. 溶剂效应　　　　C. 溶液 pH　　　　D. 溶液体积

3. 紫外分光光度法对有机物进行定性分析的依据是（　　）等。

A. 峰的形状　　　　B. 曲线坐标　　　　C. 峰的数目　　　　D. 峰的位置

任务 2.2　标准对照法定量测定未知物

 任务导入

根据定性分析已经得知未知试剂种类，如图 1-20。现要知道未知物含量是多少？如用标准对照法对该未知物进行定量分析，需要怎么做呢？

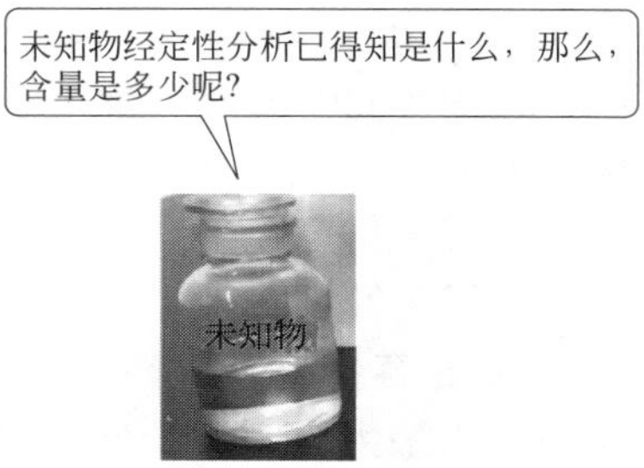

图 1-20　未知试剂示意图

实验方案

实验 3　标准对照法定量测定未知物

1. 仪器与试剂

（1）实验仪器

紫外 - 可见分光光度计，石英比色皿，滤纸，擦镜纸，100mL 烧杯，5mL、10mL 吸量管，50mL、100mL 容量瓶。

（2）实验试剂

① 标准物质溶液（1.000mg/mL）　磺基水杨酸、苯甲酸、邻二氮菲、硝酸盐分别配成 1.000mg/mL 的标准溶液，作为标准储备液。

② 未知液　浓度约为 1mg/mL（未知液为给出的四种物质之一）。

2. 实验步骤

根据定性分析得到的未知物种类，按以下方法进行标准对照法的定量测定。

（1）苯甲酸含量的测定

① 标准溶液的配制　准确移取 1.000mg/mL 苯甲酸标准储备液 5.00mL，在 100mL 容量瓶中定容（此溶液的浓度为 50μg/mL）。再准确移取 5.00mL 上述溶液，在 50mL 容量瓶中定容。

② 待测样液的配制　准确移取苯甲酸未知液 5.00mL，在 100mL 容量瓶中定容。再准确移取 5.00mL 上述溶液，在 50mL 容量瓶中定容。

测定吸光度：以蒸馏水为空白，于最大吸收波长处（227nm 附近）分别测定以上溶液的吸光度。标准溶液和样品均平行测定两次。

（2）磺基水杨酸含量的测定

① 标准溶液的配制　准确吸取 1.000mg/mL 磺基水杨酸标准储备液 10.00mL，在 100mL 容量瓶中定容（此溶液的浓度为 100μg/mL）。再准确移取 5.00mL 上述溶液，在 50mL 容量瓶中定容。

② 待测样液的配制　准确吸取磺基水杨酸未知液 10.00mL，在 100mL 容量瓶中定容。再准确移取 5.00mL 上述溶液，在 50mL 容量瓶中定容。

③ 测定吸光度　以蒸馏水为空白，于最大吸收波长处（230nm 附近）分别测定以上溶液的吸光度。标准溶液和样品均平行测定两次。

（3）邻二氮菲含量的测定

① 标准溶液的配制　准确吸取 1.000mg/mL 邻二氮菲标准储备液 5.00mL，在 100mL 容量瓶中定容（此溶液的浓度为 50μg/mL）。再准确移取 2.50mL 上述溶液，在 50mL 容量瓶中定容。

② 待测样液的配制　准确吸取邻二氮菲未知液 5.00mL，在 100mL 容量瓶中定容。再准确移取 2.50mL 上述溶液，在 50mL 容量瓶中定容。

测定吸光度：以蒸馏水为空白，于最大吸收波长处（227nm 附近）分别测定以上溶液的吸光度。标准溶液和样品均平行测定两次。

（4）硝酸盐含量的测定

① 标准溶液的配制　准确吸取 1.000mg/mL 硝酸盐标准储备液 5.00mL，在 100mL 容量瓶中定容（此溶液的浓度为 50μg/mL）。再准确移取 2.50mL 上述溶液，在 50mL 容量瓶中定容。

② 待测样液的配制　准确吸取硝酸盐未知液 5.00mL，在 100mL 容量瓶中定容。再准确移取 2.50mL 上述溶液，在 50mL 容量瓶中定容。

③ 测定吸光度　以蒸馏水为空白，于最大吸收波长处（205nm 附近）分别测定以上溶液的吸光度。标准溶液和样品均平行测定两次。

3. 结果计算

根据 $c_x = \dfrac{A_x c_s}{A_s}$；$c_{原始样品} = c_x n$（稀释倍数）计算未知液的含量。

实验实施

1. 方法原理

当一束波长可调的平行单色光垂直通过溶液时，溶液中分子或离子的外层电子吸收光能产生跃迁，其对光的吸收程度与溶液浓度的关系，遵守朗伯-比尔定律，即 $A=kbc$。

方法原理及思路

配制已知准确浓度标准溶液（c_s）和待测样液（c_x），在相同条件下测定标准溶液和待测样液的吸光度（A_s 和 A_x），通过比较测定，计算待测样液中未知物含量（c_x）。

注：本书中下标"s"指"标准溶液"，"x"指"待测样液"，"储"指"标准储备液"，"使"指"标准使用液"，"0"指"空白溶液"。

配制标准对照溶液和待测溶液

2. 实验过程

（1）配制溶液　按实验方案配制溶液。

（2）测定吸光度　依据实验方案进行吸光度的测定。下面以 UV-1800DS2 为例，介绍使用仪器控制面板进行吸光度的测定的方法。

现以标准对照法测定磺基水杨酸的含量为例。磺基水杨酸的最大吸收波长为 234nm。

测定吸光度（应用控制面板）

① 仪器开机

a. 打开样品室盖，确认样品室内光路无阻挡物，关闭样品室盖。

b. 插上电源，打开仪器开关，仪器自检、预热。

② 槽差校正

a. 将同一规格的 4 个石英比色皿编号为 1 ～ 4，并分别盛装参比溶液（本实验参比溶液为蒸馏水），调节为测定波长 234nm。

b. 1 号比色皿作为参比比色皿，位于光路，调节参比比色皿吸光度为 0（或透光率为 100%）。

c. 将其余 3 个比色皿依次拉入光路，记下测定的吸光度值，作为相应比色皿的空白溶液校正值。

③ 测定标准溶液和待测试液的吸光度　将除参比比色皿以外的其他 3 个比色皿取出，依次盛装标准溶液和待测试液，调节参比比色皿吸光度为 0，测定各标准和待测液的吸光度。将测得值减去对应比色皿的校正值，即为校正后的吸光度（A）。

附：槽差校正计算方法见表 1-7 示例。

表 1-7　比色皿的校正示例

比色皿编号	空白溶液校正值（A）	显色溶液测得值（A）	校正后测得值（A）
1	0.0	0.0	空白
2	0.001	0.203	0.202
3	−0.002	0.407	0.409
4	0.002	0.634	0.632

④ 仪器关机及日常维护　完成测量后将样品槽归位，取出所有比色皿清洗干净。关闭仪器电源开关，拔掉电源插头，盖上防尘罩。及时填写仪器使用记录，并清理台面。

⑤ 注意事项

a. 在每次测定前，应首先做比色皿配套性试验；对于有显著差异的比色皿，则需进行槽差校正。

b. 为了减小误差，标准溶液浓度要和待测试液浓度相近。

c. 要在相同条件下，平行测定试样溶液和标准溶液的吸光度。

d. 标准溶液和待测未知液需根据测定吸光度的适宜范围进行稀释，所以，原始样液的含量：$c_{原始样品} = c_x n$（稀释倍数）。

3. 数据处理，计算含量

计算含量

见微知著

某同学测定未知样含量，实验结果得到的浓度允差大于 7%，与准确浓度相对偏差大于 6.0%。对照考核标准，测定结果全部分值扣除。请查找因数据误差偏大给生产造成损失的事故案例，并分析造成这一结果可能出现的原因有哪些？我们在实验过程中该从哪些方面注意，以保证实验结果的精密度和准确度？

【差之毫厘，谬以千里！】

在分析检测过程中，开始稍微有一点差错，结果会造成很大的错误。在实验过程中，要做到数据精确、准确、真实，要养成实事求是、科学严谨的态度，要培养标准、规范的行为模式。

实验报告

标准对照法测定未知物的含量分析报告单

姓名：_____   实验时间：____年__月__日   组员：_____

未知物：_____

1. 标准使用液的配制

标准储备液浓度：_____   标准使用液浓度：_____

稀释次数	吸取体积 /mL	稀释后体积 /mL	稀释倍数
1			
2			
3			

2. 标准溶液的配制

溶液编号	吸取标液体积 /mL	c / (μg/mL)
1		
2		

3. 样液的配制

稀释次数	吸取体积 /mL	稀释后体积 /mL	稀释倍数
1			
2			
3			

4. 标准溶液的测定

平行测定次数	1	2
测得值（A）		
空白溶液校正值（A）		
校正后测得值（A）		

5. 样品含量的测定

平行测定次数	1	2
测得值（A）		
空白溶液校正值（A）		
校正后测得值（A）		
查得的浓度 / (μg/mL)		

原始试液浓度 /（µg/mL）		
原始试液的平均浓度 /（µg/mL）		
相对极差 /%		

6. 结果计算

① 根据浓度稀释公式 $c_1V_1=c_2V_2$，计算标准溶液浓度。

② 计算待测样液未知物含量。

③ 根据待测样液的稀释倍数，计算原始样品未知物浓度。

④ 计算相对平均偏差。

定量分析结果：样品的浓度为＿＿＿＿＿＿＿＿＿。

 任务评价

见表 1-8。

表1-8　实验完成情况评价表

姓名：＿＿＿＿＿　　完成时间：＿＿＿＿＿＿＿＿　　总分：＿＿＿＿＿＿＿＿＿＿＿＿

第＿＿＿组　　组员：＿＿＿＿＿＿＿＿＿＿＿＿＿＿＿＿＿＿＿＿＿＿＿＿

评价内容及配分	评分标准							扣分情况记录	得分
实验结果（30分）	相对平均偏差≤ /%	1.0	2.0	3.0	4.0	5.0	6.0 7.0		
	扣分标准 / 分	0	2	4	8	10	12 15		
	与准确浓度 相对偏差≤ /%	1.0	2.0	3.0	4.0	5.0	6.0 ＞6.0		
	扣分标准 / 分	0	2	4	8	10	12 15		
过程操作（40分）（注：操作分扣完为止，不进行倒扣）	1. 玻璃仪器未清洗干净，每件扣 2 分； 2. 损坏仪器，每件扣 5 分； 3. 定容溶液：定容过头或不到，扣 2 分； 4. 标准溶液：每重配一个，扣 5 分； 5. 50mL 比色液：每重配一个，扣 2 分； 6. 显色时间不到：扣 2 分； 7. 仪器未预热：扣 5 分； 8. 吸收池类型选择错误：扣 5 分； 9. 吸收池操作不规范：扣 5 分； 10. 计算有错误：扣 5 分 / 处（出现第一次时扣，受其影响而错不扣）； 11. 数据中有效数字位数不对或修约错误：每处扣 1 分； 12. 其他犯规动作，每次扣 0.5 分，重复动作最多扣 2 分								

续表

评价内容及配分		评分标准				扣分情况记录	得分
职业素养（20分）	原始记录（5分）	原始记录不及时，扣2分；原始数据记在其他纸上，扣5分；非正规改错，扣1分/处；原始记录中空项，扣2分/处					
	安全与环保（10分）	未穿实验服：扣5分； 台面、卷面不整洁：扣5分； 损坏仪器：每件扣5分； 不具备安全、环保意识：扣5分					
	6S管理（5分）	1. 考核结束，仪器清洗不洁：扣5分； 2. 考核结束，仪器堆放不整齐：扣1～5分； 3. 仪器不关：扣5分					
	否决项	涂改原始数据未经监考老师同意不可更改，在考核时不准进行讨论等作弊行为发生，否则作0分处理。不得补考					
考核时间（10分）超60min停考	超过时间≤	0:00	0:10	0:20	0:30		
	扣分标准/分	0	3	6	10		

紫外－可见吸收光谱定量分析方法

问题导学

1. 紫外－可见分光光度法定量测定原理是什么？定量分析为什么要引入标准溶液？
2. 标准对照法的测定方法步骤是怎样的？标准对照法计算含量的方法步骤呢？
3. 标准对照法定量测定的特点。标准对照法的适用范围。
4. 标准曲线法的测定方法步骤是怎样的？标准曲线法计算含量的方法步骤呢？
5. 标准曲线法定量测定的特点。标准曲线法的适用范围。

知识讲解

若样品为单组分，遵守光的吸收定律 $A=kbc$，且在测定波长下，没有其他物质干扰，则可根据被测物质对一定波长光的吸收程度（吸光度 A）来确定样品的浓度。

根据朗伯-比尔定律 $A=kbc$，式中 b 为比色皿厚度，吸光度 A 上机测得，那么要想求出样品的浓度 c，还需要知道比例常数 k 的具体数值。

然而，k 虽然是常数，但并不知道它的具体数值是多少，那么，怎么办呢？

通常，我们采用比较法，引入已知浓度的标准溶液，来解决这个问题。分光光度法中常用的定量分析方法有标准对照法、标准曲线法和标准加入法。

1. 标准对照法

标准对照法的定量分析思路：在相同条件下，比较测定待测溶液（浓度为 c_x）和已知准确浓度（c_s）标准溶液的吸光度 A_x 和 A_s，从而计算被测物质的含量。

（1）测定方法步骤

① 配制溶液　配制已知浓度（c_s）的标准溶液和待测样液（浓度为 c_x）。注意标准溶液和待测样液浓度相近。

② 测定吸光度　在选择的入射波长下，以参比溶液消除空白，测定标准溶液和待测样液的吸光度（A_s 和 A_x）。

③ 求待测样液中被测物质的含量　在实际计算过程中，常通过解方程组求解待测样液浓度 c_x。

$$\begin{cases} A_s=k_sbc_s \\ A_x=k_xbc_x \end{cases} \Rightarrow c_x=\frac{c_sA_x}{A_s} \qquad 式（1-6）$$

④ 根据未知溶液的稀释倍数，求原始未知溶液的含量。计算公式：

$$c_0=c_xn \qquad 式（1-7）$$

式中　c_0——原始未知溶液浓度，mg/L；

　　　c_x——查出的待测试液未知物浓度，mg/L；

　　　n——待测试液的稀释倍数。

（2）计算含量实例

【例】

移取 5.00mL 1000mg/L 未知物标准储备液至 100mL 容量瓶，定容，摇匀得标准使用液。再移取 2.50mL 标准使用液定容至 50mL，得到标准溶液，以蒸馏水为参比溶液，上机测得吸光度为 0.470。移取 10.00mL 未知物样液至 100mL 容量瓶，定容，摇匀，再移取 5.00mL 上述溶液定容至 50mL 容量瓶，测得吸光度为 0.467。请计算未知物样液含量。

① 计算标准溶液的浓度

根据 $c_储V_储=c_使V_使$，求得 $c_使$。

$$c_使=\frac{c_储V_储}{V_使}=\frac{1000mg/L×5.00mL}{100.00mL}=50.00mg/L$$

根据 $c_使V_使=c_sV_s$，求得 c_s。

$$c_s=\frac{c_使V_使}{V_s}=\frac{50.00mg/L×2.50mL}{50.00mL}=2.50mg/L$$

② 求待测样液中未知物含量。

$$\begin{cases} A_s=k_sbc_s \\ A_x=k_xbc_x \end{cases} \Rightarrow c_x=c_s(A_x/A_s)$$

$$c_x=\frac{A_xc_s}{A_s}=\frac{0.467×2.50}{0.470}=2.48(mg/L)$$

③ 根据未知溶液的稀释倍数，求原始未知溶液的含量。

未知溶液的稀释过程如图 1-21 所示：

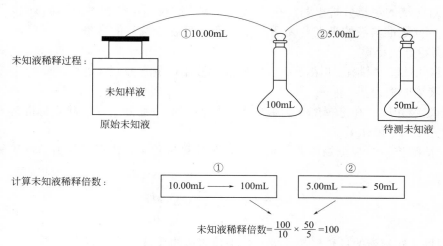

图 1-21　样品稀释过程示意图

则：$c_{原始样品}=c_x×$ 稀释倍数 $=2.48mg/L×100=248.00mg/L$

（3）标准对照法的特点及适用范围　标准对照法只参照一个浓度点的标准溶液，测定简便快速，但准确度不高。适用于对测定结果精度要求不高且少量个别样品的测量。在实际工作中，常用标准曲线法进行定量测定。

2. 标准曲线法

（1）测定方法步骤

① 配制溶液　配制一系列不同浓度（c_{s0}、c_{s1}、c_{s2}、c_{s3}、c_{s4}、c_{s5}）的标准曲线溶液（一般不少于 5 个），同步配制待测样液（c_{x1}、c_{x2}）。

② 测定吸光度　在选择的入射波长下，以参比溶液消除空白，测定标准曲线系列溶液和待测样液的吸光度。

③ 绘制工作曲线　根据测定的不同浓度标准溶液系列吸光度，以浓度为横坐标，吸光度为纵坐标，绘制吸光度 - 浓度曲线（图 1-22），称为标准曲线（工作曲线或校正曲线）。

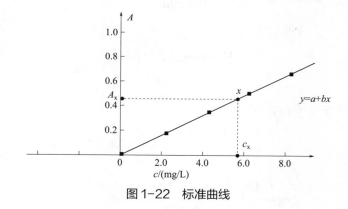

图 1-22　标准曲线

④ 计算待测样液中被测物质含量　根据测定待测样液的吸光度，从工作曲线上找出

与之对应的待测样液的浓度，或求出直线回归方程 $y=a+bx$（可用 excel 软件或最小二乘法求得），利用回归方程计算待测样液含量。

直线回归方程 $y=a+bx$ 中，x 为标准溶液的浓度，y 为对应的吸光度，a、b 为回归系数。将待测溶液吸光度 A_x 代入 y，求得 x 值即为待测溶液浓度。

注意：回归方程的相关性系数 R 表示标准曲线的线性好坏，R 越接近 1，说明曲线线性越好，一般要求 $R > 0.999$ 的标准曲线才可用，否则，应重新制作标准曲线。

⑤ 计算原始样品浓度　在实际测定过程中，通常待测样液需经过稀释后进行测定，那么原始样品的含量为：

$$c_{原始样品}=c_x n \qquad\qquad 式（1-8）$$

式中　c_x——查找或计算待测样液中未知物的浓度，mg/L；

　　　n——待测样液的稀释倍数。

（2）计算样品含量实例

【例】

标准曲线法测定邻二氮菲得下列实验数据。其中标准储备液的浓度为 1.000g/L，移取 5.00mL 标准储备液定容至 100mL 容量瓶得到标准使用液，再分别移取 0.00、1.00、2.00、3.00、4.00、5.00（mL）标准使用液定容至 6 个 50mL 容量瓶，得到标准曲线系列溶液。待测样液经过两次稀释而得，第一次移取 5.00mL 定容到 100mL，第二次移取 2.50mL 定容到 50mL。请计算样品浓度。

溶液	空白	标液 1	标液 2	标液 3	标液 4	标液 5	待测样液
吸光度	0	0.195	0.383	0.562	0.747	0.913	0.467

【解】

①计算标准曲线系列溶液的浓度。

根据标准曲线系列溶液的配制方法（如图 1-23 所示），请计算标准曲线系列溶液的浓度。

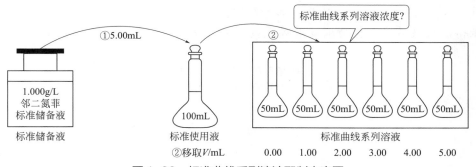

图 1-23　标准曲线系列溶液配制方案图

求标准使用液的浓度 $c_{使}$，根据 $c_{储} V_{储}=c_{使} V_{使}$，得：

$$c_{使}=\frac{c_{储} V_{储}}{V_{使}}=\frac{1000mg/L \times 5.00mL}{100.00mL}=50.00mg/L$$

求标准曲线系列溶液浓度 c_s，根据 $c_{使} V_{使}=c_s V_s$，得：

$$c_{s1}=\frac{c_{使}V_{使}}{V_{s1}}=\frac{50.00mg/L\times1.00mL}{50.00mL}=1.00mg/L$$

$$c_{s2}=\frac{c_{使}V_{使}}{V_{s2}}=\frac{50.00mg/L\times2.00mL}{50.00mL}=2.00mg/L$$

同理可得，第 3、4、5 个标准系列的浓度。标准溶液的浓度分别为：0、1.00、2.00、3.00、4.00、5.00（mg/L）。

② 绘制工作曲线，求待测样液浓度。

根据标准溶液系列浓度和测定的吸光度数据，以浓度为横坐标，吸光度为纵坐标，绘制工作曲线。通过查图法或回归方程法，计算待测样液中未知物含量。

方法一：查图法。从标准曲线纵坐标上查得待测样液的吸光度 A_x，作平行于横坐标的线，相交于拟合曲线上的点 x，再由交点向横坐标作垂直线，相交于横坐标的点，即为待测样液的浓度 c_x。如图 1-24 所示。

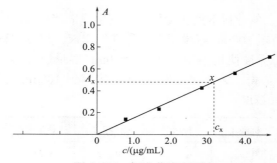

图 1-24　标准曲线查图法

方法二：回归方程计算法。

通过 excel 作图（或采用最小二乘法进行计算），得到线性回归方程以及相关性系数 R。如图 1-25 回归方程为：$y=0.1829x+0.0095$，相关性系数 $R=\sqrt{0.9997}=0.9998$。

注：回归方程的 $R > 0.999$ 时，表示线性合格，否则须重新制作工作曲线。

求待测样液浓度。将待测样液吸光度 $A_x=0.467$ 代入直线回归方程 $y=0.1829x+0.0095$ 中的 y，得：

$$0.467=0.1829x+0.0095$$
$$x=(0.467-0.0095)/0.1829=2.501(mg/L)=c_x$$

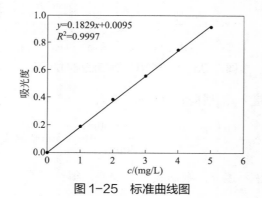

图 1-25　标准曲线图

③ 求原始样品浓度。

由题意，待测样品的稀释倍数 $= \dfrac{100}{5} \times \dfrac{50}{2.5} = 400$（倍）

则：$c_{原始样} = c_x \times$ 稀释倍数 $= 2.501 \times 400 = 1000.40$（mg/L）

（3）标准曲线法的特点及适用范围

① 标准曲线法参照的标准不少于 5 点，相对标准对照法，可以消除一定的随机误差，测定结果可靠性相对较高。

② 标准曲线法测定样品的浓度应在曲线范围内，如果超出标准曲线的浓度范围，则须进行稀释后再测定。

③ 由于标准溶液体系和待测样液体系各自独立，对于组成复杂的样品，如果找不到相同或相近基体的标准溶液，则不适用于标准曲线法的测定。

④ 适于大批量、组成简单样品的测定。如果样品基体复杂，需找和样品基体一致的标准溶液参照测定。

见微知著

标准对照法的测定只与一个已知浓度的标准溶液进行比较，而标准曲线法的测定与不少于 5 个点的已知浓度标准溶液进行比较。可见：标准对照法测定简单快捷，但可靠性不高；标准曲线法应用广泛，适于大批量、组成简单样品的测定。这是为什么呢？

【一箭易断，十箭难折。】

单丝不成线，独木不成林。个人的力量是有限的，只有依靠集体的力量，才能干成大事业。作为新时代的青年，要认识到整体的力量、团结的力量，树立质量意识、方法意识、可靠意识。一个人只有学会与他人团结合作，才能取得更大的成就；一个团体只有学会了团结合作，才能战无不胜；只有真正学会了团结合作，才能得到真正的成功。

 习题测验

一、单选题

1. 在分光光度分析中，绘制标准曲线和进行样品测定时，应使（　　）保持一致。

A. 浓度 　　　　　　B. 温度 　　　　　　C. 标样量 　　　　　　D. 吸光度

2. 当吸光度 $A=0$ 时，$T=$（　　）。

A. 0% 　　　　　　B. 10% 　　　　　　C. 50%

D. 100% 　　　　　　E. ∞

二、多选题

1. 下列方法属于分光光度分析的定量方法是（　　）。

A. 工作曲线法　　　　B. 直接比较法　　　　C. 校正面积归一化法　　D. 标准加入法

三、判断题

1. 线性回归方程中的相关系数是用来作为判断两个变量之间相关关系的一个量度。（　　　）

2. 标准曲线法测定样品的浓度应在曲线范围内，如果超出标准曲线的浓度范围不多，可不必对样品进行再次稀释。（　　　）

3. 标准对照法测定，要在相同条件下，平行测定试样溶液和标准溶液的吸光度。

（　　　）

4. 标准对照法只需比较一个点的标准溶液，测定简单快速，适用于大批量样品的测量。（　　　）

四、计算题

1. 用邻二氮菲亚铁光度法测定铁含量的实验过程中，在配制溶液时，分别移取 10mg/L 铁标液 0.00mL、2.00mL、4.00mL、6.00mL、8.00mL、10.00mL 至 6 个 50mL 容量瓶中，加入系列溶液发生显色反应，定容、摇匀。待测样液为平行移取铁试样 5mL 至 50mL 容量瓶，与标准同样方法处理。测得的吸光度如下：

项目	标1	标2	标3	标4	标5	样1	样2
体积 /mL	2.00	4.00	6.00	8.00	10.00	5.00	5.00
吸光度（A）	0.201	0.401	0.603	0.799	0.999	0.430	0.431

请绘制标准曲线，求出铁试样中铁含量。

2. 用磷钼蓝比色法测定钢中磷的含量。

（1）标准曲线的绘制：准确移取 0.01000mol/L 的 Na_2HPO_4 标准溶液 12.50mL 于 250mL 容量瓶中，加水稀释至刻度，然后分别取 V（mL）此溶液注入 100mL 容量瓶，用钼酸铵显色后加水稀释至刻度，分别如下：

V/mL	0	1.00	2.00	3.00	4.00	5.00
A	0.000	0.120	0.238	0.358	0.486	0.603

根据表中数据绘制 A-c（mg/mL）标准曲线。

（2）称取钢样 1.312g，溶于酸，移入 250mL 容量瓶中，加水稀释至刻度，取此溶液 5.00mL 于 100mL 容量瓶中，显色后用水稀释至刻度测得 T=50.0%，求试样中 P 的含量。

3. 用邻二氮菲亚铁光度法测定铁含量的实验过程中，在配制溶液时，平行移取 10mg/L 铁标液 5.00mL 至 2 个 50mL 容量瓶中，加入系列溶液发生显色反应，定容、摇匀。待测样液为平行移取铁试样 5.00mL 至 50mL 容量瓶，与标准同样方法处理。以空白溶液为参比，测得吸光度如下：

项目	标1	标2	样1	样2
体积 /mL	5.00	5.00	5.00	5.00
吸光度（A）	0.401	0.401	0.430	0.431

请求出铁试样中铁含量。

五、简答题

1. 标准对照法和标准曲线法的异同点、适用范围。

2. 如何提高测定结果的准确度和精密度？

任务 2.3   标准曲线法测定未知物含量

任务导入

根据定性分析已经得知未知物种类（图 1-26），并用标准对照法测定了该未知物的含量。然而，标准对照法只用一个已知浓度的标准溶液来比较测定未知物，为提高测定结果的可靠性，现需用一系列已知浓度的标准溶液来进行比较测定，即标准曲线法测定未知物含量，那么，应该怎么做呢？

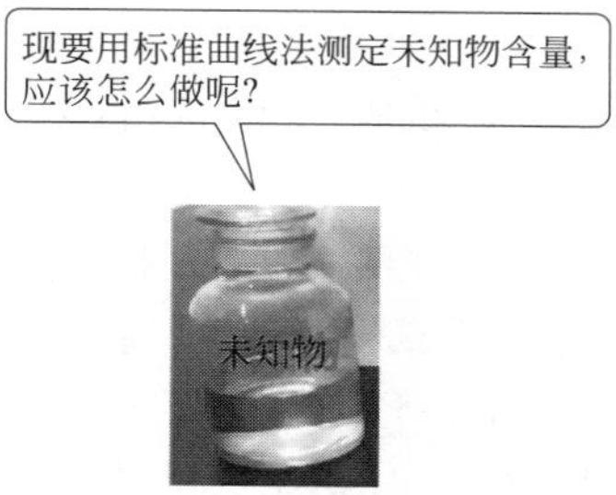

现要用标准曲线法测定未知物含量，应该怎么做呢？

未知物

图 1-26   未知试剂示意图

实验方案

实验 4   标准曲线法测定未知物含量

1. 仪器与试剂

（1）实验仪器   紫外可见分光光度计，石英比色皿，滤纸，擦镜纸，100mL 烧杯，5mL、10mL 吸量管，50mL、100mL 容量瓶。

（2）实验试剂

① 标准物质溶液（1.000mg/mL）   磺基水杨酸、苯甲酸、邻二氮菲、硝酸盐分别配成 1.000mg/mL 的标准溶液，作为标准储备液。

② 未知液   浓度约为 1mg/mL（未知液为给出的四种物质之一）。

2. 实验步骤

根据定性分析得到未知物种类，按以下方法进行定量测定。

（1）苯甲酸含量的测定

① 标准曲线系列溶液的配制   准确移取 1.000mg/mL 苯甲酸标准储备液 5.00mL，在 100mL 容量瓶中定容（此溶液的浓度为 50μg/mL）。再分别准确移取 0.00、2.00、4.00、6.00、8.00、10.00（mL）上述溶液，在 50mL 容量瓶中定容。

② 待测样液的配制　准确移取苯甲酸未知液 5.00mL，在 100mL 容量瓶中定容。再准确移取 5.00mL 上述溶液，在 50mL 容量瓶中定容。

③ 测定吸光度　以蒸馏水为空白，于最大吸收波长处（227nm 附近）分别测定以上溶液的吸光度。由标准曲线上查得未知液的浓度，根据未知液的稀释倍数，可求出样品溶液的浓度。平行测定两次。

（2）磺基水杨酸含量的测定

① 标准曲线系列溶液的配制　准确吸取 1.000mg/mL 磺基水杨酸标准储备液 10.00mL，在 100mL 容量瓶中定容（此溶液的浓度为 100μg/mL）。再分别准确移取 0.00、2.00、4.00、6.00、8.00、10.00（mL）上述溶液，在 50mL 容量瓶中定容。

② 待测样液的配制　准确吸取磺基水杨酸未知液 10.00mL，在 100mL 容量瓶中定容。再准确移取 5.00mL 上述溶液，在 50mL 容量瓶中定容。

③ 测定吸光度　以蒸馏水为空白，于最大吸收波长处（230nm 附近）分别测定以上溶液的吸光度。由标准曲线上查得未知液的浓度，根据未知液的稀释倍数，可求出样品溶液的浓度。平行测定两次。

（3）邻二氮菲含量的测定

① 标准曲线系列溶液的配制　准确吸取 1.000mg/mL 邻二氮菲标准储备液 5.00mL，在 100mL 容量瓶中定容（此溶液的浓度为 50μg/mL）。再分别准确移取 0.00、1.00、2.00、3.00、4.00、5.00（mL）上述溶液，在 50mL 容量瓶中定容。

② 待测样液的配制　准确吸取邻二氮菲未知液 5.00mL，在 100mL 容量瓶中定容。再准确移取 2.50mL 上述溶液，在 50mL 容量瓶中定容。

③ 测定吸光度　以蒸馏水为空白，于最大吸收波长处（227nm 附近）分别测定以上溶液的吸光度。由标准曲线上查得未知液的浓度，根据未知液的稀释倍数，可求出样品溶液的浓度。平行测定两次。

（4）硝酸盐含量的测定

① 标准曲线系列溶液的配制　准确吸取 1.000mg/mL 硝酸盐标准储备液 5.00mL，在 100mL 容量瓶中定容（此溶液的浓度为 50μg/mL）。再分别准确移取 0.00、1.00、2.00、3.00、4.00、5.00（mL）上述溶液，在 50mL 容量瓶中定容。

② 待测样液的配制　准确吸取硝酸盐未知液 5.00mL，在 100mL 容量瓶中定容。再准确移取 2.50mL 上述溶液，在 50mL 容量瓶中定容。

③ 测定吸光度　以蒸馏水为空白，于最大吸收波长处（205nm 附近）分别测定以上溶液的吸光度。

3. 结果计算

以浓度为横坐标，吸光度为纵坐标，绘制标准曲线，由标准曲线上查得未知液的浓度，根据未知液的稀释倍数，可求出样品溶液的浓度。即 $c_{原始样品} = c_x n$（稀释倍数）。

 实验实施

1. 方法原理

根据溶液对光的吸收程度与溶液浓度的关系符合朗伯 - 比尔定律，即 $A = kbc$。要想得到样液的浓度，需引入标准溶液来进行比较测定。

方法原理及思路

与标准对照法不同的是，标准对照法只参照一个已知浓度的标准溶液，而标准曲线法参照一系列浓度递增的标准溶液。即：同步配制一系列不同浓度（c_{s0}、c_{s1}、c_{s2}、c_{s3}、c_{s4}、c_{s5}）的标准溶液（一般不少于 5 个点）和待测样液（c_{x1}、c_{x2}），在相同条件下测定标准曲线系列溶液和待测样液的吸光度（A_s 系列和 A_x）。以浓度为横坐标，吸光度为纵坐标，绘制工作曲线，在工作曲线上找出（或算出）待测样液中未知物含量 c_x，再根据稀释倍数计算原始样品中未知物含量，即 $c_{原始样品} = c_x n$（稀释倍数）。

2. 实验过程

配制标准曲线溶液和待测样液

（1）配制溶液　按实验方案配制溶液。

（2）测定吸光度　依据实验方案进行定量测定。下面以 UV-1800DS2 为例，介绍使用仪器操作软件测定含量的方法。

现以标准曲线法测定磺基水杨酸的含量为例。磺基水杨酸的最大吸收波长为 234nm。

测定标准曲线溶液和样液（应用软件）

① 仪器开机。

② 槽差校正。

a. 将同一规格的 4 个石英比色皿编号为 1 ~ 4，并分别盛装参比溶液（本实验参比溶液为蒸馏水），调节为测定波长 234nm。

b. 1 号比色皿作为参比比色皿，位于光路，调节参比比色皿吸光度为 0（或透光率为 100%）。

c. 将其余 3 个比色皿依次拉入光路，记下测定的吸光度值，作为相应比色皿的空白溶液校正值。

③ 测定标准溶液和待测试液的吸光度。

将除参比比色皿以外的其他 3 个比色皿取出，依次盛装标准溶液和待测试液，调节参比比色皿吸光度为 0，测定各标准和待测液的吸光度。

将测得值减去对应比色皿的校正值，即为校正后的吸光度（A）。

④ 仪器关机。

完成测量后将样品槽归位，取出所有比色皿清洗干净。关闭仪器电源开关，拔掉电源插头，盖上防尘罩。及时填写仪器使用记录，并清理台面。

⑤ 仪器日常维护及注意事项。

a. 为保证测定结果准确性，在每次测定前，须对比色皿进行槽差校正。

b. 标准溶液的浓度应保证吸光度与浓度呈直线关系。

c. 为了减小误差，待测试液浓度要在标准曲线浓度范围内。如超出标准曲线浓度范围，需进行样品稀释。

d. 标准溶液与试样溶液的预处理过程相同，且在整个分析过程中标准溶液与试样溶液操作条件应保持不变。

e. 为减小误差，标准溶液与试样溶液的吸光度需在适宜范围。

f. 标准曲线的线性相关系数要大于 0.999，否则标准曲线需重测。

3. 数据处理，计算含量

计算含量

见微知著

　　某同学在技能竞赛标准曲线法测定未知样含量项目中，其工作曲线线性相关系数<0.999，对比考核标准，线性结果全部分值都没有获得！工作曲线的线性相关系数是考核实验过程精心、精细、精确的一项重要指标，提高线性系数的重要途径是反复练习称量、定容、移液等"基本功"。请分析在实验过程中除了反复操练"基本功"，还该从哪些方面注意，以提高工作曲线线性相关系数？

【锲而舍之，朽木不折；锲而不舍，金石可镂。】

　　简单的事情重复做，你就是专家；重复的事情用心做，你就是赢家！新时代的青年要培育精心、用心、细心的素质，养成踏实、勤奋的品质，树立质量意识，形成坚持不懈的意志。

实验报告

标准曲线法测定未知物的含量分析报告单

姓名：＿＿＿＿＿　　实验时间：＿＿＿年＿＿月＿＿日　　组员：＿＿＿＿＿＿＿＿＿＿＿＿＿

未知物为：＿＿＿＿＿＿＿＿＿＿＿＿＿＿＿＿＿＿＿＿＿＿＿＿＿＿＿＿＿＿＿＿＿＿＿＿＿＿＿

1. 标准使用液的配制

标准储备液浓度：＿＿＿＿＿＿＿＿＿＿＿＿＿＿　　标准使用液浓度：＿＿＿＿＿＿＿＿＿＿＿＿＿＿

稀释次数	吸取体积 /mL	稀释后体积 /mL	稀释倍数
1			
2			
3			
4			

2. 标准曲线的绘制

溶液编号	吸取标液体积 /mL	c/（μg/mL）	吸光度测定值	空白校正值	实际吸光度 A
0					
1					
2					
3					
4					
5					
6					
回归方程					
线性 R					

3. 样液的配制

稀释次数	吸取体积 /mL	稀释后体积 /mL	稀释倍数
1			
2			
3			

4. 样品含量的测定

平行测定次数	1	2
吸光度测定值		
空白校正值		
实际吸光度 A		
查得的浓度 / (μg/mL)		
原始试液浓度 / (μg/mL)		
原始试液的平均浓度 / (μg/mL)		

结果计算:

① 根据浓度稀释公式 $c_1V_1=c_2V_2$,计算标准曲线系列溶液浓度。

② 计算待测样液未知物含量。

③ 根据待测样液的稀释倍数,计算原始样品未知物浓度、相对极差。

定量分析结果:样品的浓度为_____。

任务评价

见表 1-9。

表 1-9　实验完成情况评价表

姓名:_____　完成时间:_____　总分:_____

第___组　　组员:_____

评价内容及配分	评分标准	扣分情况记录	得分
实验 结果 (45 分)	工作曲线: 1 挡　相关系数 ≥ 0.9999,不扣分 2 挡　0.9999 > 相关系数 ≥ 0.999,扣 5 分 3 挡　0.999 > 相关系数 ≥ 0.99,扣 10 分 4 挡　相关系数 < 0.99,扣 22 分		
	相对平均偏差 ≤ /%　1.0　2.0　3.0　4.0　5.0　6.0　7.0 扣分标准 / 分　　　　0　　1　　2　　3　　4　　6　　8		
	与准确浓度 相对偏差≤ /%　　1.0　2.0　3.0　4.0　5.0　6.0 > 6.0 扣分标准 / 分　　　0　　2　　4　　8　　10　12　15		

评价内容及配分		评分标准	扣分情况记录	得分
过程操作（25分）（注：操作分扣完为止，不进行倒扣）		1. 玻璃仪器未清洗干净，每件扣2分； 2. 损坏仪器，每件扣5分； 3. 定容溶液：定容过头或不到，扣2分； 4. 标准溶液：每重配一个，扣5分； 5. 50mL比色液：每重配一个，扣2分； 6. 显色时间不到：扣2分； 7. 仪器未预热：扣5分； 8. 吸收池类型选择错误：扣5分； 9. 吸收池操作不规范：扣5分； 10. 计算有错误：扣5分/处（出现第一次时扣，受其影响而错不扣）； 11. 数据中有效数字位数不对或修约错误：每处扣1分； 12. 其他犯规动作，每次扣0.5分，重复动作最多扣2分		
职业素养（20分）	原始记录（5分）	原始记录不及时，扣2分；原始数据记在其他纸上，扣5分；非正规改错，扣1分/处；原始记录中空项，扣2分/处		
	安全与环保（10分）	未穿实验服：扣5分； 台面、卷面不整洁：扣5分； 损坏仪器：每件扣5分； 不具备安全、环保意识：扣5分		
	6S管理（5分）	1. 考核结束，仪器清洗不洁：扣5分； 2. 考核结束，仪器堆放不整齐：扣1～5分； 3. 仪器不关：扣5分		
	否决项	涂改原始数据未经监考老师同意不可更改，在考核时不准进行讨论等作弊行为发生，否则作0分处理。不得补考		

考核时间（10分）超60min停考	超过时间≤	0：00	0：10	0：20	0：30		
	扣分标准/分	0	3	6	10		

任务3 工业废水中铁含量的测定

 任务分解

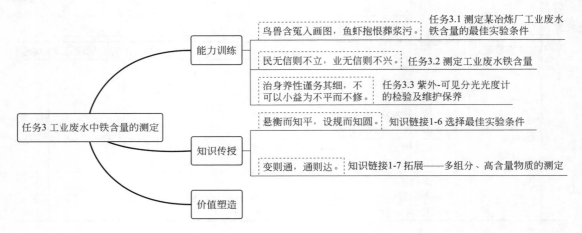

能力训练
- 鸟兽含冤入画图，鱼虾抱恨葬浆污。 → 任务3.1 测定某冶炼厂工业废水铁含量的最佳实验条件
- 民无信则不立，业无信则不兴。 → 任务3.2 测定工业废水铁含量
- 治身养性谨务其细，不可以小益为不平而不修。 → 任务3.3 紫外-可见分光光度计的检验及维护保养

任务3 工业废水中铁含量的测定

知识传授
- 悬衡而知平，设规而知圆。 → 知识链接1-6 选择最佳实验条件
- 变则通，通则达。 → 知识链接1-7 拓展——多组分、高含量物质的测定

价值塑造

任务 3.1　测定某冶炼厂工业废水铁含量的最佳实验条件

任务导入

　　某环保局从该市炼铁厂的废水排放出口采样（如图 1-27 所示），现需测定该废水样品中的铁含量，以判断是否符合排放要求。如需通过条件实验来确定废水中铁含量测定的最佳实验条件，那么，该如何做呢？

图 1-27　废水排放出口

见微知著

　　工业废水中常含有不同数量的原材料、中间体、半成品、成品以及副产品等，不同的工业部门各有其特定的污染物品种。比如：钢铁厂的废水主要含有酸洗液、铁屑、油类；电镀废水中含有氰化物、铬酸、氟化物、铜、锌、镉等物质，这些工业废水需经处理达标后方可进行排放。未达到排放标准的废水，会增加大自然的承受能力，对人、畜有直接的生理毒性。如用含有重金属的水来灌溉农田庄稼，则生产的作物受到重金属污染，致使农产品有毒性。重金属沉积在河底、海湾，则通过水生植物进入食物链，经鱼类等水产品迁移进入人体，直接危害人们的身体健康。

【鸟兽含冤入画图，鱼虾抱恨葬浆污。】

　　由于人类生活、生产建设活动破坏和伤害了自然环境，控制、治理和消除各类因素对环境的污染和破坏，并努力改善环境、美化环境、保护环境，每个人都是参与者也是亲历者。新时代的青年要树立环保意识、安全意识、清洁生产意识，有计划地保护环境，预防环境质量恶化，控制环境污染，促进人类与环境协调发展，提高人类生活质量，保护人类健康，造福子孙后代。

实验方案

实验5　工业废水中铁含量的测定——条件实验

1. 仪器与试剂

（1）实验仪器及耗材　紫外-可见分光光度计，玻璃比色皿，100mL 烧杯，玻璃棒，5mL、10mL 吸量管，50mL，100mL 容量瓶，滤纸，擦镜纸，广范 pH 试纸和不同范围的精密 pH 试纸。

（2）实验试剂

① 100μg/mL 铁标准储备液　准确称取 0.8634g $NH_4Fe(SO_4)_2 \cdot 12H_2O$ 于烧杯中，加少量水和 20mL（1:1）H_2SO_4 溶液溶解后，定量转移至 1L 容量瓶中，用水稀释至刻度，摇匀。

② 100g/L 盐酸羟胺溶液　用时现配。

③ 1.5g/L 邻二氮菲水溶液　称取 1.5g 邻二氮菲，用 5～10mL 95% 乙醇溶解，稀释至 1L，避光保存，溶液颜色变暗时即不能使用。

④ pH=4.6 乙酸-乙酸钠缓冲溶液　称取 136g 无水乙酸钠用 250mL 水溶解，加 120mL 冰醋酸，加水至 500mL，混匀。

⑤ 0.1mol／L NaOH 溶液。

⑥ 0.1mol／L HCl 溶液。

2. 实验步骤

（1）入射波长的选择　用吸量管吸取 0.00mL、1.00mL 铁标准溶液（100μg/mL），分别注入 2 个 50mL 比色管中，各加入 1mL 盐酸羟胺溶液，5mL HAc-NaAc 缓冲溶液，5mL 邻二氮菲，用水稀释至刻度，摇匀。放置 10min 后，待测。

用 1cm 比色皿，以试剂空白（即 0.0mL 铁标准溶液）为参比溶液，在 440～560nm 之间进行光谱扫描（或每隔 5nm 测一次吸光度，在最大吸收峰附近，每隔 1nm 测定一次吸光度）。

以波长为横坐标、吸光度为纵坐标绘制吸收曲线。选择最大吸收处波长为入射波长。

（2）溶液酸度的选择　于 12 个 50mL 容量瓶或比色管中，依次准确移入 1.00mL 100μg/mL 的铁标准溶液，1mL 盐酸羟胺溶液和 5mL 邻二氮菲溶液，摇匀。然后分别加入 0.1mol/L 的 HCl 溶液 2.0mL、1.0mL、0.5mL、0.0mL，0.1mol/L 的 NaOH 溶液 0.2mL、0.5mL、1.0mL、2.0mL、3.0mL、5.0mL、10.0mL、15.0mL。用蒸馏水稀释至刻度，摇匀。放置 10min 后，分别测定各溶液的吸光度和 pH。吸光度测定条件为：1cm 比色皿，蒸馏水作参比，测定波长为 λ_{max}。

以 pH 为横坐标，吸光度为纵坐标，绘制 A-pH 关系图。选择吸光度较大且相对平坦区域对应的 pH 范围，作为实验的最佳酸度条件。

（3）显色剂用量的选择　取 10 个 50mL 容量瓶或比色管，依次准确加入 1.00mL 100μg/mL 的铁标准溶液，1mL 盐酸羟胺溶液，摇匀。再分别加入邻二氮菲溶液 0.1mL、0.4mL、0.8mL、1.6mL、3.0mL、6.0mL、8.0mL、10.0mL、12.0mL、14.0mL，加入 5mL HAc-NaAc 缓冲溶液，用蒸馏水稀释至刻度，摇匀。放置 10min 后测定各溶液的吸光度。吸光度测定条件为：1cm 比色皿，以蒸馏水作参比，测定波长为 λ_{max}。

以显色剂浓度为横坐标，吸光度为纵坐标，绘制 $A\text{-}c_{显色剂}$ 关系图。选择吸光度较大且相对平坦区域对应的显色剂用量范围，作为实验的最佳显色剂用量条件。

3. 数据处理与讨论

以改变的实验条件为横坐标，吸光度为纵坐标，绘制"A- 实验条件"关系图。选择吸光度较大且相对平坦区域对应的"实验条件范围"，作为实验的"最佳测量条件"。

实验实施

1. 方法原理

在建立一个新的吸收光谱时，必须进行一系列条件试验。

根据定量原理 $A=kbc$，要使吸光度 A 仅随溶液浓度 c 的变化而成正比变化，前提是：固定比例常数 k 和比色皿厚度 b。

在实际测定过程中，使用同一规格比色皿，即固定了比色皿厚度 b，因此，还须固定比例常数 k。

方法原理及思路

影响 k 值主要有两个方面的因素：一是显色反应条件，二是仪器测量条件。

（1）显色反应条件

显色反应原理：在 pH=3 ～ 9 的条件下，邻二氮菲（phen）与 Fe^{2+} 反应生成稳定的橙红色配合物，显色反应式如下：

$$Fe^{2+}+3phen \longrightarrow Fe(phen)_3^{2+} \qquad （橙红色）$$

Fe^{3+} 能与邻二氮菲生成不稳定的淡蓝色配合物，故显色前加入还原剂盐酸羟胺将 Fe^{3+} 全部还原为 Fe^{2+}。其反应式为：

$$2Fe^{3+}+2NH_2OH \cdot HCl \longrightarrow 2Fe^{2+}+N_2\uparrow+2H_2O+4H^++2Cl^-$$

可见，反应的酸度、显色剂用量、溶剂、反应温度、反应时间、干扰离子、$NH_2OH \cdot HCl$ 用量等都直接影响铁元素是否能最大限度完全转化为显色物质，都是显色反应条件因素。

（2）仪器测量条件 光源发射出连续波长的复合光，经过单色器被分解为波长可任调的单色光，单色光通过参比和样品吸收池，被池内溶液吸收，检测器测量溶液吸收的光强度变化，并通过信号处理与显示系统记录下来，从而得到信号值吸光度 A。这就是仪器工作原理，如图 1-28 所示。

在仪器的工作过程中，可调节或选择的测量条件因素有：入射波长、狭缝宽度、参比溶液和吸光度范围。

（3）条件实验方法 在只改变一个条件因素，其他因素固定不变的条件下测定吸光度，以改变的条件为横坐标、吸光度为纵坐标作图，找吸光度大、干扰小、相对平坦的条件范围作为适宜的测定条件。

2. 实验过程

（1）配制溶液 按实验方案配制溶液。

（2）测定吸光度 下面以 UV-1800DS2 为例，参照紫外 - 可见分光光度计使用控制面板测定吸光度的操作视频。

配制显色剂用量
条件实验溶液

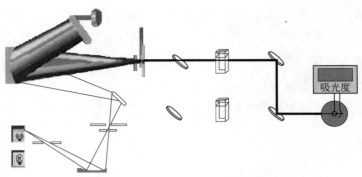

图 1-28　仪器工作原理示意图

① 仪器开机

a. 打开样品室盖，确认样品室内光路无阻挡物，关闭样品室盖。

b. 插上电源，打开仪器开关，仪器自检、预热。

c. 按 Enter 键跳过仪器预热进入主界面，为保证仪器的精度需校正仪器的波长，在"系统应用"下找到"波长校正"，波长校正后，按 Return 键返回主界面，待仪器预热 20min。

测定吸光度

② 设置参数，校正仪器，测定吸光度

a. 盛装溶液　以蒸馏水为参比溶液，将参比溶液和待测溶液分别装入比色皿，依次放入样品槽。

b. 设置波长。

c. 调零校正仪器　确认参比溶液处在光路中，按"Zero"键，也就是调节参比溶液的吸光度为 0。

d. 测定吸光度　拉动样品架拉杆，将待测溶液拉入光路，待吸光度读数稳定后，记下吸光度 A 于表 1-10～表 1-12。

③ 仪器关机　测定完毕后，清洗比色皿，将样品槽归位，并在样品室放置硅胶干燥剂，关闭仪器电源开关，拔掉电源插头，盖上防尘罩。及时填写仪器使用记录，并清理台面。

3. 数据处理与结果讨论

数据处理

实验报告

邻二氮菲光度法测定铁最佳实验条件分析报告

姓名：＿＿＿＿＿　实验时间：＿＿＿年＿＿月＿＿日　组员：＿＿＿＿＿＿＿＿＿

1. 入射波长的选择

（1）绘图　根据表 1-10 波长条件实验数据，以吸光度 A 为纵坐标，波长 λ 为横坐标，绘制 A-λ 吸收曲线。

表 1-10　波长条件实验数据

λ/nm	560	555	550	545	540	535	530	525	520	515	510	505	500	495	490	485	480
A																	

λ/nm	475	470	465	460	455	450	445	440	$\lambda_{max}+4$	$\lambda_{max}+3$	$\lambda_{max}+2$	$\lambda_{max}+1$	λ_{max}	$\lambda_{max}-1$	$\lambda_{max}-2$	$\lambda_{max}-3$	$\lambda_{max}-4$
A																	

A-λ 吸收曲线粘贴处

（2）找条件　从绘制的吸收曲线上，选择"吸收最大，干扰最小"的波长作为测定 Fe 的适宜波长。

波长条件实验结果：入射波长为＿＿＿＿＿＿＿＿＿＿。

2. 溶液酸度的选择

（1）绘图　根据表 1-11 酸度条件实验数据，以吸光度 A 为纵坐标，pH 为横坐标，绘制酸度条件实验 A-pH 关系图。

表 1-11　酸度条件实验数据

编号	1	2	3	4	5	6	7	8	9	10	11	12
pH												
A												

酸度条件实验 A-pH 关系图粘贴处

（2）找条件　从酸度条件实验 A-pH 关系图上，选择吸光度大且相对平坦的区域作为测定 Fe 的适宜酸度。

酸度条件实验结果：最佳酸度为 _____。

3. 显色剂用量的选择

（1）绘图　根据表 1-12 显色剂用量条件实验数据，以吸光度 A 为纵坐标，显色剂用量为横坐标，绘制显色剂用量条件实验 A-c_{phen} 关系图。

表 1-12　显色剂用量条件实验数据

编号	1	2	3	4	5	6	7	8
V_{phen}/mL								
c_{phen}/（mg/L）								
A								

显色剂用量条件实验 A-c_{phen} 关系图粘贴处

（2）找条件　从显色剂用量条件实验 A-c_{phen} 关系图上，选择吸光度大且相对平坦的区域作为测定 Fe 的适宜显色剂用量。

显色剂用量实验结果：显色剂用量为 _____。

任务评价

见表 1-13。

表 1-13　实验完成情况评价表

姓名：_____　完成时间：_____　总分：_____

第___组　组员：_____

评价内容及配分	评分标准	扣分情况记录	得分
实验结果（30 分）	波长条件选择不正确，扣 10 分		
	显色剂用量条件选择不正确，扣 10 分		
	酸度条件选择不正确，扣 10 分		

续表

评价内容及配分		评分标准	扣分情况记录	得分
过程操作（40分）（注：操作分扣完为止，不进行倒扣）		1. 玻璃仪器未清洗干净，每件扣2分； 2. 损坏仪器，每件扣5分； 3. 定容溶液：定容过头或不到，扣2分； 4. 标准溶液：每重配一个，扣5分； 5. 50mL比色液：每重配一个，扣2分； 6. 显色时间不到：扣2分； 7. 仪器未预热：扣5分； 8. 吸收池类型选择错误：扣5分；		
过程操作（40分）（注：操作分扣完为止，不进行倒扣）		9. 吸收池操作不规范：扣5分； 10. 计算有错误：扣5分/处（出现第一次时扣，受其影响而错不扣）； 11. 数据中有效数字位数不对或修约错误：每处扣1分； 12. 其他犯规动作，每次扣0.5分，重复动作最多扣2分		
职业素养（20分）	原始记录（5分）	原始记录不及时，扣2分；原始数据记在其他纸上，扣5分；非正规改错，扣1分/处；原始记录中空项，扣2分/处		
职业素养（20分）	安全与环保（10分）	未穿实验服：扣5分； 台面、卷面不整洁：扣5分； 损坏仪器：每件扣5分； 不具备安全、环保意识：扣5分		
职业素养（20分）	6S管理（5分）	1. 考核结束，仪器清洗不洁：扣5分； 2. 考核结束，仪器堆放不整齐：扣1~5分； 3. 仪器不关：扣5分		
职业素养（20分）	否决项	涂改原始数据未经监考老师同意不可更改，在考核时不准进行讨论等作弊行为发生，否则作0分处理。不得补考		

考核时间（10分）超60min停考	超过时间≤	0：00	0：10	0：20	0：30		
	扣分标准/分	0	3	6	10		

知识链接
1-6

选择最佳实验条件

问题导学

1. 显色反应的条件因素有哪些？各因素对测定结果有什么影响？如何选择最佳显色反应实验条件？

2. 仪器测量的条件因素有哪些？各因素对测定结果有什么影响？如何选择最佳仪器测量实验条件？

知识讲解

测定物质含量时，为获得一定的准确度、灵敏度，需分析影响测定结果的条件因素、选择并控制适当的实验条件。

紫外 - 可见吸收光谱法是利用被测物质对某一单色光的吸收程度来进行测定的，要求被测物质在紫外 - 可见光区有较强的显色能力。然而，在实际测定中，许多物质本身不显色或颜色很浅，无法直接进行测定，也就是能直接测定的显色物质数量有限。为扩大紫外 - 可见吸收光谱法的测定范围，通常在测定前使不显色或显色不敏感的物质发生化学反应，转化为能对光产生较强吸收的有色化合物，从而进行间接测定。其中，将待测组分转变为有色化合物的反应称为显色反应；与待测组分形成有色化合物的试剂称为显示剂。

根据检测含量过程中用到的测定对象和仪器，影响测定结果的因素分为两个方面：一是显色反应条件，二是仪器测量条件。

1. 显色反应条件的选择

对于一些在紫外 - 可见光区不产生吸收或吸收不大的物质，需利用显色反应，将被测组分转变为在此光区有吸收或吸收较大的物质。同一种组分可与多种显色剂发生反应，在分析时，选择合适的显色反应，并严格控制反应条件十分重要。

（1）显色剂用量　显色反应可以用下式表示：

$$M_{(被测组分)} + R_{(显色剂)} \rightleftharpoons MR_{(有色配合物)}$$

从反应平衡角度上看，有色配合物的稳定常数大，加入过量的显色剂有利于 MR 的生成。但是显色剂过量太多，会引起副作用，例如增加了试剂空白或改变了配合物的组成等。

实际测定中，显色剂适宜的用量需通过实验来确定：被测组分的浓度及其他条件固定，改变显色剂的用量，测其吸光度，绘制吸光度（A）- 显色剂浓度（c_R）曲线。一般出现如图 1-29 所示的三种情况。

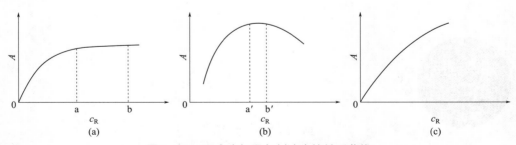

图 1-29　吸光度与显色剂浓度的关系曲线

图 1-29（a），可在 a ～ b 间选择合适的显色剂用量，在此区间吸光度值稳定。这类反应生成的有色配合物稳定，对显色剂浓度控制不太严格。

如出现图 1-29（b）这类情况，则需要严格控制显色剂浓度，因为显色剂浓度只在 a′～ b′这一窄的范围内吸光度稳定，硫氰酸盐与钼的反应属于此类。

而图 1-29（c）表明，随着显色剂溶度的增大，吸光度不断增大，这种情况下必须十分严格地控制显色剂用量，例如 Fe^{3+} 与显色剂 SCN^- 的反应，或者更换显色剂。

（2）溶液酸度　溶液的酸度是显色反应的重要条件。因为多数显色剂是有机弱酸和弱碱，溶液的 pH 直接影响显色剂的解离程度，从而影响显色反应的完全程度。

在不同酸度下，同种金属离子与同种显色剂反应，可以生成不同配位数的不同颜色的配合物，如表 1-14 所示：Fe^{3+}- 水杨酸配合物，当 pH<4 时，形成 1:1 的紫红色配合物 $Fe(C_7H_4O_3)^+$；当 pH=4 ~ 7 时，形成 1:2 的棕橙色配合物 $Fe(C_7H_4O_3)_2^-$；当 pH=8 ~ 10 时，形成 1:3 的黄色配合物 $Fe(C_7H_4O_3)_3^{3-}$；当 pH > 12 时，生成 $Fe(OH)_3$ 沉淀。

表 1-14　Fe^{3+}- 水杨酸配合物与 pH 关系

pH 范围	配合物组成	颜色
< 4	$Fe(C_7H_4O_3)^+$	紫红色
4 ~ 7	$Fe(C_7H_4O_3)_2$	棕橙色
8 ~ 10	$Fe(C_7H_4O_3)_3^{3-}$	黄色
> 12	$Fe(OH)_3$	沉淀

从表 1-14 可见，要想获得组成恒定的有色配合物，必须根据实际需要控制 pH 在一定范围内。溶液酸度过高也会降低配合物的稳定性，特别是对弱酸型有机显色剂和金属离子形成的配合物的影响较大；另外，溶液酸度过低可能引起被测金属离子水解，因而破坏了有色配合物，使溶液颜色发生变化，甚至无法测定。

因此，显色反应适宜的酸度范围必须通过实验来确定：固定被测组分与显色剂浓度，改变溶液 pH，测定其吸光度，绘制吸光度（A）-pH 关系曲线，见图 1-30，曲线平坦且吸光度高的部分对应的 pH 为应该控制的 pH 范围。

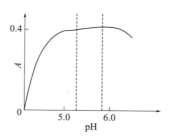

图 1-30　吸光度（A）-pH 关系曲线

（3）显色温度　大多数显色反应是在室温下进行的，但有的反应需要加热，以加速显色反应进行完全，有的有色物质温度高时又容易分解。因此对不同的反应，应通过实验找出各自适宜的显色温度范围。由于温度对光的吸收以及颜色的深浅都有影响，因此在绘制工作曲线和进行样品测定时应该使溶液温度保持一致。

（4）显色时间　各种显色反应的反应速率各有不同，需要的反应时间也不一样。显色时间又受到酸度、显色剂用量以及温度的影响。因此必须通过实验来确定适宜的反应时间：配制一份显色溶液，从加入显色剂开始，每隔一定时间测吸光度一次，绘制吸光度随时间变化的曲线。曲线平坦部分对应的时间就是测定吸光度的最适宜时间。

（5）溶剂的选择　紫外 - 可见吸收光谱法通常是在被测组分的溶液状态下进行测定，合适的溶剂要符合以下条件：

① 对组分有良好的溶解能力；

② 在测定波长范围内无明显吸收，不干扰待测组分的测定；

③ 被测组分在溶剂中有良好的峰形；

④ 挥发性小、不易燃、无毒性、廉价易得等。

（6）干扰离子的影响与消除

① 干扰离子的影响

a. 干扰物质本身有颜色或与显色剂形成有色化合物，在测定条件下有吸收。

b. 在显色条件下，干扰物质水解，析出沉淀使溶液浑浊，致使吸光度的测定无法进行。

c. 与待测离子或显色剂形成更稳定的配合物，使显色反应不能进行完全。

② 干扰离子的消除

a. 控制酸度　根据配合物的稳定性不同，可以利用控制酸度的方法提高反应的选择性。

b. 选择适当的掩蔽剂　选取的条件是掩蔽剂不与待测离子作用，掩蔽剂以及它与干扰物质形成的配合物的颜色应不干扰待测离子的测定。

c. 利用惰性配合物　例如钢铁中微量钴的测定，常用钴试剂为显色剂。钴试剂与 Co^{2+}、Ni^{2+}、Zn^{2+}、Mn^{2+}、Fe^{2+} 等都有反应，但它与 Co^{2+} 在弱酸性介质中一旦完成反应后，即使再用强酸酸化溶液，该配合物也不会分解。而 Ni^{2+}、Zn^{2+}、Mn^{2+}、Fe^{2+} 等与钴试剂形成的配合物在强酸介质中很快分解，从而消除了上述离子的干扰，提高了反应的选择性。

d. 选择适当的测量波长　如 $K_2Cr_2O_7$ 存在下测定 $KMnO_4$ 时，$KMnO_4$ 的最大吸收波长 λ_{max} 为 525nm，但在此波长下，$Cr_2O_7^{2-}$ 也会产生吸收，因此，可选择 $Cr_2O_7^{2-}$ 也无吸收的 545nm 的光，既可测定 $KMnO_4$ 溶液的吸光度，又可避免 $K_2Cr_2O_7$ 的干扰。

e. 分离　在上述方法不易采用时，也可以采用预先分离的方法，如沉淀、萃取、离子交换、蒸发和蒸馏以及色谱分离法（包括柱色谱、纸色谱、薄层色谱等）。

2. 仪器测量条件的选择

根据紫外-可见光度计的工作原理和工作过程，可选择的仪器测量条件因素有：入射波长、狭缝宽度、吸光度范围、参比溶液等。

（1）入射光波长的选择　同一浓度的被测物质溶液，在不同的波长下，对光的吸收程度不同，吸光系数 k 不同。紫外-可见分光光度法测定溶液的吸光度时，通常根据被测物质的吸收曲线，对于单组分且没有干扰吸收的物质，一般选择最大吸收波长（λ_{max}）作为测定波长；但在有干扰吸收的情况下，则选择"吸收最大，干扰最小且相对平坦"的波长作为入射光波长。

最大吸收波长（λ_{max}），此波长处吸光系数 k 最大，测量的灵敏度最大。

当最大吸收峰是尖峰，或附近有干扰存在（如共存离子或所使用试剂有吸收），则在保证有一定灵敏度情况下，选择 k 值随波长变化不太大的区域内的波长（即选曲线较平坦处对应的波长），此波长处的一个较小范围内，吸光度变化不大，既可消除干扰，也不会造成对朗伯-比尔定律的偏离，准确度较高。如图 1-31 所示，线 1 是钴与显色剂 1-亚硝

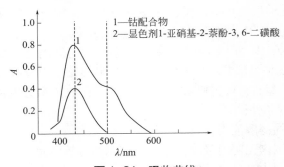

图 1-31　吸收曲线

基 -2- 萘酚 -3,6- 二磺酸形成的配合物的吸收曲线，曲线 2 是显色剂的吸收曲线，它们在 420nm 处都有最大吸收。如果用 420nm 作为入射波长，则未反应的显色剂会产生干扰降低测量的准确度。如果选择图中 500nm 作为入射波长，此波长显色剂不发生吸收，而钴配合物有一吸收平台，灵敏度虽有下降，但是消除了干扰，提高了准确度和选择性。

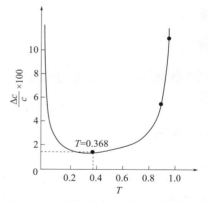

图 1-32　透光率与测定误差对应图

（2）吸光度测量范围的选择　通过不同浓度物质的透光率（吸光度）带来不同程度的测定误差（$\Delta c/c$），如表 1-15、图 1-32 所示，可见：

① 当 $T=0.368$ 时 $A=0.434$，测量的相对误差为最小。

② 当 T 为 15% ～ 65% 时，即 A 在 0.2 ～ 0.8 时测量的相对误差 ≤ ±2%，能满足分析测定的要求，故吸光度在 0.2 ～ 0.8 为测量的适宜范围。

表 1-15　透光率与测定误差对应表

T	$\Delta c/c \times 100$	T	$\Delta c/c \times 100$
0.95	10.2	0.40	1.363
0.90	5.30	0.368	1.359
0.85	3.62	0.350	1.360
0.80	2.80	0.30	1.38
0.75	2.32	0.25	1.44
0.70	2.00	0.20	1.55
0.65	1.78	0.15	1.76
0.60	1.63	0.10	2.17
0.55	1.52	0.05	3.34
0.50	1.44	0.02	6.4
0.45	1.39	0.01	10.9

根据相对误差的允许范围 ≤ ±2%，适宜的吸光度 A 范围为 0.2 ～ 0.8（即 T 为 65% ～ 15%）；当 $T=0.368$ 时 $A=0.434$，测量的相对误差为最小。对于高含量或极低含量物质的测定，在实际工作中，可以通过调节被测溶液的浓度（如改变取样量、改变显色后溶液总体积等）、使用厚度不同的吸收池来调整待测溶液吸光度，使其在适宜的吸光度范围内。

见微知著

误差是指由于测量仪器和测量方法的限制，导致测量值和真实值之间的差别。误差产生有多方面的因素，如测量仪器、测量方法、测量环境、人为因素等。分析检验工作孜孜追求的目标是测定误差小、精度高。那么，"根据相对误差的允许范围 ≤ ±2%，适宜的吸光度 A 范围为 0.2 ～ 0.8（即 T 为 65% ～ 15%）；当 $T=0.368$ 时 $A=0.434$，测量的相对误差为最小。"在实际测定过程中，应该怎么做以减小误差？还有哪些注意事项，可减小测量误差，提高测定精密度？

【悬衡而知平，设规而知圆。】

有了严明的法度和规矩，人们才会有所遵循。在专业分析检测中，要做到注意测量的范围和适用条件，养成恰当、适当、守规矩、守范围的意识，能够遵从标准、规则去行为处事。

（3）仪器狭缝宽度的选择　狭缝过宽，入射光的单色性降低，标准曲线偏离朗伯-比尔定律，准确度降低；狭缝宽度过窄时，光强变弱，灵敏度降低。

选择狭缝宽度的方法：测量吸光度随狭缝宽度的变化，狭缝宽度在一个范围内变化时，吸光度是不变的，当狭缝宽度大到某一程度时，吸光度才开始减小，在不引起吸光度减小的情况下，尽量选取最大狭缝宽度。

（4）参比溶液的选择　吸光度测量的重要步骤：先选择合适的参比溶液来调节透射比100%（$A=0$），以消除溶液中其他成分以及吸收池和溶剂对光的反射和吸收所带来的误差。参比溶液的组成视试样溶液的性质而定，合理选择参比溶液很重要。

① 溶剂参比　选用条件：试样溶液的组成比较简单，共存的其他组分很少且对测定波长的光几乎没有吸收，仅当待测物质与显色剂的反应产物有吸收时，可采用溶剂作参比溶液。目的：可以消除溶剂、吸收池等因素的影响。

② 试剂参比　选用条件：显色剂或其他试剂在测定波长有吸收，可按显色反应相同条件，只是不加入试样，在溶剂中同样加入显色剂或其他试剂作为参比溶液。这种参比溶液可消除试剂中的组分产生的影响。

③ 试样参比　选用条件：试样中其他共存组分有吸收，但不与显色剂反应，且显色剂在测定波长无吸收时，可用试样溶液作参比溶液，即将试样与显色溶液作相同处理，只是不加显色剂。这种参比溶液可以消除共存组分的影响。

④ 褪色参比　如果显色剂及样品基体有吸收，这时可以在显色液中加入某种褪色剂，选择性地与被测离子配位（或改变其价态），生成稳定无色的配合物，使已显色的产物褪色，用此溶液作参比溶液，称为褪色参比溶液。褪色参比溶液是一种比较理想的参比溶液，但遗憾的是并非任何显色溶液都能找到适当的褪色方法。

 习题测验

一、单选题

1. 在分光光度法中，宜选用的吸光度读数范围为（　　）。

A. $0 \sim 0.2$　　　　B. $0.1 \sim \infty$　　　　C. $1 \sim 2$　　　　D. $0.2 \sim 0.8$

2. 入射光波长选择的原则是（　　）。

A. 吸收最大　　　B. 干扰最小　　　C. 吸收最大干扰最小　　D. 吸光系数最大

3. 如果显色剂或其他试剂在测定波长有吸收，此时的参比溶液应采用（　　）。

A. 溶剂参比　　　　B. 试剂参比　　　　C. 试样参比　　　　D. 褪色参比

4. 如果显色剂或其他试剂对测定波长有吸收，此时的参比溶液应采用（　　）。
A. 溶剂参比　　　　　B. 试剂参比　　　　　C. 试样参比　　　　　D. 褪色参比

5. 分光光度法测定时，测量有色溶液的浓度相对标准偏差最小的吸光度是（　　）。
A. 0.434　　　　　B. 0.20　　　　　C. 0.433　　　　　D. 0.343

6.（　　）属于显色条件的选择。
A. 选择合适波长的入射光　　　　　　B. 控制适当的读数范围
C. 选择适当的参比液　　　　　　　　D. 选择适当的缓冲液

7. 分光光度法测定微量铁试验中，缓冲溶液是采用（　　）配制。
A. 乙酸 - 乙酸钠　　B. 氨 - 氯化铵　　C. 碳酸钠 - 碳酸氢钠　　D. 磷酸钠 - 盐酸

8. 分光光度法测定微量铁试验中，铁标溶液是用（　　）药品配制成的。
A. 无水三氯化铁　　B. 硫酸亚铁铵　　C. 硫酸铁铵　　D. 硝酸铁

9. 用邻二氮菲法测水中总铁，不需用下列（　　）来配制试验溶液。
A. $NH_2OH \cdot HCl$　　B. HAc-NaAc　　C. 邻二氮菲　　D. 磷酸

10. 用邻二氮菲法测定锅炉水中的铁，pH 需控制在 4 ～ 6 之间，通常选择（　　）缓冲溶液较合适。
A. 邻苯二甲酸氢钾　　B. NH_3- NH_4Cl　　C. $NaHCO_3$-Na_2CO_3　　D. HAc-NaAc

11. 邻二氮菲分光光度法，测水中微量铁的试样中，参比溶液是采用（　　）。
A. 溶液参比　　　　B. 空白溶液　　　　C. 样品参比　　　　D. 褪色参比

12. 水中铁的吸光光度法测定所用的显色剂较多，其中（　　）分光光度法的灵敏度高、稳定性好，干扰容易消除，是目前普遍采用的一种方法。
A. 邻二氮菲　　　　B. 磺基水杨酸　　　　C. 硫氰酸盐　　　　D. 5-Br-PDDAP

13. 分光光度计测定中，工作曲线弯曲的原因可能是（　　）。
A. 溶液浓度太高　　B. 溶液浓度太低　　C. 参比溶液有问题　　D. 仪器有故障

14. 分光光度法分析中，如果显色剂无色，而被测试液中含有其他有色离子，宜选择（　　）作参比液可消除影响。
A. 蒸馏水　　　　　　　　　　　B. 不加显色剂的待测液
C. 掩蔽掉被测离子并加入显色剂的溶液　　D. 加入显色剂溶液的被测试液

15. 在分光光度法测定中，配制的标准溶液，如果其实际浓度低于规定浓度，将使分析结果产生（　　）
A. 正的系统误差　　B. 负的系统误差　　C. 无误差　　D. 不能确定

二、多选题

1. 用邻二氮菲法测水中总铁，需用下列（　　）来配制试验溶液。
A. 水样　　　　　B. $NH_2OH \cdot HCl$　　　　C. HAc-NaAc　　　　D. 邻二氮菲

2. 分光光度计的比色皿使用要注意（　　）。
A. 不能拿比色皿的毛玻璃面　　B. 比色皿中试样装入量一般应为 2/3 ～ 3/4 之间

C. 比色皿一定要洁净　　　　　　　　　D. 一定要使用成套玻璃比色皿

3. 分光光度法中判断出测得的吸光度有问题，可能的原因包括（　　）。

A. 比色皿没有放正位置　　　　　　　　B. 比色皿配套性不好

C. 比色皿毛面放于透光位置　　　　　　D. 比色皿润洗不到位

4. 参比溶液的种类有（　　）。

A. 溶剂参比　　　　B. 试剂参比　　　　C. 试样参比　　　　D. 褪色参比

5. 在分光光度法的测定中，光度测量条件的选择包括（　　）。

A. 选择合适的显色剂　　　　　　　　　B. 选择合适的测量波长

C. 选择合适的参比溶液　　　　　　　　D. 选择吸光度的测量范围

三、计算题

丁二酮肟对含镍量为 0.12% 的某试样进行比色分析测定，若配制 100mL 试液，波长 470nm 处用 1.0cm 的比色皿进行测定，计算当测量误差控制在最小时，应称取试样多少克？（已知：$\varepsilon=1.3\times10^4$，$M_{Ni}=58.69$）

任务3.2　测定工业废水铁含量

任务导入

任务 3.1 已经确定了某市炼铁厂废水中铁含量的最佳实验条件，现需测定铁含量，应该怎么做呢？

实验方案

实验 6　测定工业废水中铁含量

1. 仪器与试剂

（1）实验仪器及耗材　紫外 - 可见分光光度计，玻璃比色皿，100mL 烧杯，玻璃棒，5mL、10mL 吸量管，50mL、100mL 容量瓶，滤纸，擦镜纸。

（2）实验试剂

① 100μg/mL 铁标准储备液　准确称取 0.8634g $NH_4Fe(SO_4)_2\cdot12H_2O$ 于烧杯中，加少量水和 20mL（1：1）H_2SO_4 溶液溶解后，定量转移至 1L 容量瓶中，用水稀释至刻度，摇匀。

② 100g/L 盐酸羟胺溶液　用时现配。

③ 1.5g/L 邻二氮菲水溶液：用水溶解 1.5g 邻二氮菲，并稀释至 1L，避光保存，溶液颜色变暗时即不能使用。

④ pH=4.6 乙酸 - 乙酸钠缓冲溶液：称取 136g 无水乙酸钠用 250mL 水溶解，加 120mL 冰醋酸，加水至 500mL，混匀。

2. 实验步骤

（1）标准曲线的制作

① 铁标准使用液的配制　根据确定的标准曲线系列溶液配制方案进行。

② 标准曲线系列溶液的配制　在 7 个 50mL 容量瓶（或比色管）中，用吸量管分别加入一系列一定体积的铁标准使用液、一定体积的盐酸羟胺、一定体积的 HAc-NaAc 缓冲溶液、一定体积的邻二氮菲，每加一种试剂后摇匀。然后，用水稀释至刻度，摇匀后放置10min。

③ 制作标准曲线　用 1cm 玻璃比色皿，以试剂空白为参比，在所选择的波长下，测量各溶液的吸光度。以含铁量为横坐标，吸光度 A 为纵坐标，绘制标准曲线。

[附参考方案：用移液管吸取 100μg/mL 铁标准储备液 25mL 于 100mL 容量瓶中，用水稀释至刻度，摇匀。此溶液每毫升含 Fe^{3+} 25μg。在 7 个 50mL 容量瓶（或比色管）中，用吸量管分别加入 0.00、1.00、3.00、5.00、7.00、8.00、10.00（mL）25μg/mL 铁标准使用液，分别加入 1mL 盐酸羟胺，5mL 邻二氮菲，5mL HAc-NaAc 溶液，每加一种试剂后摇匀。然后，用水稀释至刻度，摇匀后放置 10min。在 508nm 波长下测定吸光度。）

（2）试样中铁的测定　根据确定的样品稀释方案配制铁样使用液，移取一定体积铁样使用液于 3 个 50mL 容量瓶，按标准曲线的制作步骤，分别加入各种试剂，测量吸光度。

从标准曲线上查出和计算试液中铁的含量（μg/mL）。

（附参考方案：用移液管吸取约 1g/L 废水铁样 2.50mL 于 100mL 容量瓶中，用水稀释至刻度，摇匀，此为铁样品使用液。在 3 个 50mL 容量瓶（或比色管）中，用吸量管分别加入 5.00mL 铁样品使用液，按标准曲线的制作步骤，分别加入各种试剂，测定吸光度。）

3. 结果计算

实验实施

1. 实验原理

通常铁元素在水溶液中的存在形式有两种：Fe^{2+} 与 Fe^{3+}。由于其溶液本身颜色很浅，测定吸光度灵敏度低，所以，本实验利用溶液中 Fe^{2+} 与邻二氮菲（phen）发生显色反应，生成显色稳定且吸光敏感的物质，在合适波长下测定显色物质的吸收光谱。显色反应原理如下：

实验原理及思路

在 pH=3 ～ 9 的溶液中，Fe^{2+} 与邻二氮菲（phen）生成稳定的橙红色配合物邻二氮菲 -Fe^{2+}，λ_{max}=508nm，ε=1.1×10^4L/（mol·cm），lgβ_3=21.3（20℃）。

$$Fe^{2+}+3phen \longrightarrow Fe(phen)_3^{2+} \qquad （橙红色）$$

而铁离子 Fe^{3+} 与邻二氮菲生成 1∶3 的不稳定淡蓝色配合物（lgβ_3=14.1），故显色前应先用盐酸羟胺将 Fe^{3+} 还原为 Fe^{2+}，其反应为：

$$2Fe^{3+}+2NH_2OH \cdot HCl \longrightarrow 2Fe^{2+}+N_2\uparrow +2H_2O+4H^++2Cl^-$$

在 λ_{max} 处测定吸光度值，用标准曲线法定量测定水样中 Fe^{2+} 的含量。若用盐酸羟胺等还原剂将水中 Fe^{3+} 还原为 Fe^{2+}，则本法可分别测定水中总铁、Fe^{2+} 和 Fe^{3+} 的含量。

2. 实验过程

（1）配制溶液　根据实验方案进行溶液的配制。

（2）测定吸光度　以 UV-1800DS2 为例，参照紫外 - 可见分光光度计定量测定的操作视频。

① 仪器开机

a. 打开电源预热 20min，仪器自检。

b. 启动软件。

c. 数据格式的设置。

② 条件设置

配制标准曲线溶液和待测样液

a. 选择合适的测定波长　一般应该选择 λ_{max} 为测定波长，若在 λ_{max} 处共存的其他组分也有吸收，可以选择灵敏度稍低但能避免干扰的测定波长。

本次实验的测定波长设定为条件实验确定的 λ_{max}。

b. 控制适宜的吸光度　浓度测量值的相对误差（$\Delta c/c$）与其透光率（或吸光度）读数有关。当 T 为 15% ～ 65% 时，即 A 在 0.2 ～ 0.8 时测量的相对误差 ≤ ±2%，能满足分析测定的要求，故标准曲线系列溶液的吸光度值应尽量在 0.2 ～ 0.8 范围之内。

标准曲线溶液和待测样液的测定（应用软件）

当 T=0.368 时 A=0.434，测量的相对误差为最小，故待测溶液的吸光度值应尽量在 0.434。

c. 选择合适的参比溶液　显色剂或其他所加试剂在测定波长处略有吸收，可以用"试剂空白"（不加试样溶液）作参比溶液。本次实验采用试剂空白作参比溶液。

③ 测定标准曲线系列溶液和待测样液的吸光度　在其最大吸收波长下，用 1cm 比色皿，以试剂空白为参比溶液，测定各溶液的吸光度。

④ 仪器关机及维护保养。

3. 数据处理，计算含量

计算含量

见微知著

3 月 15 日，中国合格评定国家认可委员会（CNAS）发布 2018 年实验室专项监督及投诉调查发现"不诚信行为"的典型案例通报。中国合格评定国家认可委员会提醒，诚信是实验室和检验机构应该履行的基本义务，更是认可的基本要求。对不诚信行为，CNAS 将发现一例处理一例，绝不姑息。通报指出，绝大部分获认可机构能够按照认可要求，但也有个别机构在检测、校准和检验活动中存在不诚信行为，CNAS 专项监督和投诉调查后发现，其中不乏数据造假、冒名顶替等科学性欠缺、有失公正的做法。依据规定，CNAS 给予了相关单位撤销认可资格处理。请上网查阅资料，引用一起典型的实验室数据造假案例，分析该造假给国计民生带来的影响和危害，并探讨如何避免造假事件的再次发生！

【民无信则不立，业无信则不兴。】

人没有诚信就不能生存，做事业没有诚信就不能兴旺。诚信是社会主义核心价值观的重要内容。诚实守信，是我国公民的基本道德规范之一。新时代青年，要树立诚信、求真、求实的意识，做老实人、说老实话、办老实事，努力做一个诚实守信的人。

实验报告

标准曲线法测定铁含量分析报告单

姓名：_____　　　实验时间：____年___月___日　　　　　　组员：_____

1. 标准使用液的配制

标准储备液浓度：_____　　　　　　标准使用液浓度：_____

稀释次数	吸取体积 /mL	稀释后体积 /mL	稀释倍数
1			
2			
3			
4			

2. 标准曲线的绘制

溶液代号	吸取标液体积 /mL	c/（μg/mL）	A
0			
1			
2			
3			
4			
5			
6			
回归方程			
线性 R			

3. 样液的配制

稀释次数	吸取体积 /mL	稀释后体积 /mL	稀释倍数
1			
2			
3			

4. 样品含量的测定

平行测定次数	1	2	3
A			
查得的浓度 /（μg/mL）			

续表

原始试液浓度 /（μg/mL ）			
原始试液的平均浓度 /（μg/mL ）			

计算过程：

① 根据浓度稀释公式 $c_1V_1=c_2V_2$，计算标准曲线系列溶液浓度。

② 计算待测样液铁含量。

③ 根据待测样液的稀释倍数，计算原始废水样液铁含量、相对极差。

定量分析结果：样品的浓度为_____。

任务评价

见表 1-16。

表 1-16　实验完成情况评价表

姓名：_____　　完成时间：_____　　总分：_____

第___组　　组员：_____

评价内容及配分	评分标准	扣分情况记录	得分
实验结果（45 分）	工作曲线： 1 挡　相关系数 ≥ 0.9999，不扣分 2 挡　0.9999 > 相关系数 ≥ 0.999，扣 5 分 3 挡　0.999 > 相关系数 ≥ 0.99，扣 10 分 4 挡　相关系数 < 0.99，扣 22 分		
	相对平均偏差 ≤ /%　1.0　2.0　3.0　4.0　5.0　6.0　7.0 扣分标准 / 分　　　　0　1　2　3　4　6　8		
	与准确浓度 相对偏差 ≤ /%　　1.0　2.0　3.0　4.0　5.0　6.0　> 6.0 扣分标准 / 分　　　0　2　4　8　10　12　15		
过程操作（25 分） （注：操作分扣完为止，不进行倒扣）	1. 玻璃仪器未清洗干净，每件扣 2 分； 2. 损坏仪器，每件扣 5 分； 3. 定容溶液：定容过头或不到，扣 2 分； 4. 标准溶液：每重配一个，扣 5 分； 5. 50mL 比色液：每重配一个，扣 2 分； 6. 显色时间不到：扣 2 分； 7. 仪器未预热：扣 5 分； 8. 吸收池类型选择错误：扣 5 分； 9. 吸收池操作不规范：扣 5 分； 10. 计算有错误：扣 5 分 / 处（出现第一次时扣，受其影响而错不扣）； 11. 数据中有效数字位数不对或修约错误：每处扣 1 分； 12. 其他犯规动作，每次扣 0.5 分，重复动作最多扣 2 分		

续表

评价内容及配分		评分标准	扣分情况记录	得分
职业素养 (20分)	原始记录 (5分)	原始记录不及时，扣2分；原始数据记在其他纸上，扣5分；非正规改错，扣1分/处；原始记录中空项，扣2分/处		
	安全与环保 (10分)	未穿实验服：扣5分； 台面、卷面不整洁：扣5分； 损坏仪器：每件扣5分； 不具备安全、环保意识：扣5分		
	6S管理 (5分)	1. 考核结束，仪器清洗不洁：扣5分； 2. 考核结束，仪器堆放不整齐：扣1～5分； 3. 仪器不关：扣5分		
	否决项	涂改原始数据未经监考老师同意不可更改，在考核时不准进行讨论等作弊行为发生，否则作0分处理。不得补考		

考核时间（10分）超60min停考	超过时间≤	0：00	0：10	0：20	0：30
	扣分标准/分	0	3	6	10

任务3.3　紫外-可见分光光度计的检验及维护保养

问题导学

1. 紫外-可见分光光度计的检定项目有哪些？各检定项目的技术要求及检定方法是什么？

2. 紫外-可见分光光度计的维护保养要注意哪些方面？如何进行日常维护和定期维护？

知识讲解

1. 紫外-可见分光光度计的检验

紫外-可见分光光度计应定期对其性能进行检定，以保证测定结果的准确性和可靠性。以单光束紫外-可见分光光度计为例，其检定项目一般包括外观、稳定度、波长准确度、透射比准确度、基线平直度、噪声、吸收池的配套性、电源电压影响、杂散辐射等，检定周期为半年，连续两次检定合格的仪器检定周期可延长至一年，仪器若经更换或修理对测定结果有怀疑时，应随时进行检定。

（1）外观　仪器应有名称、型号、标号、制造厂名、出厂日期等标志；仪器各调节器、按键和开关能正常工作；样品室应密封良好；仪器工作时，光源正常等。

083

（2）稳定度　在仪器接受元件不受光的情况下，用零点调节器将仪器调至零点，使显示值为 0%，观察 3min，读取透射比示值最大变化即为暗电流稳定度。

在仪器接受元件受光的情况下，于仪器测量波长范围的两端向内缩 10nm 处，调整透射比 100%，观察 3min，读取透射比示值最大变化即为光电流稳定度。

暗电流和光电流稳定度的技术要求见表 1-17。

表 1-17　稳定度的技术要求

型式	类别	暗电流（3min）	光电流（3min）
棱镜		±0.2	±0.5
光栅	A	±0.1	±0.3
	B	±0.2	±0.5

（3）波长准确度　波长准确度是指仪器波长指示值与单色光最大强度的波长值之差。波长准确度的技术要求见表 1-18。

表 1-18　波长准确度的技术要求

型式	类别	波长 /nm	准确度 /nm
棱镜		200～350	±0.4
		350～500	±0.7
		500～700	±2.0
		700～850	±4.8
光栅	A	190～850	±0.3
	B		±0.5

注：波长重复性应不大于相应波长准确度绝对值的一半。

可见光区：一般绘制镨钕滤光片的吸收光谱曲线，镨钕滤光片的吸收峰为 528.7nm 和 807.7nm。若测出的仪器标示值与最大吸收波长相差 ±3nm 以上，调节波长刻度校正螺丝。若测出的仪器标示值与最大吸收波长相差 ±10nm 以上，重新调整钨灯灯泡位置，或检查单色器的光学系统。

紫外光区：一般用苯蒸气的吸收光谱曲线来检验。具体做法是：滴一滴液体苯于吸收池中，关闭吸收池盖，待苯挥发充满整个吸收池后，就可以测绘苯蒸气的吸收光谱曲线。若实测结果与苯的标准光谱曲线不一致，表示仪器有波长误差，必须加以调节。

（4）透射比准确度　透射比准确度的检定方法有中性玻璃滤光片（可见光区）和标准溶液法。经常使用的是标准溶液法，具体操作为：配制质量分数 $w(K_2Cr_2O_7)=0.006000\%$（即 1000g 溶液中含重铬酸钾 0.06000g）重铬酸钾的 0.001mol/L 高氯酸标准溶液。以 0.001mol/L 高氯酸为参比，与表 1-19 所列标准溶液的标准值比较，根据仪器级别，其差值应在 0.8%～2.5% 之内。透射比准确度的技术要求见表 1-20。

表 1-19　$w(K_2Cr_2O_7)=0.006000\%$ 重铬酸钾溶液的透射比（25℃）

波长 /nm	235	257	313	350
透射比	18.2	13.7	51.3	22.9

表1-20　透射比准确度的技术要求

型式	类别	准确度/%
光栅	A	±0.5
	B	±0.7

（5）基线平直度　仪器波长置于起始位置，带宽2 nm，吸光度量程为±0.01，样品和参比均为空白，进行全波段扫描，测量图谱中起始点与最大偏移量之差。基线平直度的技术要求见表1-21。

表1-21　基线平直度的要求

型式（自动扫描）	类别	基线平直度（A）
棱镜		±0.007
光栅	A	±0.005
	B	±0.007

（6）噪声　100%线噪声：将仪器波长置于500nm处，光谱带宽2nm，样品和参比皆为空白，取最小量程，相应时间不大于1s，定波长扫描2min，测量谱图上最大一组正峰与负峰的差值即为仪器100%线噪声。

0%线噪声：将仪器波长置于500nm处，取最小量程，挡光板放入样品光束中，用100%线噪声检测方法相同的方法进行检测，得到0%线噪声。

噪声的技术要求见表1-22。

表1-22　噪声的技术要求

型式（自动扫描）	类别	0%线	100%线
棱镜		0.2	1.0
光栅	A	0.2	0.5
	B	0.2	1.0

（7）吸收池配套性检定　在定量分析测定时，为了消除吸收池所带来的误差，需要做吸收池的校准及配对，以提高测量的准确度。具体操作：石英吸收池在220nm处装蒸馏水，在350nm处装$K_2Cr_2O_7$的0.001mol/L $HClO_4$溶液；玻璃吸收池在600nm处装蒸馏水，在400nm处装$K_2Cr_2O_7$的0.001mol/L $HClO_4$溶液。以一个吸收池为参比，将透射比调至100%，测量其他各吸收池的透射比，透射比的偏差小于0.5%的吸收池可配成一套。

实际测定工作中，采用如下方法对吸收池进行校正：在测定波长下将吸收池磨砂面用铅笔编号并注意标注上放置的方向，在吸收池中装入测定用参比溶液，以其中的一个为参比，测量其他各吸收池的吸光度，若测定的吸光度为零或两个吸收池的吸光度相等，即配对吸收池。若不相等，可选出吸光度最小的吸收池作参比，测定其他各池的吸光度求出校正值。测定样品时，将待测溶液装入校准过的吸收池中，将测得的吸光度减去吸收池的校正值即为测定的真实值。

（8）电源电压影响　仪器波长置于500nm处，用调压器输入220V电压，调整透射比示值为100%；改变输入电压，记录仪器在198V、242V时的透射比示值（电压变动过程中于220V处重新调整100%）。

（9）杂散辐射率　用浓度为10g/L的碘化钠标准溶液，10mm标准石英吸收池，蒸馏水作参比，设有光谱带宽调整挡的仪器置最大光谱带宽，于220nm处，测量溶液的透射比。

用浓度为50g/L的亚硝酸钠标准溶液，于360nm处，测量溶液透射比。

对于需要测量仪器的低杂散辐射率数值时，使用透射比0.1%的衰减片，先测出衰减片的透射比值，再以衰减片为参比，测量上述标准物质透射比值。两者透射比值的乘积即为杂散辐射率。

2. 紫外－可见分光光度计的维护保养

分光光度计是精密光学仪器，做好日常维护对保持仪器良好的性能和保证测试的准确度有重要作用。

（1）工作环境要求

① 放置要求　仪器应平稳地摆放在水平固定的桌面上。

② 温度要求　工作环境的温度在15～28℃之间。

③ 湿度要求　工作环境的相对湿度不超过70%。

④ 空气状况　空气中不应有足以引起腐蚀的有害气体和过多的尘土存在。

⑤ 室内照明不宜太强，且应避免直射日光的照射。

⑥ 电扇不宜直接向仪器吹风，以防止光源灯因发光不稳定而影响仪器的正常使用。

（2）样品室要求

① 在开机之前，先要检查样品室中是否有比色皿或其他物品。

② 每次使用后应检查样品室是否积存溢出溶液，须常常擦拭样品室，以避免废液对部件或光路系统的腐蚀。

③ 在测验完成后，请及时将样品从样品室中取出，否则，液体挥发会导致镜片发霉（对易挥发和腐蚀性的液体，特别要注意！假设样品室中有漏液，请及时擦拭洁净）。

（3）比色皿清洗　在每次测量完毕或溶液替换时，需要对比色皿进行及时清洗，然后放在低浓度酸性溶液里浸泡，浸泡后用蒸馏水冲刷比色皿的内外壁，否则比色皿壁上的残留溶液会引起测量误差。

（4）仪器的表面清洁　仪器外壳表面经过喷漆工艺处理过，假设不小心将溶液漏洒在外壳上，请立即用湿毛巾擦拭洁净，不能使用有机溶液擦拭。假设长时间不用时，请注意及时清理仪器表面的尘土。为了避免仪器积尘和沾污，使用完毕应盖好防尘罩。

仪器液晶显示器和键盘日常使用及保存时应注意防止划伤、防水、防尘、防腐蚀。

（5）电源检查

① 插电源插座时，请检查当时电压是否与仪器标出的电压一致。

② 为了使仪器工作得更安稳和更牢靠，给仪器外配一个稳压器。供给仪器的电源电压为AC 220V±22V，频率为50Hz±1Hz，并必须装有良好的接地线。推荐使用功率为1000W以上的电子交流稳压器或交流恒压稳压器，以加强仪器的抗干扰性能。

③ 仪器不用时请关机，并拔掉电源插头。

（6）长期使用、不用或搬动检查

① 仪器连续使用时间不应超过3h，若需长时间使用，最好间歇30min。仪器经长期使用或搬动后，要经常进行波长精确性检查，并应定期进行性能指标检测，发现问题即与厂家或销售部门联系解决。

② 长期不用仪器时，尤其要注意环境的温度、湿度，定期更换硅胶。建议每隔一个月开机运行1h，每次不少于20～30min，以保持整机呈干燥状态，并且维持电子元器件的性能。

见微知著

从分析测定过程到紫外－可见分光光度计的检定和维护，足以见得分析检测工作是一份需要非常细致、细心、耐心的工作。分析结果的高精密度和高准确度是分析工作者一直孜孜以求的目标。请谈谈作为一名优秀的分析检测人员，实验工作完成后需注意哪些方面的工作？

【治身养性谨务其细，不可以小益为不平而不修。】

在行业内，仪器设备勤保养，生产自然更顺畅。将日常的仪器设备维护保养所需的职业素养拓展到个人的生活与工作中，要注重培养耐心细致、严谨细心、认真负责、一丝不苟的精神。修身养性，即使是极其微小的地方，也务必要谨慎，不能因为小的进步微不足道就不再修养，也不能因为小的损害对大体没有影响就不加以提防。

习题测验

一、单选题

1. 下列选项中不是分光光度计检测项目的是（　　　）。
A. 吸收池成套性　　　B. 入射光强度　　　　C. 噪声　　　　　D. 波长准确度

2. 紫外检验波长准确度的方法用（　　　）吸收曲线来检查。
A. 甲苯蒸气　　　　　B. 苯蒸气　　　　　　C. 镨钕滤光片　　D. 以上三种

3. 721 型分光光度计底部干燥筒内的干燥剂要（　　　）。
A. 定期更换　　　　　B. 使用时更换　　　　C. 保持潮湿　　　D. 不用更换

4. 石英吸收池成套性检查时，吸收池内装（　　　）在 220nm 测定。
A. 高锰酸钾　　　　　B. 自来水　　　　　　C. 重铬酸钾　　　D. 蒸馏水

5. 玻璃吸收池成套性检查时，吸收池内装（　　　）在 400nm 测定，装（　　　）在 600nm 测定。
A. 蒸馏水、重铬酸钾　　　　　　　　　　B. 重铬酸钾、蒸馏水
C. 蒸馏水、蒸馏水　　　　　　　　　　　D. 重铬酸钾、重铬酸钾

6. 波长准确度是指单色光最大强度的波长值与波长指示值之差。钨灯用镨钕滤光片在（　　　）左右的吸收峰作为参考波长。
A. 546.07nm　　　　　B. 800nm　　　　　　C. 486.13nm　　　D. 486.00nm

7. 可见分光光度计的光学元件受到污染时，会使仪器在比色时的灵敏度降低，因此应该（　　　）。
A. 用无水乙醇清洗光学元件　　　　　B. 用乙醚清洗光学元件
C. 用无水乙醇 - 乙醚混合液清洗光学元件　D. 用乙醇清洗光学元件

8. 当紫外分光光度计的光源反射镜或准直镜被沾污时只能用（　　　）。

A. 纱布擦洗　　　　B. 绸布擦洗　　　　C. 脱脂棉擦洗　　　　D. 洗耳球

9. 紫外 - 可见分光光度计中的成套吸收池其透光率之差应为（　　　）。

A. 0.50%　　　　B. 0.10%　　　　C. 0.1%～0.2%　　　　D. 0.20%

10. 721 型分光光度计在使用时发现波长在 580nm 处，出射光不是黄色，而是其他颜色，其原因可能是（　　　）。

A. 有电磁干扰，导致仪器失灵　　　　B. 仪器零部件配置不合理，产生实验误差

C. 实验室电路的电压小于 380V　　　　D. 波长指示值与实际出射光谱值不符合

11. 下列关于空心阴极灯使用注意事项描述不正确的是（　　　）。

A. 使用前一般要有预热时间　　　　B. 长期不用，应定期点燃处理

C. 低熔点的灯用完后，等冷却后才能移动　　D. 测量过程中可以打开灯室盖调整

12. 紫外光检验波长准确度的方法用（　　　）吸收曲线来检查。

A. 甲苯蒸气　　　　B. 苯蒸气　　　　C. 镨钕滤光片　　　　D. 以上三种

二、多选题

1. 一台分光光度计的校正应包括（　　　）等。

A. 波长的校正　　　　B. 吸光度的校正　　　　C. 杂散光的校正　　　　D. 吸收池的校正

2. 透光度调不到 100% 的原因有（　　　）。

A. 卤钨灯不亮　　　　B. 样品室有挡光现象　　C. 光路不准　　　　D. 放大器坏

3. 当分光光度计 100% 点不稳定时，通常采用（　　　）方法处理。

A. 查看光电管暗盒内是否受潮，更换干燥的硅胶

B. 对于受潮较重的仪器，可用吹风机对暗盒内、外吹热风，使潮气逐渐地从暗盒内跑掉

C. 更换波长

D. 更换光电管

4. 分光光度计的检验项目包括（　　　）。

A. 波长准确度的检验　　　　　　　　B. 透射比准确度的检验

C. 吸收池配套性的检验　　　　　　　D. 单色器性能的检验

5. 检验可见及紫外分光光度计波长正确性时，应分别绘制吸收曲线的是（　　　）。

A. 甲苯蒸气　　　　B. 苯蒸气　　　　C. 镨钕滤光片　　　　D. 重铬酸钾溶液

6. 分光光度计不能调零时，应采用（　　　）办法尝试解决。

A. 修复光门部件　　B. 调 100% 旋钮　　C. 更换干燥剂　　　　D. 检修电路

7. 紫外分光光度计应定期检查（　　　）。

A. 波长精度　　　　B. 吸光度准确性　　C. 杂散光　　　　D. 狭缝宽度

8. 分光光度计出现透光率调不到 100%，常考虑解决的方法是（　　　）。

A. 换新的光电池　　B. 调换灯泡　　　　C. 调整灯泡位置　　　D. 换比色皿

拓展——多组分、高含量物质的测定

问题导学

1. 两组分含量的测定有哪三种情况？测定思路分别是怎样的？
2. 高含量组分的定量测定方法。差示分光光度法的测定方法思路、定量基础和特点。

知识讲解

1. 多组分的测定

多组分的测定是指在同时测定被测试样中两种或两种以上的组分。如果各种吸光组分物质之间没有相互作用，且遵从比尔定律，这时体系的总吸光度等于各组分吸光度之和。多组分定量分析的依据就是利用了吸光度的加和性。

假设待测试样中有两种组分a和b，它们的吸收曲线有下面三种情况，如图1-33所示。

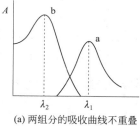 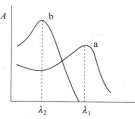 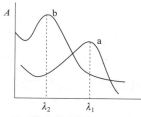

(a) 两组分的吸收曲线不重叠　　(b) 两组分的吸收曲线部分重叠　　(c) 两组分的吸收曲线重叠

图1-33　两组分测定的三种吸收曲线情况图示

① 两组分吸收曲线不重叠（互不干扰），则可分别在 λ_1 和 λ_2 处测定组分 a 和 b，组分之间相互不产生干扰，可分别按单组分来处理。

② 吸收曲线部分重叠，在组分 a 的最大吸收波长处 b 不吸收，在组分 b 的最大吸收波长处 a 有吸收，则可看作 a 组分的单组分溶液。

则：$\begin{cases} \text{在波长}\lambda_1\text{下} \rightarrow \text{测}A_1 \rightarrow \text{b组分不干扰} \rightarrow \text{按单组分定量测}c_a; \\ \text{在波长}\lambda_2\text{下} \rightarrow \text{测}A_2 \rightarrow \text{a组分干扰} \rightarrow \text{不能按单组分定量测}c_b。 \end{cases}$

过程：$\begin{cases} \text{在波长}\lambda_1\text{下} \rightarrow \text{测定}A_{\lambda 1}^{a}，\text{并可用a的标准溶液测得}\varepsilon_{\lambda 1}^{a}; \\ \text{在波长}\lambda_2\text{下} \rightarrow \text{测定}A_{\lambda 2}^{a+b}，\text{并可用a和b的标准溶液测得}\varepsilon_{\lambda 2}^{a}\text{和}\varepsilon_{\lambda 2}^{b}。 \end{cases}$

$\Rightarrow \begin{cases} \text{由}A_{\lambda 1}^{a}=\varepsilon_{\lambda 1}^{a}c_a b \longrightarrow c_a=\dfrac{A_{\lambda 1}^{a}}{\varepsilon_{\lambda 1}^{a}b} \\ \text{由}A_{\lambda 2}^{a+b}=A_{\lambda 2}^{a}+A_{\lambda 2}^{b}=(\varepsilon_{\lambda 2}^{a}c_a+\varepsilon_{\lambda 2}^{b}c_b)b \longrightarrow c_b=\dfrac{A_{\lambda 2}^{a+b}-\varepsilon_{\lambda 2}^{a}c_a b}{\varepsilon_{\lambda 2}^{b}b} \end{cases}$

式中，c_a、c_b 分别为 a 组分和 b 组分的浓度；$\varepsilon_{\lambda 1}^a$、$\varepsilon_{\lambda 1}^b$ 分别为 a 组分和 b 组分在波长 λ_1 处的摩尔吸光系数；$\varepsilon_{\lambda 2}^a$、$\varepsilon_{\lambda 2}^b$ 分别为 a 组分和 b 组分在波长 λ_2 处的摩尔吸光系数。

③ 吸收曲线相互重叠，分别在 λ_1 和 λ_2 处测定两组分的吸光度 A_1 和 A_2，根据吸光度的加和性，联立方程组求解，如下式：

$$A_1 = \varepsilon_{\lambda 1}^a b c_a + \varepsilon_{\lambda 1}^b b c_b \tag{1}$$

$$A_2 = \varepsilon_{\lambda 2}^a b c_a + \varepsilon_{\lambda 2}^b b c_b \tag{2}$$

可以用 a、b 的标准溶液分别在 λ_1、λ_2 处测定吸光度后经计算求得 $\varepsilon_{\lambda 1}^a$、$\varepsilon_{\lambda 1}^b$、$\varepsilon_{\lambda 2}^a$、$\varepsilon_{\lambda 2}^b$。将 $\varepsilon_{\lambda 1}^a$、$\varepsilon_{\lambda 1}^b$、$\varepsilon_{\lambda 2}^a$、$\varepsilon_{\lambda 2}^b$ 代入式（1）、式（2）中，通过解方程组可求得两组分的浓度。

2. 高含量组分的测定——差示分光光度法

普通分光光度法仅适用于微量组分的测定，测定常量或高含量组分时，测量误差均较大。这是因为当组分浓度较高时，会导致朗伯 - 比尔定律的偏离，所测的吸光度值超出适宜的读数范围而产生较大的相对误差，使测定结果的准确度降低。差示分光光度法可以克服这种缺点，此方法改用一个合适浓度（浓度比样品稍低或稍高）的标准溶液作参比溶液来调节仪器标尺读数以进行测量，可以提高分光光度法精密度、准确度和灵敏度。

见微知著

差示分光光度法巧妙地采用一个合适浓度（浓度比样品稍低或稍高）的标准溶液作参比溶液，从而有效克服了朗伯 - 比尔定律仅适用于测定微量组分的局限，实现了高浓度的测定。这一巧妙的改进，带给了你哪些启示？请列举一件我们身边用类似方法解决实际困难的事情。

【变则通，通则达。】

在面对人生中的局限和困难时，不要墨守成规，不要怕失败，穷则思变，学会变通，学会换种思维方式来看待问题，就会有利于发展。

用作参比的标准溶液浓度为 c_s，待测试液浓度为 c_x，且 $c_x > c_s$，差示分光光度法测定时，首先用标准溶液 c_s 作参比调节透光率为 100%，然后测定待测溶液的吸光度，该吸光度为相对吸光度 ΔA。

若标准溶液的吸光度为 A_s，待测溶液的吸光度为 A_x，根据朗伯 - 比尔定律得：

$$A_s = \varepsilon b c_s \; ; \; A_x = \varepsilon b c_x$$

两式相减，得到：

$$\Delta A = A_x - A_s = \varepsilon b (c_x - c_s) = \varepsilon b \Delta c \tag{式（1-9）}$$

上式表明，所得吸光度之差与两种溶液的浓度差成线性关系。若采用标准曲线法，测定一系列 Δc 已知的标准溶液的相对吸光度 ΔA，以 ΔA 为纵坐标，以 Δc 为横坐标，绘制 ΔA-Δc 工作曲线，那么，测得待测溶液的相对吸光度 ΔA_x，即可查表得出 Δc_x，因为

$\Delta c_x = c_x c_s$，则 $c_x = c_s + \Delta c_x$，即可计算得出待测溶液的浓度 c_x。

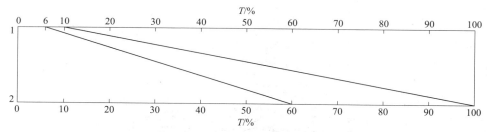

图1-34　差示法标尺扩大原理

若浓度为 c_s 的标准溶液的透光率 $T_1 = 10\%$，而差示分光光度法中该标准溶液用作参比溶液，其透光率调至 $T_2 = 100\%$，如图1-34所示。则相当于把透光率标尺扩展到了原来的10倍（$T_2/T_1 = 10$）。若待测试液 c_x 的透光率为6%，则差示法中为60%，此读数在透光率适宜的范围内（溶液透光率应在15%～65%范围内）。

 习题测验

1. 用分光光度法测定样品中两组分含量时，若两组分吸收曲线重叠，其定量方法是根据（　　）建立的多组分光谱分析数学模型。

  A. 朗伯定律 　　　　　　　　　　B. 朗伯定律和加和性原理
  C. 比尔定律 　　　　　　　　　　D. 比尔定律和加和性原理

2. 用 1cm 的吸收池进行测定，浓度为 1.00×10^{-3}mol/L 的 $K_2Cr_2O_7$ 溶液在波长 450nm 和 530nm 处的吸光度分别为 0.200 和 0.050；浓度为 1.00×10^{-4}mol/L 的 $KMnO_4$ 溶液在波长 450nm 处的吸光度为 0，在 530nm 处的吸光度为 0.420。测得某 $K_2Cr_2O_7$ 和 $KMnO_4$ 的混合溶液在波长 450nm 和 530nm 处的吸光度分别为 0.380 和 0.710。试计算该混合液中 $K_2Cr_2O_7$ 和 $KMnO_4$ 的浓度。

3. 用分光光度法测量 0.0100mol/L 锌标准溶液和含锌试液，分别测得吸光度为 $A_s = 0.700$ 和 $A_x = 1.00$，两者的透光率相差多少？如果用 0.0100mol/L 锌标准溶液作为参比溶液，用差示分光光度法测定，含锌试液的吸光度是多少？差示法的读数标尺放大了多少倍？

模块二

红外分光光谱法

知识目标

✓ 掌握红外光谱法的基本概念，了解红外光谱法的发展历程、特点及应用；

✓ 理解红外吸收光谱的表示，熟悉分子振动频率、伸缩振动、弯曲振动、振动自由度的基本概念，理解红外光谱产生的条件；

✓ 理解红外吸收光谱与分子结构的关系；

✓ 掌握红外吸收光谱仪的组成部件及类型，掌握红外吸收光谱仪的工作原理；

✓ 掌握红外吸收光谱的定性定量应用。

能力目标

✓ 能熟练进行样品前处理、制作标准和待测样品锭片；

✓ 能熟练操作常用红外光谱仪，进行定性和定量分析；

✓ 能根据测定对象选择定量分析方法，正确进行数据处理分析，出具规范标准的实验报告单；

✓ 能熟练维护保养红外光谱仪。

素质目标

✓ 坚守"安全绿色、数据精准、诚信求实"的科学检测观，养成精益求精、团结协作的工作作风，具备工匠精神、劳动精神以及良好的职业道德和职业素养。

√ 培养学生科学的观点及科学的思维方法，比如：用实践的观点来认识本专业基本理论产生、检验及发展的源泉和动力。

√ 培养学生运用唯物辩证法来看待事物，比如：用普遍联系的观点来看待发展经济和绿色环保的相互关系；用矛盾的观点正确对待矛盾的特殊性，坚持具体问题具体分析。

√ 培养学生将唯物辩证法运用于解决实际问题，比如：掌握质量互变规律，认识和处理问题要注意把握适度原则，讲究分寸、把握火候。

任务4　红外光谱法测定空气粉尘中游离二氧化硅

 任务分解

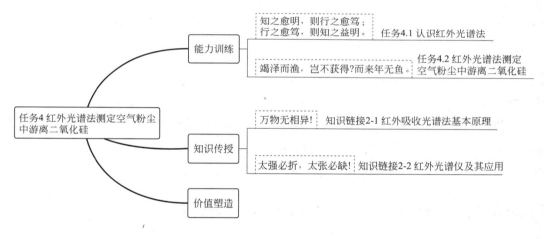

任务 4.1　认识红外光谱法

 问题导学

1. 基本概念：红外光、红外吸收光谱、红外光谱法。
2. 红外光谱法的发展及其应用现状。
3. 红外吸收光谱的表示。红外光谱法的应用与特点。

 知识讲解

红外光是波长介于无线电波与可见光之间的电磁波，波长在 $0.76\mu m$ 到 $1000\mu m$ 之间。红外光能量较紫外 - 可见光能量低，当用红外光去照射样品时，辐射能量不足以引起分子电子能级的跃迁，但可以引起分子振动和转动能级由较低能级向较高能级跃迁，从而导致特定频率红外光被选择性吸收，形成红外吸收光谱。利用样品的红外吸收光谱进行定性、定量分析及分子结构测定的方法称为红外光谱法或红外分光光度法。

1. 红外光谱的发展

1800 年，英国天文学家赫谢尔（F.W.Herschel）用热敏探测器发现频率低于可见光区红光的"不可见光"，将之称为"热射线"，后来被命名为"红外光"。1835 年，安培（Ampere）利用新发明的热电偶证明了红外光和可见光的性质相同。1905 年，美国科学家科布伦茨（W. W. Coblentz）测定了 120 多种有机化合物的红外光谱，揭示分子结构与红外吸收光谱之间存在特定联系，促进了红外分光光度法的诞生。1933 年，意大利物理学家梅罗里（M. Melloni）发现氯化钠对红外光没有吸收。1947 年，诞生了世界上第一台以棱镜为色散元件的双光束自动记录红外分光光度计。随后出现了光栅代替棱镜的第二代色散型红外光谱仪。20 世纪 60 年代中期，傅里叶变换红外分光光度计（FTIR）作为第三代红外光谱仪出现，对红外光谱的应用和发展产生了深远的影响。

近年来，随着光学、材料学、化学计量学、计算机科学等学科的进步，红外光谱法迎来了新的发展。如配备多种测量附件适应不同测量对象的需要，甚至可以不破坏样品进行在线分析；同时，由于 FTIR 扫描速度快，灵敏度高，可与其他分析仪器联用，常见的联用技术包括气相色谱 - 傅里叶变换红外光谱联用（GC-FTIR）、高效液相色谱 - 傅里叶变换红外光谱联用（HPLC-FTIR）等。

见微知著

红外光谱法的发展过程中，你认为重要的突破有哪些？其中意大利物理学家梅罗里发现氯化钠对红外光没有吸收，在此之后 14 年，世界上第一台红外光谱仪诞生。请谈谈这一发现对红外分光光度计诞生的重要作用，以及你从中得到了哪些启发？

【知之愈明，则行之愈笃；行之愈笃，则知之益明。】

实践的观点是马克思主义认识论首要和基本的观点。马克思认为：实践决定认识。实践产生理论、检验理论和推动理论发展。实践既是理论创造的源泉，也是理论创新的动力。实践是认识的来源，实践是认识的动力，实践是认识的目的和归宿，实践是检验真理的唯一标准。实践会催生新的需要，实践的发展为人们提供日益完备的认识工具，会提高人们的智力水平和认知水平。新时代青年要准确认识和运用实践的观点。

2. 红外吸收光谱的表示

红外光区可分为近红外光区（0.76 ~ 2.5μm）、中红外光区（2.5 ~ 25μm）和远红外光区（25 ~ 1000μm）。当能级跃迁跨越不同的振动及转动能级时，因能级差较电子能级小，所需光子能量较紫外 - 可见光低，多吸收中红外区的光，故将产生的吸收光谱称为中红外吸收光谱，简称红外光谱（infrared radiation，IR）。双原子分子跃迁能级示意图如图 2-1 所示。

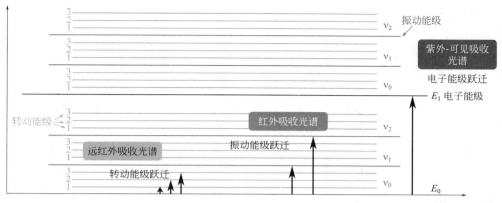

图2-1 双原子分子能级跃迁示意图

红外光能量的高低除用波长 λ 表示外，也可用波数 σ 描述，以 cm^{-1} 为单位，如式（2-1）所示。波长越短对应波数越大，红外光能量越高；反之，波长越长，对应波数越小，红外光能量越低。

$$\sigma(\text{cm}^{-1}) = \frac{1}{\lambda(\text{cm})} = \frac{10^4}{\lambda(\mu\text{m})} \qquad\qquad \text{式（2-1）}$$

以波数为横坐标、相应透光率（T）为纵坐标绘制红外吸收曲线，即红外光谱图。如图2-2所示，图中吸收峰通常是倒置的。通常以 2000cm^{-1} 为界，横坐标有两种比例，色谱峰也对应左疏右密。

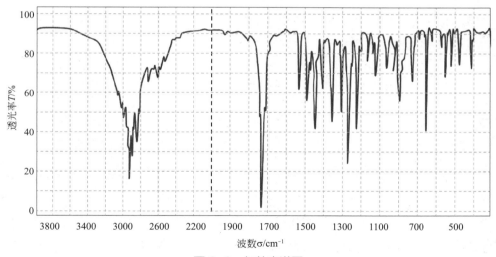

图2-2 红外光谱图

3. 红外光谱法的特点与应用

红外光谱法是鉴别物质和分析物质化学结构的有效手段，具有特征性强、测定速度快、样品用量少且可回收、操作简便、适用各种状态样品的优点，但也存在分析灵敏度较低、定量分析误差较大，不适用复杂样品等缺点。由于红外光谱的高度专一属性，是有机化合物定性鉴别的最常用方法之一。

习题测验

一、填空题

1. 以_____为横坐标、相应_____为纵坐标绘制红外吸收曲线，即红外光谱图。

2. 波长越_____对应波数越大，红外光能量越_____；反之，波长越_____对应波数越小，红外光能量越_____。

3. 红外光区可分为_____光区（0.76～2.5μm）、_____光区（2.5～25μm）和_____光区（25～1000μm）。

二、判断题

1. 红外光是波长介于无线电波与可见光之间的电磁波，波长在0.76μm到1000μm之间。（　　　）

2. 红外光能量较紫外-可见光能量低，当用红外光去照射样品时，辐射能量不足以引起分子电子能级的跃迁，但可以引起分子振动和转动能级由较低能级向较高能级跃迁，从而导致特定频率红外光被选择性吸收，形成红外吸收光谱。（　　　）

任务4.2　红外光谱法测定空气粉尘中游离二氧化硅

 任务导入

某乡村玻璃厂粉尘污染，严重影响了当地居民的身体健康，并对当地环境造成了一定的污染，现接到任务，需测定该厂区粉尘中二氧化硅的含量，如果你是该厂检测员小张，你要怎么做呢？

见微知著

含有游离二氧化硅的粉尘进入人的肺内后，在二氧化硅的毒作用下，引起肺巨噬细胞坏死、导致肺组织纤维化，形成胶原纤维结节，使肺组织弹性丧失，硬度增大，造成通气障碍，影响肺的呼吸活动，即人吸入游离二氧化硅的粉尘可引起硅肺。硅肺是尘肺中进展最快、危害最重的一种。粉尘中含有游离二氧化硅的量越高，对人体危害越大。请谈谈发展经济和绿色环保如何平衡？新时代下如何处理好乡村振兴与清洁生产的关系？

【竭泽而渔，岂不获得？而来年无鱼。】

普遍联系的观点是唯物辩证法基本原理之一。唯物辩证法认为：事物的联系具有普遍性，任何事物内部的各个部分、要素是相互联系的；任何事物都与周围的其他事物相互联系着，整个世界是一个相互联系的统一整体。新时代青年看待事物要坚持科学的方法论：坚持联系的观点，用普遍联系的观点看问题。在看待发展经济和绿色环保的相互关系中，不能违背事物普遍联系的观点，看不到事物之间的相互影响、相互制约的关系，只顾眼前利益，而忽视了事物前后相继发展过程的长远利益。

 实验方案

实验 7　红外光谱法测定空气粉尘中游离二氧化硅

1. 仪器与试剂

（1）实验仪器　红外分光光度计，压片机及磨具，电子天平，高温电炉，电热干燥箱。

（2）实验试剂

① 溴化钾　优级纯或光谱纯，过 200 目筛后，用湿式法研磨，于 150℃干燥后，储于干燥器中备用。

② 无水乙醇　分析纯。

③ 标准 α- 石英尘　纯度在 99 % 以上，粒度 < 5μm。

2. 实验步骤

（1）样品前处理及测定样品锭片制作　准确称量采样后滤膜上粉尘的质量（m），放在瓷坩埚内，置于低温灰化炉或电阻炉（低于 600℃）内灰化，冷却后，放入干燥器内待用。称取 250mg 溴化钾和灰化后的粉尘样品一起放入玛瑙钵中，研磨混匀后，连同压片模具一起放入干燥箱（110℃ ±5℃）中 10min。将干燥后的混合样品置于压片模具中，加压 25MPa，持续 3min，制备出的锭片作为测定样品。同时，取空白滤膜一张，同上处理，制成样品空白锭片。

（2）标准曲线系列的处理　精确称取不同质量（0.01 ～ 1.00 mg）的标准 α- 石英尘，分别加入 250mg 溴化钾，置于玛瑙钵中充分研磨均匀，连同压片模具一起放入干燥箱（110℃ ±5℃）中 10min。将干燥后的混合样品置于压片模具中，加压 25MPa，持续 3min，制成标准系列锭片。将标准系列锭片置于样品室光路中进行扫描，分别以 800cm^{-1}、780cm^{-1} 和 694cm^{-1} 三处的吸光度值为纵坐标，以石英质量为横坐标，绘制三条不同波长的 α- 石英标准曲线，并求出标准曲线的回归方程式。在无干扰的情况下，一般选用 800cm^{-1} 标准曲线进行定量分析。

（本实验演示视频中标准曲线系列锭片的质量如下：准确称取 10.00mg 标准 α- 石英尘与 990.00mg 溴化钾放入玛瑙钵中，加入一定量的无水酒精进行湿式研磨。充分研磨后进行烘干，配制成 10μg/mg α-SiO$_2$ 标准品混合样。准确称取不同质量 [0.0、11.83、27.72、50.70、75.41、100.85（mg）] 的 α-SiO$_2$ 标准品混合样混入研磨好的溴化钾，使其总质量达到 250mg，制成锭片进行检测，在 900 ～ 600cm^{-1} 波数进行扫描。）

（3）待测样品的处理　分别将样品锭片与样品空白锭片置于样品室光路中进行扫描，记录 800cm^{-1}（或 694cm^{-1}）处的吸光度值，重复扫描测定 3 次（每次锭片旋转 120°），测定样品的吸光度均值减去样品空白的吸光度均值后，由 α- 石英标准曲线得样品中游离二氧化硅的质量。

3. 计算含量

粉尘中游离二氧化硅的含量按下式进行计算。

$$w = \frac{m_1}{m_2} \times 100\%$$

式中　w ——粉尘中游离二氧化硅（α- 石英）的含量，%；

　　　m_1 ——测得的粉尘样品中游离二氧化硅（α- 石英）的质量，mg；

　　　m_2 ——粉尘样品质量，mg。

实验实施

1. 实验原理

α- 石英在红外光谱中于 12.5μm（800cm^{-1}）、12.8μm（780cm^{-1}）及 14.4μm（694cm^{-1}）处出现特异性强的吸收带，在一定范围内，其吸光度值与 α- 石英质量成线性关系。通过测量吸光度，根据吸光度与浓度的关系遵守朗伯 - 比尔定律进行定量测定。

实验原理

2. 实验过程

（1）样品前处理　根据实验方案进行样品前处理。

（2）制作标准和待测样品锭片　参照制作标准曲线系列锭片和待测样品锭片视频。

空气粉尘样品前处理

（3）上机测定，绘制标准曲线，测定待测样含量　在仪器的最佳工作条件下，以空白调零，测定其吸光度。依次测定空白、标准溶液、样品。下面以 TJ270 红外分光光谱仪为例。

① 开机

a. 检查红外主机与计算机包括地线在内的全部接线准确无误。样品室内未放置其他任何物品。

制作标准曲线锭片和待测样品锭片

b. 分别打开计算机、红外系统主机与控制开关，然后点击"开始\程序\TJ270"或双击桌面快捷方式，进行系统初始化并运行系统程序。

c. 仪器预热。对于普通测量（定性测量）开机后约 20min，等光源稳定后方可进行。对于定量分析，开机后约一个小时，待整机系统完全稳定后方可进行。

② 实验参数设置　参数设置界面，测量模式为"透过率"，扫描速度为"快"，狭缝宽度为"正常"，响应时间为"正常"，X 范围为"4000 ～ 400"，Y 范围为"0 ～ 100"，扫描方式为"连续"，次数为"1"。

仪器介绍

若不知被测样品的具体要求可选择通用测量模式的参数进行测量。

③ 标准曲线绘制　将制作好的标准系列锭片置于样品室光路中进行检测，在 900 ～ 600cm^{-1} 波数进行扫描。分别以 800cm^{-1}、780cm^{-1} 和 694cm^{-1} 三处的吸光度值为纵坐标，以石英质量为横坐标，绘制三条不同波长的 α- 石英标准曲线，并求出标准曲线的回归方程式。在无干扰的情况下，一般选用 800cm^{-1} 标准曲线进行定量分析。

标准曲线锭片和待测样品锭片的测定

④ 样品测定　与标准曲线系列相同的测定条件下，将制作好的样品锭片放入样品室中的样品池，点击"测量方式\扫描"，开始进行扫描。扫

描结束后，在右侧的信息栏中输入样品名称及操作者。点击"文件\保存"来保存图谱；点击"文件\打印"来打印图谱；点击"数据处理\读取数据"来进行列表读取或光标读取；点击"数据处理\峰值检出"来进行峰值检出。

⑤ 关机　测试结束后，把样品取出，盖好样品室盖。点击"文件\退出系统"退出红外操作系统。关闭系统时依次关闭红外主机、计算机及 CRT 的电源开关。盖好防尘罩，清洁台面，填写仪器使用记录。

⑥ 仪器维护保养

a. 仪器室要求环境的温度为 20℃ ±5℃和湿度为 65% 以下，无强震动源，无强电磁场干扰源，无腐蚀性气体。水平工作台至少应能承受 100kg 的压力，平稳牢固。室内应备有净化电源装置对仪器供电。

b. 仪器在出厂之前已调整到最佳工作状态，不可擅自加以调整，更不可拆卸其中的零件，尤其光学镜面为真空镀铝，极易碰伤，不可擦拭。

c. 仪器开关机顺序应严格按照操作规程进行，以免对仪器造成损坏。

d. 定期对仪器的性能指标进行检测，发现问题，请立即与制造方联系解决。

e. 长期不用仪器时，尤其要注意环境的温度（ 20℃ ±5℃）和湿度（65% 以下），每周开机 1h。

3. 数据处理，计算含量

计算含量

 实验报告

红外光谱法测定空气粉尘中游离二氧化硅报告单

姓名：_____　　实验时间：_____年___月___日　　组员：_____

1. 标准曲线系列锭片制作及标准曲线的绘制

（1）α-SiO$_2$ 标准品混合样配制方法：

α-SiO$_2$ 标准品混合样含量：_____

（2）标准系列锭片制作及标准曲线绘制

编号	称取 α-SiO$_2$ 标准品混合样质量 /mg	c/（μg/mg）	A
0			
1			
2			
3			
4			
5			
回归方程			
线性 R			

2. 待测样品锭片制作

待测样品锭片制作方法:

3. 样品含量的测定

平行测定次数	1	2
A		
查得待测样品 SiO_2 含量 /（μg/mg）		
称取的粉尘质量 /g		
待测样品 SiO_2 含量 /（μg/mg）		
空气粉尘中 SiO_2 含量 /%		
空气粉尘中 SiO_2 平均含量 /%		

结果计算:

① 计算标准系列锭片含量

② 计算待测样品 SiO_2 含量

③ 计算空气粉尘中 SiO_2 含量、相对极差

定量分析结果: 空气粉尘中 SiO_2 含量为＿＿＿＿＿＿＿＿＿。

任务评价

见表 2-1。

表 2-1 实验完成情况评价表

姓名:＿＿＿＿＿＿   完成时间:＿＿＿＿＿＿＿＿＿   总分:＿＿＿＿＿＿＿＿＿

第＿＿＿组   组员:＿＿＿＿＿＿＿＿＿＿＿＿＿＿＿＿＿＿＿＿＿＿＿＿＿＿

评价内容及配分	评分标准							扣分情况记录	得分
实验 结果 （45 分）	工作曲线: 1 挡 相关系数≥0.9999，不扣分 2 挡 0.9999＞相关系数≥0.999，扣 5 分 3 挡 0.999＞相关系数≥0.99，扣 10 分 4 挡 相关系数＜0.99，扣 22 分								
	相对平均偏差≤ /% 1.0 2.0 3.0 4.0 5.0 6.0 7.0 扣分标准 / 分 0 1 2 3 4 6 8								
	与准确浓度 相对偏差≤ /% 1.0 2.0 3.0 4.0 5.0 6.0 ＞6.0 扣分标准 / 分 0 2 4 8 10 12 15								

续表

评价内容及配分		评分标准				扣分情况记录	得分
过 程 操 作（25分）（注：操作分扣完为止，不进行倒扣）		1. 玻璃仪器未清洗干净，每件扣 2 分； 2. 损坏仪器，每件扣 5 分； 3. 制作锭片：重做一次，扣 5 分； 4. 仪器未预热：扣 5 分； 5. 测定操作不规范：扣 5 分； 6. 计算有错误：扣 5 分 / 处（出现第一次时扣，受其影响而错不扣）； 7. 数据中有效数字位数不对或修约错误：每处扣 1 分； 8. 其他犯规动作，每次扣 0.5 分，重复动作最多扣 2 分					
职业素养（20分）	原始记录（5 分）	原始记录不及时，扣 2 分；原始数据记在其他纸上，扣 5 分；非正规改错，扣 1 分 / 处；原始记录中空项，扣 2 分 / 处					
	安全与环保（10 分）	未穿实验服：扣 5 分； 台面、卷面不整洁：扣 5 分； 损坏仪器：每件扣 5 分； 不具备安全、环保意识：扣 5 分					
	6S 管理（5 分）	1. 考核结束，仪器清洗不洁：扣 5 分； 2. 考核结束，仪器堆放不整齐：扣 1～5 分； 3. 仪器不关：扣 5 分					
	否决项	涂改原始数据未经监考老师同意不可更改，在考核时不准进行讨论等作弊行为发生，否则作 0 分处理。不得补考					
考核时间（10 分）超 60min 停考	超过时间≤	0：00	0：10	0：20	0：30		
	扣分标准 / 分	0	3	6	10		

红外吸收光谱法基本原理

问题导学

1. 什么是分子振动频率？分子振动形式有哪几类，各类振动形式的基本概念是什么？

2. 分子的振动自由度与红外光谱中吸收峰的数目有关，那么，分子振动自由度是什么？怎么计算？

3. 红外吸收光谱产生的条件。

4. 红外吸收光谱由分子结构决定，其中红外光谱中峰位、基频峰、泛频峰的概念是什么？峰位（或峰频）的影响因素是什么？特征峰和相关峰、特征区和指纹区分别指什么？

知识讲解

分子中原子的运动方式有三种：平动、转动和振动。通过实验发现，分子产生红外活性，是由于分子间的振动产生了偶极矩的周期性变化。

1. 分子振动

（1）双原子分子振动频率　由虎克定律可知，双原子分子振动频率为：

$$v=\frac{1}{2\pi}\sqrt{\frac{k}{\mu}} \text{ 或 } \sigma=1303\sqrt{\frac{k}{\mu}} \qquad \text{式（2-2）}$$

式中，v 为振动频率，Hz；σ 为振动波数；k 为化学键力常数；μ 为原子折合质量，$\mu=\dfrac{m_1 m_2}{m_1+m_2}$，即两原子质量之积除以两原子质量之和。可见，化学键力常数越大，原子折合质量越小，双原子基团的振动频率或波数越高。

（2）振动类型　任何物质的分子都是由原子通过化学键联结起来而组成的，分子中的原子与化学键都处于不断的运动中。其中双原子分子只有伸缩振动；多原子分子（或基团）有伸缩振动和弯曲振动两种形式。

伸缩振动是指两个原子沿着化学键轴方向发生周期性的伸缩变化，用符号 v 表示。对于多原子分子（或基团）伸缩振动又可分为对称伸缩振动（符号 v_s）和不对称伸缩振动（符号 v_{as}）。弯曲振动又叫变形振动，是指分子或基团内各键长不变，键角发生周期性变化。若以基团所含原子所构成的平面作参照，它又分为面内弯曲振动和面外弯曲振动。以亚甲基（—CH_2—）为例说明相关振动形式，如图 2-3 所示。

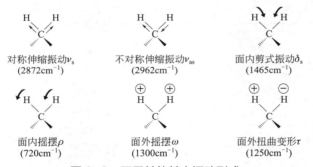

图 2-3　亚甲基的基本振动形式

（3）振动自由度　分子的振动自由度是指分子的基本振动数目。随着分子原子数目增加，振动形式也更为多样，产生的红外吸收峰也相应增多，研究分子的振动自由度有助于了解化合物红外光谱中吸收峰的数目。

当分子由 N 个原子组成时，分子有 $3N$ 个运动自由度，等于平动、转动和振动自由度的总和。分子作为一个整体有沿 x、y、z 坐标轴 3 个方向的平动自由度，非线型分子可以绕三个坐标轴转动，而线型分子绕自身键轴转动没有能量变化。可得：

分子的振动自由度=运动自由度（$3N$）−平动自由度−转动自由度　式（2-3）

即一个非线型分子具有（$3N-6$）个振动自由度，线型分子具有（$3N-5$）个振动自由度。一般而言，分子的振动自由度越大，产生的红外吸收峰越多。

2. 红外吸收光谱产生的条件

当红外光照射到分子时，分子吸收红外辐射发生振动能级跃迁，所吸收的红外光能量（E_L）等于相应振动能级的能量差（ΔE_v）。

$$\Delta E_v = E_L = h\nu_L \qquad\qquad 式（2-4）$$

$$\Delta E_v = E_{激发态} - E_{基态} = (V_{激发态} - V_{基态})h\nu_{振动} = \Delta V h\nu_{振动} \qquad 式（2-5）$$

$$\Delta V \nu_{振动} = \nu_L \qquad\qquad 式（2-6）$$

可知，红外光频率（ν_L）是分子基团振动频率（$\nu_{振动}$）的整数倍。这是产生红外吸收光谱的第一个条件。

根据振动自由度理论，线型分子二氧化碳的振动自由度为 4，至少有四种基本振动形式，但对应产生的红外吸收峰只观察到 2 个。分析原因发现：一是发生了简并，即 CO_2 分子面内弯曲振动和面外弯曲振动的振动频率相同，吸收同样频率的红外光，故只能看到一个吸收峰；二是发生了红外非活动振动，即对称伸缩振动过程中两氧原子面向或背向碳原子移动，偶极矩变化为零，不产生红外吸收。也得出产生红外吸收光谱的第二个条件：振动过程中偶极矩不为零，即发生红外活性振动。

3. 红外吸收光谱与分子结构的关系

（1）峰位与峰强　由虎克定律可知，基团振动频率主要跟化学键力常数及原子折合质量有关，而振动频率决定了所吸收红外光能量或波数的大小，即在红外图谱上的峰位。如表 2-2 所示，红外光谱主要区段产生的吸收对应了一些常见基团的振动形式。但即便是同一基团，在不同分子中产生的红外吸收峰位也略有变化，说明基团振动频率还受分子或基团内部相邻基团的诱导效应、共轭效应、原子杂化类型、氢键、空间效应以及外部溶剂、温度等因素的影响。

表 2-2　红外光谱的主要区段

波数区间 /cm^{-1}	振动类型
$3750 \sim 3000$	ν_{O-H}、ν_{N-H}
$3300 \sim 3000$	$\nu_{=C-H} > \nu_{\equiv C-H} \approx \nu_{Ar-H}$（不饱和碳氢键伸缩振动）
$3000 \sim 2700$	ν_{C-H}（饱和碳氢键伸缩振动）
$2400 \sim 2100$	$\nu_{C\equiv C}$、$\nu_{C\equiv N}$
$1900 \sim 1650$	$\nu_{C=O}$（酰氯、酯、醛、酮、羧酸等碳氧双键伸缩振动）
$1675 \sim 1500$	$\nu_{C=C}$、$\nu_{C=N}$
$1475 \sim 1300$	β_{O-H}、β_{C-H}（面内弯曲振动）
$1300 \sim 1000$	ν_{C-O}（醇、酚、醚、羧酸碳氧键伸缩振动）
$1000 \sim 650$	$\gamma_{=C-H}$（面外弯曲振动）

由朗伯-比尔定律可知，吸光系数越大，物质吸光能力越强。红外活性振动过程中偶极矩变化越大，能级跃迁越容易发生，吸光系数越大，在同一条件下产生的峰强越大。红

外光谱图中吸收峰的高低可以反映不同吸收峰的相对强弱。

分子（或基团）吸收红外光后，由基态振动能级（$V=0$）跃迁至第一振动激发态（$V=1$）时，所产生的吸收峰称为基频峰，强度较强，是红外光谱中最主要的一类吸收峰；吸收整数倍振动频率的红外光，由基态振动能级跃迁至第 n 振动激发态（$V > 1$）时，所产生的吸收峰称为倍频峰。倍频峰、合频峰及差频峰统称为泛频峰，一般较弱，不容易辨认。

（2）特征峰和相关峰　特征峰是指能用来鉴别某一官能团存在的吸收峰，如羰基峰经常出现在 $1900 \sim 1650 \text{cm}^{-1}$。相关峰是指由某一个官能团产生的一组相互依存的峰，如前述亚甲基的基本振动形式所产生的一系列吸收峰。

（3）特征区和指纹区　习惯上将 $4000 \sim 1250 \text{cm}^{-1}$ 高频区范围称为特征频率区，简称特征区。该区吸收峰较稀疏、易辨认；将 $1250 \sim 400 \text{cm}^{-1}$ 低频区范围称为指纹区，此区吸收峰较为密集，类似人的指纹。指纹区出现的主要是各类含碳不含氢单键伸缩振动以及各种基团弯曲振动产生的吸收峰，由于这些单键化学键力常数相差不大，原子质量又相似，故吸收峰出现的位置也相近，而各种弯曲振动的能级差别也较小。

见微知著

指纹，从生理上来讲，能够增加我们手指和其他东西之间的摩擦力，便于手掌抓牢物体。在现代的日常生活中，因为每个人的指纹都是独一无二的，所以公安机关可以通过犯罪现场的指纹来破案。企业可以通过指纹识别来提供安全产品。家庭可以通过指纹锁来保护财产安全。分子（或基团）吸收红外光后，产生的特征区红外光谱，也类似人的指纹，具有唯一对应性。可见，一花一木哪怕一个分子也有自己独特的区别于他人的品质。请结合身边所见，讲述一个平凡人却做出了不平凡事情的故事。

【万物无相异！】

矛盾的观点是唯物辩证法的实质和核心。唯物辩证法认为，矛盾是一分为二的，矛盾具有特殊性原理。矛盾的特殊性是指矛盾着的事物及其每一个侧面各有其特点。矛盾的特殊性表现在，不同事物的矛盾具有不同的特点，同一事物的矛盾在不同发展阶段各有不同的特点，矛盾的双方各有其特点。矛盾的特殊性是事物千差万别的内在原因。新时代青年看待事物要坚持科学的方法论：分析矛盾的特殊性就是坚持具体问题具体分析。一方面，分析矛盾的特殊性是正确认识事物的基础。另一方面，分析矛盾的特殊性是正确解决矛盾的关键。不同的矛盾只能用不同的方法解决，具体问题具体分析是马克思主义活的灵魂。

 习题测验

一、填空题

1. 对于同一个化学键而言，C—H 键，弯曲振动比伸缩振动的力常数_____，所以前者的振动频率比后者_____。

2. 在振动过程中，键或基团的_____不发生变化，就不吸收红外光。

3. 在中红外区（$4000 \sim 650cm^{-1}$）中，人们经常把 $4000 \sim 1350cm^{-1}$ 区域称为_____，而把 $1350 \sim 650cm^{-1}$ 区域称为_____。

二、单选题

1. 下面五种气体，不吸收红外光的是（ ）。

A. H_2O　　　　　B. CO_2　　　　　C. HCl　　　　　D. N_2

2. 下面给出五个化学键的力常数，如按简单双原子分子计算，则在红外光谱中波数最大者是（ ）。

A. 乙烷中 $C \!-\! H$ 键，$k=5.1×10^5 dyn/cm$

B. 乙炔中 $C \!-\! H$ 键，$k=5.9×10^5 dyn/cm$

C. 乙烷中 $C \!-\! C$ 键，$k=4.5×10^5 dyn/cm$

D. $CH_3C \equiv N$ 中 $C \equiv N$ 键，$k=17.5×10^5 dyn/cm$

E. 蚁醛中 $C \!=\! O$ 键，$k=12.3×10^5 dyn/cm$

3. $CH_3 \!-\! CH_3$ 的哪种振动形式是非红外活性的（ ）。

A. v_{C-C}　　　　B. v_{C-H}　　　　C. δ_{asC-H}　　　　D. δ_{sC-H}

4. Cl_2 分子在红外光谱图上基频吸收峰的数目为（ ）。

A. 0　　　　　　B. 1　　　　　　C. 2　　　　　　D. 3

5. 红外吸收光谱的产生是由（ ）。

A. 分子外层电子、振动、转动能级的跃迁

B. 原子外层电子、振动、转动能级的跃迁

C. 分子振动 - 转动能级的跃迁

D. 分子外层电子的能级跃迁

三、多选题

1. 红外光谱是（ ）。

A. 分子光谱　　　　B. 原子光谱　　　　C. 吸光光谱

D. 电子光谱　　　　E. 振动光谱

2. 当用红外光激发分子振动能级跃迁时，化学键越强，则（ ）。

A. 吸收光子的能量越大　　　　　　B. 吸收光子的波长越长

C. 吸收光子的频率越大　　　　　　D. 吸收光子的数目越多

E. 吸收光子的波数越大

3. 在下面各种振动模式中，不产生红外吸收的是（ ）。

A. 乙炔分子中— $C \equiv C$ —对称伸缩振动

B. 乙醚分子中 $O \!-\! C \!-\! O$ 不对称伸缩振动

C. CO_2 分子中 $C \!-\! O \!-\! C$ 对称伸缩振动

D. H_2O 分子中 $H \overset{O}{\diagup \diagdown} H$ 对称 伸缩振动

E. HCl 分子中 $H \!-\! Cl$ 键伸缩振动

4. 预测以下各个键的振动频率所落的区域，正确的是（　　　）。

A. O—H 伸缩振动波数在 $4000 \sim 2500 \text{cm}^{-1}$

B. C—O 伸缩振动波数在 $2500 \sim 1500 \text{cm}^{-1}$

C. N—H 弯曲振动波数在 $4000 \sim 2500 \text{cm}^{-1}$

D. C—N 伸缩振动波数在 $1500 \sim 1000 \text{cm}^{-1}$

E. C≡N 伸缩振动波数在 $1500 \sim 1000 \text{cm}^{-1}$

四、简答题

1. 分子的每一个振动自由度是否都能产生一个红外吸收？为什么？

2. 如何用红外光谱区别下列各对化合物？

（1）p—CH_3—Ph—COOH 和 Ph—$COOCH_3$

（2）苯酚和环己醇

红外光谱仪及其应用

问题导学

1. 红外光谱仪的组成部件及其分类。色散型红外光谱仪及傅里叶红外光谱仪的工作原理。

2. 红外光谱法中气、液、固态样品制备技术分别是怎样的？

知识讲解

1. 红外光谱仪

目前红外光谱仪主要有色散型红外光谱仪和傅里叶变换红外光谱仪（FTIR）。主要组成部件如表 2-3 所示。

表 2-3　红外光谱仪组成部件

主要部件	色散型红外光谱仪	傅里叶变换红外光谱仪
光源	能斯特灯或硅碳棒	
吸收池	用可透过红外光的 NaCl、KBr、CsI 等材料制成透光窗片，固体试样可与纯 KBr 直接压片（因玻璃、石英等材料对红外光有吸收）	
单色器	衍射光栅	迈克尔逊干涉仪
检测器	真空热电偶或热释电型氘化硫酸三甘肽（DTGS）	DTGS 和碲镉汞检测器（MCT，需在液氮温度下工作）
记录系统	计算机和数据处理工作站	

色散型红外光谱仪工作原理：光源发出的连续红外光均匀地分为两束，分别通过样品池和参比池。两束光经过斩光器调制后进入单色器，再交替照射到检测器。当样品有选择地吸收一定波长的红外光后，两束光强度产生差别，在检测器上产生与光强度差成正比的信号，通过机械装置推动参比池旁边的光楔，使参比光束减弱，直至与样品光束强度相等，与光楔联动的记录笔同步描绘样品的吸收情况，即得红外光谱图。色散型红外光谱仪工作原理如图2-4所示。

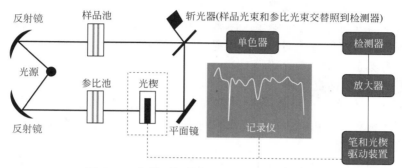

图2-4　色散型红外光谱仪工作原理示意图

傅里叶变换红外光谱仪工作原理：由光源发出的红外光，通过干涉仪产生干涉光，透过样品后，经检测器得到带有样品选择性吸收信息的干涉光谱图。用计算机进行快速的傅里叶余弦函数变换，解析出样品的红外光谱图。干涉光的产生如图2-5所示。

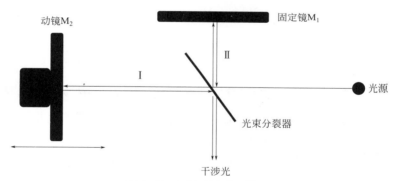

图2-5　干涉光产生示意图

2. 红外光谱法的应用

（1）红外光谱法样品制备技术

① 气态样品制备技术　气体样品一般选择气体吸收池。通常先把气体吸收池抽空，然后充入适当压力（约50mmHg）的样品测定。对于沸点较低的样品也可用注射器注入，待完全气化后测定。

② 液态样品制备技术　液体样品可根据其物理状态选取不同的制备方法，常用的有液体池法、涂片法、液膜法。液体池法适用于液体样品和有合适溶剂的固体样品，常用的溶剂有四氯化碳、三氯甲烷、环己烷等；对于挥发性小、沸点高、黏度大的液体样品可以采用涂片法，即取少量样品直接均匀涂抹在溴化钾空白片上；对于沸点高、黏度低的液体样品，可以采用液膜法，即将液体滴于两块溴化钾盐片之间，依靠毛细作用形成液膜，再

置于样品架上。

③ 固态样品制备技术　对于固态样品，最常用的制样方法为溴化钾压片法。红外灯下，将 1～2mg 样品在玛瑙研钵中磨细后加 100～200mg 已干燥磨细的光谱纯溴化钾粉末，再充分混合并研磨均匀。将研磨好的混合物均匀地放入模具中，在红外压片机上用 20～30MPa 左右的压力制成透明薄片。除了溴化钾压片法，固态样品制备还有糊法和膜法。前者适用于无适当溶剂又不能成膜的固体样品，可取样品约 5mg，置玛瑙研钵中，粉碎研细后，滴加少量液状石蜡或其他适宜的糊剂，研成类似牙膏的均匀糊状物，取适量夹于两个窗片或空白溴化钾片之间测定。后者可用适当的溶剂溶解样品，并铺展于适宜的盐片上，待溶剂挥发后，形成一均匀薄膜测定；若为高分子聚合物，则可先制成适宜厚度的高分子薄膜进行测定，如聚乙烯薄膜。

（2）红外光谱法定性定量分析

① 定性分析　作为有机物鉴别的主要方法之一，红外光谱法有专属性强的独特优势。对于纯度高的分析对象，可直接进行测定；对于混合物应进行适当预处理，除去可能影响样品红外光谱的部分。

结果判定一般采用标准图谱对比法，在与标准图谱一致的测定条件下测定样品的红外光谱图，与标准图谱比较，判断两图谱是否完全一致。少数采用对照品比较法，即将被鉴别的有机物与其对照品在相同的条件下都绘制红外光谱图，比较图谱是否完全一致。

测定环境及样品本身应保持干燥，不含水分，以免干扰样品中羟基峰的观测和影响官能团的鉴别。样品的浓度或测试厚度应选择适当，以使光谱中大多数吸收峰的透光率处于 10%～80%。

见微知著

从对样品本身、样品浓度以及样品测试厚度的规定，足见分析检测工作需要规范、精心、细心、用心和耐心的特性！请谈谈你准备如何练就自己这些方面的工作品质？

【太强必折，太张必缺！】

质量互变规律是马克思唯物辩证法中的三大规律之一。唯物辩证法认为，事物发展的过程，经由量变和质变两种状态。任何事物都是质和量的统一体，量变质变是互相渗透的，量变部分包含着质变，质变中有量的扩张。事物的发展是从量变开始的，量变达到一定程度，超出一定的数量界限，就引起质变。质变是原来量变的终结，又是新的量变的开端：在新质的基础上，又进行着新的量变。这样，量变和质变相互转化，相互交替，就构成了事物无限多样、永恒发展的过程。新时代青年要掌握质量互变规律的方法论，在认识和处理问题时要把握适度原则，处理实际问题必须要讲究分寸、把握火候，心中有数，掌握事物的客观进程。

② 定量分析　红外光谱法用于定量分析所依据的原理是朗伯 - 比尔定律。定量分析前，首先绘制红外光谱图，然后在光谱图上选择合适的分析峰。为减小误差，分析峰的选择应遵循避免干扰、峰形尖锐、背景平坦、强度中等等原则。

红外光谱定量分析中所采用的测定方法与紫外 - 可见分光光度法类似，主要有对照品比较法和标准曲线法。

 习题测验

一、填空题

1. 固态样品的制备，最常用的制样方法为_____。

2. 傅里叶变换红外光谱仪由光源发出的红外光，通过干涉仪产生_____，透过样品后，经检测器得到带有样品选择性吸收信息的干涉光谱图。

二、单选题

1. 一种能作为色散型红外光谱仪色散元件的材料是（　　）。

A. 玻璃　　　　　　B. 石英　　　　　　C. 卤化物晶体　　　　D. 有机玻璃

2. 红外光谱法，试样状态可以是（　　）。

A. 气体状态　　　　B. 固体、液体状态

C. 固体状态　　　　D. 气体、液体、固体状态都可以

3. 色散型红外分光光度计检测器多为（　　）。

A. 电子倍增器　　　B. 光电倍增管

C. 高真空热电偶　　D. 无线电线圈

模块三

原子发射光谱法

知识目标

√掌握原子发射光谱法的基本概念，了解其发展历程、特点及应用；

√理解原子发射光谱法的基本原理，熟悉原子发射光谱仪的类型及其特点；

√掌握电感耦合等离子体发射光谱仪的工作原理、基本结构及功能；

√掌握原子发射光谱的常用定量分析方法，以及各分析方法的特点与应用。

能力目标

√能熟练进行样品溶液制备、标准溶液配制；

√能操作常用发射光谱仪及其应用软件，进行定性和定量分析；

√能操作常用发射光谱仪进行方法建立、标准曲线绘制、样品测定，并正确计算物质的含量；

√能根据测定对象选择定量分析方法，并正确进行从样品前处理到样品溶液的测定整个流程，出具规范的实验报告单；

√能维护保养常用发射光谱仪；

√具有一定的信息迁移能力，能根据不同型号的常用发射光谱仪说明书达到对仪器的认知、操作。

√坚守"安全绿色、数据精准、诚信求实"的科学检测观，养成精益求精、团结协作的工作作风，具备工匠精神、劳动精神以及良好的职业道德和职业素养；

√树立学生的可持续发展理念，为解决行业基础原材料瓶颈问题勇挑重担，养成"时不我待"以及"功成可以不必在我"荣辱观，引导学生树立正确价值观和合理职业观；

√树立学生的专业认同感和使命感，为行业的结构优化和创新发展担当，为"三高四新"战略努力，为工业强国奋斗。

√树立创新意识，树立新时代"创新、协调、绿色、开放、共享"的新发展理念。

任务5　原子发射光谱法测定有色金属矿石中各成分含量

任务分解

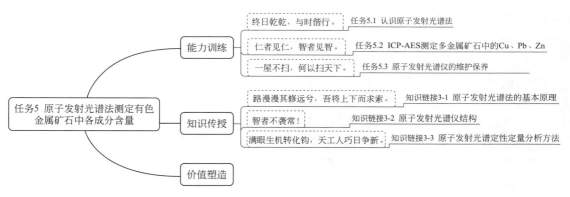

任务 5.1　认识原子发射光谱法

问题导学

1. 基本概念：什么是原子发射光谱法？
2. 原子发射光谱法的发展历程。
3. 原子发射光谱法的分类。
4. 原子发射光谱法的优点及局限性。

知识讲解

原子发射光谱法（atomic emission spectrometry，AES），是利用原子或离子在一定条件下受激而发射的特征光谱来研究物质化学组成的分析方法。如图 3-1 所示。

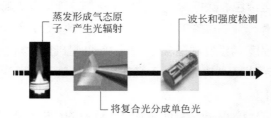

图 3-1　原子发射光谱分析过程示意图

根据激发机理不同，原子发射光谱有 3 种类型：

① 原子的核外电子受热能和电能激发而发射的光谱，称为原子发射光谱；

② 原子的核外电子受到光能激发而发射的光谱，称为原子荧光；

③ 原子内层电子受到 X 射线光子或其他微观粒子撞击而出现空穴，较外层的电子跃迁到空穴，同时产生荧光（次级 X 射线），称为 X 射线荧光。

通常所称的原子发射光谱法是指以电弧、电火花或电火焰（如电感耦合等离子体等）为激发光源来得到原子光谱的分析方法。以化学火焰为激发光源而得到的原子发射光谱，称为火焰光度法。

1. 光谱的早期探究

人们对光谱的研究起源于 17 世纪，1666 年英国著名的物理学家牛顿（Newton）第一次进行了光的散射实验，他在暗室中引入一束太阳光，让它射到三棱镜上，在三棱镜另一侧的白纸屏上形成了一条像彩虹一样的光带，而且这条光带的颜色从上到下是按红、橙、黄、绿、青蓝、紫顺序排列，这个实验就是光谱的起源。

光谱自从被发现后就引起了人们极大的兴趣，1762 年，德国化学家马格拉夫（A、S、Marggraf）首次观察到钠盐或钾盐能使酒精灯火焰染成黄色或紫色的现象，并提出可据此鉴定和区别二者。1825 年，英国科学家塔波尔（Tupper）通过自己制造的仪器观测经待研究物质浸泡过的灯芯燃烧后的焰色光谱，观察到钾盐能够发射一条特征红线，而钠盐则发射黄线，他成为第一个将特征谱线和物质联系起来研究的人，之后他又用这一分析方法将锂和锶区别开来，从此，发射光谱分析的设想逐步被提出来了。1859 年，德国学者基尔霍夫（G.R. Kirchhoff）和化学家本生（R.W. Bunsen）为了研究金属的光谱自己设计和制造了第一台用于光谱分析的分光镜，并利用分光镜研究金属和盐溶液在火焰、电火花中加热时产生的特征光辐射（如图 3-2 所示），并发现了铷、铯两种元素，从而建立了光谱分析的初步基础。

2. 原子发射光谱仪的发展

在发现原子发射光谱以后的许多年中，其发展很缓慢，主要是因为当时对有关物质痕量分析技术的要求并不迫切。1859 ～ 1860 年，基尔霍夫和本生发表的《光谱观察在化学分析中的应用》奠定了原子发射光谱定性分析基础。20 世纪 20 年代，德国物理学家格

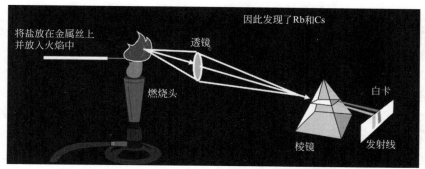

图 3-2　Kirchhoff 和 Bunsen 的焰色实验示意图

拉赫（Gerlach）为了解决光源不稳定性问题，提出了内标法，为光谱定量分析提供了可行性。到了 20 世纪 30 年代，罗马金（Lomakin）和赛伯（Schiebe）分别独立提出了谱线强度（I）与分析物浓度（c）之间的经验式——赛伯·罗马金公式，从而建立了发射光谱定量分析方法。20 世纪 60 年代，电感耦合等离子体发射光谱仪的出现使原子发射光谱不但具有多元素同时分析的能力，也适用于液体试样的分析，大大推动了发射光谱分析的发展。到了 20 世纪 70 年代以后，随着电荷耦合器件等检测器件的出现，先进的电子技术以及电子计算机的发展及广泛使用，使原子发射光谱法的易用性、多元素同时分析能力、检出限、检测范围大大提高，为原子发射光谱分析技术注入新的活力，原子发射光谱法已成为现代分析技术中不可或缺、应用最广泛的分析技术之一。

见微知著

结合原子发射光谱仪的发展历程，请讨论原子发射光谱法发展过程中的重要突破点有哪些？谈谈你最关注最感兴趣的突破点故事，以及新时代下如何理解与践行"创新、协调、绿色、开放、共享"的新发展理念。

【终日乾乾，与时偕行。】

坚持创新驱动发展，全面塑造发展新优势。抓创新就是抓发展，谋创新就是谋未来。创新是引领发展的第一动力。只有敢于创新，勇于变革，才能突破发展的瓶颈。通过案例引导新时代青年树立新时代"创新、协调、绿色、开放、共享"的新发展理念。

3. 原子发射光谱法的分类

根据仪器设备激发光源的不同，原子发射光谱法可分为以下几种方法：

（1）摄谱法　采用直流电弧或交流电弧作为激发光源，传统的摄谱法采用 1m 或 2m 光栅分光，感光板照相记录，将所拍摄的谱片在映谱仪和测微光度计上进行定性定量分析。其优点是样品不需分解成溶液，可直接对固体试样进行分析。一般用于定性分析、半定量分析或湿法分解难以解决的 Ag、Mo、Sn 等元素的定量分析。

（2）火花放电原子发射光谱法　采用高压火花为激发光源，该方法只需将固体样品表面打磨平整，就能进行快速测定，主要用于 Fe、Al、Cu、Ni、Co、Mg、Ti、Zn、Pb 等多种金属及其合金样品分析。

（3）等离子体发射光谱法　采用等离子体作为激发光源，由于等离子体光源的激发温度高、稳定性好，具有检出限低、准确度高、分析线性范围宽、多元素同时分析等优点，较广泛地应用于金属材料、矿石、土壤、水、化工原料、食品、药品等几乎所有材料的常量、微量分析，等离子体发射光谱法分析前通常需要先将待测试样处理成样品溶液。

（4）火焰光度法　采用火焰为激发光源，由于火焰的温度较低，只能激发碱金属、碱土金属等激发能较低、谱线简单的元素，通常较多地用于钾、钠、钙等元素的测定，火焰光度法分析前也需要先将待测试样处理成样品溶液。

4. 原子发射光谱法的优点

（1）多元素同时检出能力　可同时检测一个样品中的多种元素。一个样品一经激发，样品中各元素都各自发射出其特征谱线，可以进行分别检测而同时测定多种元素。

（2）分析速度快　试样多数不需经过化学处理或前处理操作较为简便（等离子体发射光谱法试样前处理通常采用无机酸分解试样，过程简单），且固体、液体试样均可直接分析，同时还可多元素同时测定，采用光电直读的原子发射光谱仪，可在几分钟内同时做几十个元素的定量测定。

（3）选择性好　由于光谱的特征性强，所以对于一些化学性质极相似的元素的分析具有特别重要的意义。如铌和钽、锆和铪以及十几种稀土元素的分析用其他方法分析都很困难，而对原子发射光谱法来说是毫无困难。随着光栅技术和检测元器件分辨率的不断进步，使得原子发射光谱分析成为元素定性定量分析的最好的方法之一，可分析元素达70余种。

（4）灵敏度高　发射光谱法的检出限一般可达 $0.1 \sim 1\mu g/g$，采用激发温度高和稳定性好的等离子体光源，检出限可低至 ng/g 级。

（5）准确度高　测量结果的相对标准偏差一般为 $5\% \sim 10\%$，采用等离子体光源后可低于 1%。

（6）检测线性范围宽　发射光谱测量元素的浓度范围可达 $4 \sim 6$ 个数量级（$10^{-2} \sim 10^{-8}$），可同时测定高、中、低含量的不同元素。

（7）样品消耗少　利用几毫克至几十毫克的试样便可完成光谱全分析，适于整批样品的多组分测定。

5. 原子发射光谱法的局限性

① 谱线干扰　在摄谱法分析中，影响谱线强度的因素较多，尤其是试样基体的影响较为显著，所以尽可能采用组分与分析试样相匹配的参比试样或标准物质。火焰光度法、等离子体发射光谱法由于要将试样处理成溶液后再进行测量，因此受基体效应的影响要小一些，但是在对较低浓度的元素测定时，容易受到附近较高含量元素光谱的干扰。对这种情况，可采用分离浓缩的办法予以解决。

② 只能进行元素的定性和定量分析　原子发射光谱是原子核外电子在原子内能级之间跃迁产生的线状光谱，反映的是原子及其离子的性质，与原子或离子来源的分子状态无关，因此，原子发射光谱法一般只能用来确定物质的元素组成和含量，不能给出物质分子的有关信息，也无法进行元素的价态、形态、物质的空间结构和官能团分析。

③ 部分非金属元素的测定存在困难　一些常见的非金属元素如 O、N、卤素等的谱线

在远紫外区，难以得到灵敏的光谱线，目前一般的发射光谱仪尚无法检测。但对于非金属元素 S、B、P、Si、As，发射光谱仪的测定效果都较好。

④ 试样中待测元素的含量（浓度）较大时，准确度较差。

任务 5.2　ICP-AES 测定多金属矿石中的 Cu、Pb 和 Zn

 任务导入

某有色金属矿送来一批多金属矿石（图 3-3），需检测矿石中 Cu、Pb 和 Zn 等元素的含量。如果你是该单位检测人员，该如何做呢？

图 3-3　多金属矿石样品

见微知著

多金属矿石是重要的国民经济原材料。原材料的质量水平，决定工业产品的质量。测定多金属矿石中各元素含量，为企业提供精确的含量信息，以指导企业应用不同规格的原材料生产出高质量产品，意义重大！请查阅资料，分享一个你感兴趣的材料，因其成分含量的规格不同，导致产品性能不同，从而用途不同的案例。

【仁者见仁，智者见智。】

不同的人从不同角度去认识事物，不同规格的原材料有不同的用途。对于人生轨迹，每个人都是不同的，每个人找到自己合适的位置，才能发挥最大的价值。新时代青年要学会发挥自己的优势，作出正确选择，为行业发展和国家发展贡献自己的价值。

 实验方案

实验 8　电感耦合等离子体发射光谱法测定多金属矿石中的 Cu、Pb 和 Zn

1. 仪器与试剂

（1）实验仪器　电感耦合等离子体发射光谱仪：应配备耐高盐、耐氢氟酸雾化器和相应的雾化室，本实验采用的仪器为 Perkin Elmer 公司的 Optima 5300DV 型电感耦合等离子体发射光谱仪。

电子分析天平：精度 ±0.0001g。

控温电热板：精度 ±1℃。

聚四氟乙烯坩埚：规格 50mL。

容量瓶：规格 50mL。

氩气：纯度 ≥ 99.99%。

（2）实验试剂　硝酸（HNO_3）：c=1.54g/mL，分析纯；盐酸（HCl）：c=1.19g/mL，分析纯；氢氟酸（HF）：c=1.15g/mL，分析纯；高氯酸（$HClO_4$）：c=1.76g/mL，分析纯；盐酸溶液（1+1），将盐酸和去离子水按照 1：1 的体积比混合。

5% 盐酸溶液：φ（HCl）=5%，将盐酸和去离子水按照 5：95 的体积比混合。

标准储备溶液：c（Cu、Pb、Zn）=1000 mg/L，可直接购买含有待测元素的有证标准物质，也可采用基准物质自行配制。

试验用水为去离子水，电阻率 ≥ 18MΩ·cm。

2. 实验步骤

（1）样品前处理　准确称取 0.1000g 试样（精确至 0.0001g，试样粒度 ≤ 0.074mm），置于 50mL 聚四氟乙烯坩埚中，用少许去离子水润湿，分别加入 3mL 盐酸、2mL 硝酸，加盖后将聚四氟乙烯坩埚转移到控温电热板上，110℃加热分解 1h 后取下聚四氟乙烯坩埚，取下坩埚盖，稍冷却后，加入 3mL 氢氟酸、1mL 高氯酸，再将聚四氟乙烯坩埚转移到控温电热板上，升温至 130℃继续加热分解 1h。然后，升高电热板温度赶酸，直至高氯酸白烟冒尽，取下聚四氟乙烯坩埚，趁热加入 5mL 盐酸溶液（1+1）溶解盐类，待冷却至室温后，将聚四氟乙烯坩埚中的溶液转移到 50 mL 容量瓶中，用去离子水定容，摇匀，待测。

随同试料进行空白试验，所有试剂应取自同一试剂瓶。

（2）标准曲线制作　将含有 Cu、Pb、Zn 的混合标准储备溶液（若标准储备溶液为单元素，可先混合配制成 Cu、Pb、Zn 混合标准储备溶液），逐级稀释配制成具有合理质量浓度梯度的标准工作溶液，见表 3-1，在仪器最佳工作参数条件下，测定溶液中待测元素的发射强度，绘制 Cu、Pb、Zn 的校准曲线。

表 3-1　Cu、Pb、Zn 标准曲线浓度

元素	质量浓度 /（mg/L）					
Cu	0.0	5.0	10.0	20.0	40.0	80.0
Pb	0.0	5.0	10.0	20.0	40.0	80.0
Zn	0.0	5.0	10.0	20.0	40.0	80.0

（3）样品测定　将预处理好的样品溶液及空白溶液，在仪器最佳工作参数条件下，按照仪器操作说明进行测定。

根据校准曲线计算出多金属矿石中 Cu、Pb、Zn 含量。

3. 结果计算

由仪器分析软件对被测元素进行基体干扰校正后，按下式计算各元素含量：

$$w = \frac{cV}{m \times 10^6} \times D \times 100\%$$

式中　w——试样中各组分（Cu、Pb、Zn）的含量，单位为 %；

　　　c——试样溶液中各组分的测定浓度，单位为 mg/L；

　　　V——试样定容体积，单位为 mL；

　　　m——称样量，单位为 g；

　　　D——稀释因子。

 实验实施

1. 方法原理

试样经盐酸、硝酸、氢氟酸和高氯酸分解，用盐酸溶液提取，定容到规定体积，用电感耦合等离子体发射光谱仪测量溶液中待测元素的强度，根据标准溶液制作的校准曲线计算出样品中该元素的含量。

2. 实验过程

2.1 样品前处理

根据实验方案进行样品前处理。

2.2 标准曲线绘制

根据实验方案绘制标准曲线。参照 Cu、Pb 和 Zn 标准曲线的绘制视频。

2.3 上机操作及仪器维护保养方法

（1）仪器结构部件介绍　电感耦合等离子体发射光谱仪（ICP-AES）主要由等离子体光源、进样系统、光学系统、数据处理系统等部分组成。见图 3-4。

等离子体光源：等离子光源一般由高频发生器、石英炬管组成，当有高频电流通过线圈时，产生轴向磁场，这时若用高频点火装置产生火

试剂配制

样品前处理

配制标准曲线溶液

ICP-AES仪器
组成及工作原理

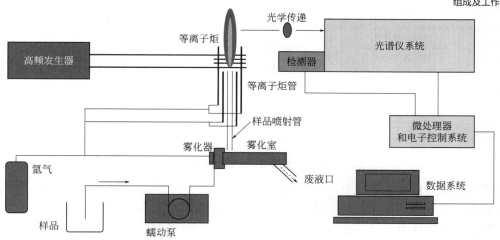

图 3-4　ICP-AES 系统组成

117

花，形成的载流子（离子与电子）在电磁场作用下，与原子碰撞并使之电离，形成更多的载流子，当载流子多到足以使气体有足够的电导率时，在垂直于磁场方向的截面上就会感生出环形的涡电流，强大的电流产生高热又将气体加热，瞬间使气体形成最高温度可达10000K的稳定的等离子炬。感应线圈将能量耦合给等离子体，并维持等离子炬。当载气载带试样气溶胶通过等离子体时，被后者加热至6000～7000K，并被原子化和激发产生发射光谱。

进样系统：进样系统一般是由蠕动泵、雾化器、雾化室、样品喷射管组成，样品经处理制成溶液后，经蠕动泵提取溶液，由雾化器变成气溶胶后由底部导入雾化室内，经轴心的样品喷射管喷入等离子体炬内。电感耦合等离子体发射光谱仪的进样系统一般具有耐酸、耐碱、耐高盐的特点。

光学系统：样品气溶胶进入等离子体焰时，绝大部分立即分解成激发态的原子、离子状态，当这些激发态的粒子回到稳定的基态时要放出一定的能量（表现为一定波长的光谱），发射出的连续光谱经光栅等色散元件分光后，得到一系列不同波长的单色光，再由检测器利用光电效应将不同波长的光辐射转化成光电流信号。

数据处理系统：将测得的每种元素特有的谱线和强度，与标准曲线相比，就可以计算得到样品中所含元素的种类和含量。数据处理系统一般由接口电路、电子计算机、专用仪器操作软件组成。

（2）仪器开机

① 依次打开冷却循环水机、空气压缩机和氩气总阀，将氩气分压表调到0.8～1MPa之间，约10min后，打开光谱仪主机电源，打开电脑，双击仪器操作软件图标，操作软件与仪器主机联机成功后仪器开始预热。

仪器开机

② 仪器预热完成后，上好蠕动泵上的进样管和废液管，打开通风系统，点燃等离子体。

③ 观察等离子体炬是否正常，等离子体点燃并稳定15min后，再进行样品测试操作。

（3）条件设置　仪器工作条件由于仪器生产厂家、使用环境的不同而略有差异，表3-2中仪器工作条件以美国Perkin Elmer公司Optima 5300DV型电感耦合等离子体发射光谱仪为例。

表3-2　ICP-AES最佳工作条件

工作条件	参数设置
功率 /W	1300
频率 /MHz	40.68
冷却气流量 /（L/min）	15.0
雾化气流量 /（L/min）	0.67
辅助气流量 /（L/min）	0.2
进样量 /（mL/min）	1.5
积分时间 /s	2～10

待测元素分析谱线的选择，一般选择光谱干扰少、发射强度大的谱线作为分析谱线。电感耦合等离子体发射光谱仪一般提供轴向和径向2种观测方式，轴向观测方式光谱发射强度高，适合试样中待测元素含量较低时测定；径向观测方式信噪比高，适合高含量元素的测定。Cu、Pb、Zn的分析谱线及观测方式见表3-3。

表 3-3　Cu、Pb、Zn 的分析谱线及观测方式

元素	波长 /nm	观测方式
Cu	324.752	径向
Pb	220.353	径向
Zn	213.857	径向

（4）方法建立　在软件主界面点击方法进入方法模板，在方法模块点击创建方法进行方法建立，点击"方法"按钮，进入新建方法界面，点击右上角"确定"，进入方法编辑界面。

分析方法的建立

点击"元素周期表"，进行待测元素选择，双击元素符号即可选择该元素的最强谱线，如果需要选择元素的其他波长，请先单击该元素，之后从"波长"中选择其他波长。元素选定后关闭"元素周期表"。点击"方法编辑器"上面的"设置"，进入设置页面。在"设置"页面中，延迟时间一般设定为 5s，重复次数一般设定为 1～3 次，在这里设定为 2 次。其余的参数使用仪器默认即可。点击"取样器"，进入取样器设定页面。在"取样器"页面中，光源稳定延迟设定为 1s，等离子体状况设定为"随元素而变"，雾化器气体流量在这里设定为 0.67L/min。如果没有特殊的要求，可以完全使用默认的参数。点击"校准"进入校准页面，点击"校准单位和浓度"分别输入校准标样 1～5 的浓度并且选择校准单位，在这里实验选择的单位是"mg/L"。

点击文件—保存—方法，输入方法名称，点击"确定"，即完成方法建立。

（5）标准曲线绘制　分析方法建好保存后，开始进行标准曲线的绘制。根据仪器分析软件的提示依次测量标准工作溶液，分析完成后软件会显示所测元素的校准曲线。一般来说，校准曲线中的点应不少于 5 个（包括标准空白），校正系数不低于 0.999 就可使用。

标准曲线溶液和待测样液的测定

（6）样品测定　标准曲线绘制完成后，先分析样品空白，再依次输入试样信息并进行测量，试样测定结果是已经减去空白后的值。

（7）关机　测试结束后，将进样管放入 2% 硝酸溶液中清洗约 5min，再放入去离子水中继续清洗约 5min，然后取出进样管，排净进样系统中的液体，熄灭等离子体，松开进样管和废液管上的卡套，关闭排风系统，退出仪器操作软件、关闭电脑，依次关闭仪器主机、氩气总阀、冷却水循环机、空气压缩机，倒掉废液罐中的废液。

仪器关机

（8）仪器维护保养

① 根据样品及雾化系统状态，及时清洗雾化器、雾室、炬管。一般用 8%～10% 的稀硝酸浸泡 12h，然后用去离子水清洗干净，干燥后装上。

② 根据泵管状态，如测量高含量的样品、泵管长期使用后污染、变形或弹性变差，及时更换进样泵管，废液泵管可根据使用频率定期更换。

③ 根据环境条件及使用频率，定期对空气压缩机及油水分离器进行排水。

④ 定期更换循环冷却水机中的冷却液。

仪器日常维护保养

3. 数据处理，计算含量

计算含量

原子发射光谱法的基本原理

问题导学

1. 原子发射光谱是如何产生的？原子发射光谱产生的条件。
2. 原子发射光谱的理论基础。
3. 基本术语：激发电位和原子线、电离电位和离子线、共振线和主共振线、最后线。
4. 谱线强度的概念及影响谱线强度的因素有哪些？
5. 谱线自吸与自蚀现象及其影响。

知识讲解

1. 原子发射光谱的产生

各种元素原子的核外电子，都按一定的规律分布在电子轨道上，即分布在具有一定能量的电子能级上。在一般情况下，大多数原子处在最低的能级状态，电子在能量最低的轨道能级上运动，这种状态称之为基态。基态原子在激发光源（即外界能量）的作用下，获得足够的能量，外层电子跃迁到较高能级状态的激发态，这种过程叫激发。处于激发态的原子是很不稳定的，在极短的时间内（$10^{-10} \sim 10^{-8}$s）外层电子便跃迁回基态或其他较低的能态而释放出多余的能量。释放能量的方式可以是通过与其他离子的碰撞，进行能量的传递，即无辐射跃迁，也可以以一定波长的电磁波形式辐射出去，即原子发射。如图 3-5 所示。

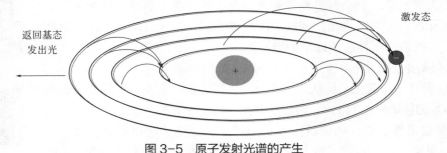

图 3-5　原子发射光谱的产生

2. 原子发射光谱产生的条件

① 受激原子才可能发射出特征的原子线状光谱。

② 必须使原子被激发。

原子的外层电子在受激发后，从基态跃迁到高能级，再由高能级向低能级跃迁，在这个过程中，能量以电磁辐射的形式发射出去，这样就得到了发射光谱。原子发射光谱时产生的线状光谱，其波长取决于跃迁前后两能级的能量差，见图3-6。

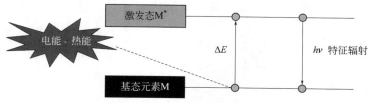

图 3-6　原子发射能级跃迁图

3. 原子发射光谱的理论基础

由于原子核外电子的能级是量子化的（如图3-7所示），当原子的外层电子由较高的能级 E_2 返回到较低的能级 E_1 时，原子以光辐射的形式释放出多余的能量，所发射的光的能量等于跃迁前后两个能级的能量差 ΔE，它决定了辐射光的频率 ν 或波长 λ，即：

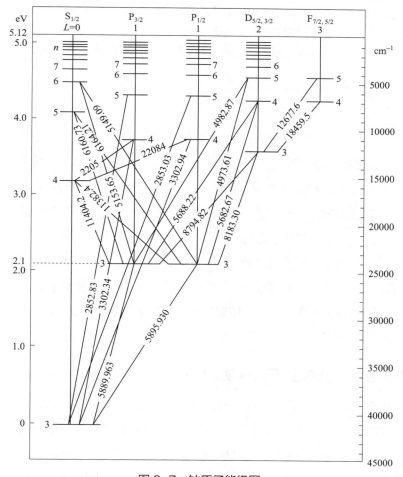

图 3-7　钠原子能级图

$$\because \Delta E = E_2 - E_1 = h\nu = h\frac{c}{\lambda}$$

$$\therefore \lambda = \frac{hc}{\Delta E} \qquad\qquad\qquad 式（3-1）$$

式中　　E_2、E_1——原子外层电子高能级、低能级的能量，通常以电子伏（eV）为单位，$1\text{eV}=1.6\times10^{-19}\text{J}$；

　　　　ν——辐射光的频率，单位通常为 Hz；

　　　　λ——辐射光的波长，单位通常为 nm；

　　　　c——光速 $2.997\times10^{10}\text{cm/s}$；

　　　　h——普朗克常数 $6.6260\times10^{-34}\text{J}\cdot\text{s}$。

从式（3-1）可以看出：

① 每一条所发射的谱线都是原子在不同能级间跃迁的结果，都可以用两个能级的能量之差来表示。不同元素的原子，由于原子结构不同，发生跃迁时两个能级的能量差 ΔE 不同，发射谱线的波长也不相同，故谱线波长 λ 是定性分析的基础。

② 原子的各个能级分布是不连续的（量子化的），电子的跃迁也是不连续的，跃迁时能量差 ΔE 不是连续的，这就是原子光谱是线状光谱的根本原因。

③ 由于原子的能级很多，原子在被激发后，其外层电子可有不同的跃迁，但跃迁要遵循"光谱选律"，不是任何能级之间都能发生跃迁。因此，特定的原子可产生一系列不同的波长的特征谱线，这些谱线按一定的顺序排列，并保持一定的强度比例。

见微知著

19 世纪末出现了关于电子和辐射的一系列研究，科学家们建立了不同的原子结构模型。1913 年，波尔根据量子理论提出了氢原子的结构模型，他认为，原子能量如果要发生改变，只能在不同能级间以跃迁的方式进行。电子会按照特定轨道围绕原子核运动。当电子跃迁到低能级轨道时，就会激发出光子。波尔的理论解释了为什么原子只有在特定波长照射下才能发射光子，并因此获得诺贝尔奖。著有《中国科学技术史》的李约瑟曾问：为什么近代自然科学只能起源于西欧，而不是中国或其他文明？他提出："为什么古代中国人发明了指南针、火药、造纸术和印刷术，工业革命却没有发端于中国？而哥伦布、麦哲伦正是依靠指南针发现了新世界，用火药打开了中国的大门，用造纸术和印刷术传播了欧洲文明！"李约瑟之问，其实，相似于"钱学森之问"。

【路漫漫其修远兮，吾将上下而求索。】

要解答"钱学森之问"，需要人人参与社会的创新和发展，家庭、学校、社会、青年自身，每个环节都不可或缺。要塑造人人参与的态势，需要各方面的综合协调努力。大学改革要为学生创造独立思考、勇于创新的环境。学科建设要以创新为内涵和支撑，树立以人为本、兼收并蓄、服务为先的理念。全社会要形成尊重人才、爱惜人才，支持科学家进行好奇心驱动下的情有独钟的研究，以寻求新发现；鼓励探索，宽容失败；弘扬科学精神，提倡学术争鸣，广开言路，保护不同意见；构建创新环境和营造创新文化。

4. 基本术语

（1）激发电位和原子线　使原子由低能级激发到高能级所需要的能量叫激发电位，也叫激发能，常以电子伏特（eV）为单位，激发电位等于两个能级之间的能量差。原子外层电子被激发到高能级后跃迁回到基态或较低能级，发生能级跃迁所发射的谱线叫原子线，在谱线图表中以"Ⅰ"表示。原子的能级跃迁如图3-8所示。

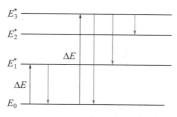

图 3-8　原子的能级跃迁图

（2）电离电位和离子线　如果给予原子足够大的能量，则可使原子发生电离。原子失去一个电子为一级电离，失去两个电子为二级电离，依此类推。原子外层电子电离所需的最低能量称作该元素的电离电位，也叫电离能，以电子伏特（eV）为单位表示。离子也可以被激发，其外层电子跃迁也发射出谱线，这种谱线称为离子线。一次电离的离子发射出的谱线，称为一级离子线，用"Ⅱ"表示。二次电离的离子发射出的谱线，称为二级离子线，用"Ⅲ"表示。离子的能级跃迁和原子相似，原子线、离子线都是元素的特征光谱——统称为原子光谱。

（3）共振线和主共振线　在所有原子谱线中，凡是由各个激发态回到基态所发射的谱线，叫做共振线，如图3-9所示。而从最低能级激发态（第一激发态）跃迁回基态所发射的谱线，称为第一共振线，也叫主共振线，如图3-9所示。主共振线的激发电位最小，因此最容易被激发，一般是该元素最强的谱线。

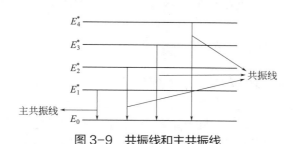

图 3-9　共振线和主共振线

（4）最后线　当待测元素含量逐渐减小时，谱线数目亦相应减少，当元素含量减小到最低限度时，出现的最后一条谱线称为最后线。最后线和主共振线一般是该元素的最灵敏线，也是最常用的分析线。

5. 谱线强度及影响因素

在原子发射光谱分析中，谱线的波长用于定性分析，来确定待测元素的种类，而谱线强度则用于定量分析，可以确定待测元素的含量。

（1）谱线强度表示式　谱线强度是原子由激发态 i 向基态或较低能级 j 跃迁发射谱线的强度，即单位时间内从光源辐射出某波长光能的多少，谱线强度是原子发射光谱定量分析的依据。

设原子外层外电子在 i、j 两能级间跃迁，所产生的谱线强度 I_{ij} 可以用下面的公式表示：

$$I_{ij}=N_iA_{ij}h\nu_{ij} \qquad 式（3-2）$$

式中　N_i——处于较高激发态原子的密度；

$\quad\quad A_{ij}$——i、j 两能级间的跃迁概率；

$\quad\quad h$——普朗克常数（6.6260×10^{-34}J·s）；

$\quad\quad \nu_{ij}$——发射谱线的频率。

在温度一定，处于热力学平衡状态时，单位体积的基态原子数 N_0 与激发态原子数 N_i 之间遵守波尔兹曼（Boltzmann）分布定律。根据热力学观点以及波尔兹曼分布方程，处于较高激发态的原子密度由下式表示：

$$N_i=N_0\frac{g_i}{g_0}e^{-\frac{E_i}{kT}} \qquad 式（3-3）$$

式中　N_i,N_0——分别为激发态 i 和基态的原子密度；

$\quad\quad g_i,g_0$——分别为激发态 i 和基态的统计权重；

$\quad\quad E_i$——激发能；

$\quad\quad T$——温度；

$\quad\quad k$——波尔兹曼常数（1.38×10^{-23}J/K）。

将波尔兹曼方程式代入谱线强度公式中，得到：

$$I_{ij}=\frac{g_i}{g_0}A_{ij}h\nu_{ij}N_0e^{-\frac{E_i}{kT}} \qquad 式（3-4）$$

式（3-4）为谱线强度公式，原子线离子线都适用，从式中可以看出，I_{ij} 正比于基态原子 N_0，而基态原子 N_0 是由元素的浓度 c 决定的。元素浓度（即物质含量）愈高，原子数愈多，则谱线强度愈强，也就是说谱线强度 I_{ij} 与元素的浓度 c 成正相关，这就是发射光谱定量分析的理论依据。

（2）影响谱线强度的因素　从谱线强度公式可以看出，谱线强度还受以下几个因素的影响：

① 激发电位 E_i　每条谱线都对应一个激发电位，反映谱线出现所需的能量，谱线强度与原子（或离子）的激发电位是负指数关系。当 N_0、T 一定时，激发电位 E_i 越低，越易激发，N_i 越多，谱线强度 I_{ij} 越大。因此，每一元素的主共振线的激发电位最小，强度最强。

② 温度 T　温度与谱线强度的关系较为复杂。温度既影响原子的激发过程，又影响原子的电离过程。温度升高，谱线强度增大。但温度升高，电离的原子数目也会增多，而相应的原子数减少，致使原子谱线强度减弱，离子的谱线强度增大。如图3-10所示。

③ 跃迁概率 A_{ij}　跃迁是原子的外层电子吸收能量后从基态（低能级）跳跃到激发态（高能级），以及从高能级跳跃到低能级发射光子的过程。

跃迁概率是指两能级间的跃迁在所有可能发生的跃迁中的概率。

④ 基态原子 N_0　谱线强度 I_{ij} 与基态原子密度 N_0 成正比，在一定条件下，即激发电

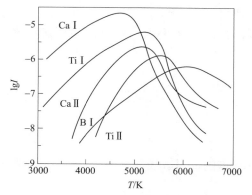

图 3-10　谱线强度和温度的关系

位、激发温度一定时，N_0 与试样中元素含量 c 成正比。所以，谱线强度 I_{ij} 也与被测定元素含量 c 成正比，谱线强度 I_{ij} 与元素含量 c 的关系可以用下式表示：

$$I_{ij}=ac \qquad\qquad 式（3-5）$$

式中，a 为与谱线性质、实验条件有关的常数。

⑤ 统计权重 g　谱线强度与激发态和基态的统计权重之比成正比。

6. 谱线的自吸与自蚀

在发射光谱中，谱线的辐射是从弧焰中心辐射出来的，它将穿过整个弧层，然后向四周空间发射（图 3-11）。弧焰具有一定的厚度，其中心部位温度高，边缘处温度较低。其中心区域激发态原子较多，边缘处基态和较低能级的原子较多。因而中心区域激发态原子发射的具有特定波长的电磁辐射在通过边缘区域时，可能会被边缘区域的同种元素的基态或较低能级的原子吸收，而使谱线强度减弱，这种现象称为自吸。

当发生自吸现象时，式（3-5）应修订为：

$$I_{ij}=ac^b \qquad\qquad 式（3-6）$$

式中，b 是由自吸现象决定的常数，$b<1$，有自吸，b 愈小，自吸愈大。在元素浓度较低时，自吸现象可以忽略，b 接近于 1。

自吸现象对谱线中心处的强度影响较大。当元素的含量较低时，谱线不呈现自吸现象；当含量增大时，谱线产生自吸现象，使谱线强度减弱，弧层越厚，弧焰中被测元素的原子浓度越大，则自吸现象越严重。当元素含量大到一定程度时，自吸严重，谱线中心强度都被吸收了，谱线从中央一分为二，好像两条谱线，这种现象称为谱线的自蚀，如图 3-12

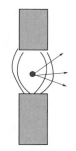

图 3-11　原子发射谱线辐射示意图

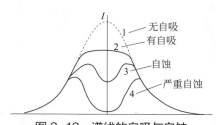

图 3-12　谱线的自吸与自蚀

所示。基态原子对共振线的自吸最为严重，并常产生自蚀。不同光源类型，弧焰的温度均匀性不同，自吸情况不同。在定量分析中，自吸现象的出现，将严重影响谱线的强度，限制可分析的含量范围。

习题测验

一、填空题

1. 第一共振线是发射光谱的最灵敏线，它是由_____跃迁至_____时产生的辐射。

2. 原子在高温下被激发而发射某一波长的辐射，但周围温度较低的同种原子（包括低能级原子或基态原子）会吸收这一波长的辐射，这种现象称为_____。

3. 在原子发射光谱分析中，_____用于定性分析，_____用于定量分析。

二、选择题

1. 原子发射光谱是由下列哪种跃迁产生的？（　　　）
A. 辐射能使气态原子外层电子激发　　　　　B. 辐射能使气态原子内层电子激发
C. 电热能使气态原子外层电子激发　　　　　D. 电热能使气态原子内层电子激发

2. 电子能级差越小，跃迁时发射光子的（　　　）。
A. 能量越大　　　　B. 波长越长　　　　C. 波数越大　　　　D. 频率越高

3. 原子发射光谱分析中自吸产生的原因是（　　　）。
A. 原子间的碰撞　　　B. 光散射　　　　C. 原子的热运动　　　D. 同种元素的吸收

4. 原子发射光谱属于（　　　）。
A. 线光谱　　　　B. 带光谱　　　　C. 转动光谱　　　　D. 振动光谱

三、简答题

1. 解释下列名词：原子线、离子线、共振线、最后线。
2. 什么是原子吸收线和原子发射线？

四、计算题

Cu 327.396nm 和 Na 589.592nm 均为主共振线，分别计算其激发电位（eV）。
已知 h=6.62×10^{-34}J·s，1 eV=1.602×10^{-19}J/mol。

原子发射光谱仪结构

问题导学

1. 原子发射光谱仪主要组成部件有哪些？原子发射光谱仪有哪些类型？

2. 原子发射光谱仪组成部分及作用。

知识讲解

1. 原子发射光谱仪的类别与基本构造

原子发射光谱仪一般由激发光源、分光系统和检测器三部分组成。原子发射光谱仪主要以激发光源的种类来划分，根据激发光源的不同，常用的原子发射光谱仪有：摄谱仪、火花放电原子发射光谱仪、火焰光度计、等离子体发射光谱仪。

常见的各类原子发射光谱仪的基本构造见表 3-4。

表 3-4　常见原子发射光谱仪的基本构造

类别	光源 （试样蒸发、原子化、激发）	分光系统 （将发射的特征谱线分开）	检测系统 （把谱线检测记录下来）
摄谱仪	电弧、火花	棱镜、光栅	感光板或 电感耦合器件
火花放电 原子发射光谱仪	高压火花	棱镜、光栅	光电倍增管或 电荷耦合器件
火焰光度计	火焰	滤光片棱镜、光栅	光电倍增管
等离子体发射光 谱仪	等离子体	光栅	电荷耦合器件

2. 原子发射光谱仪组成部件及作用

2.1 光源

光源提供能量，使试样蒸发、解离、原子化、激发，光源对发射光谱分析的检出限、精密度和准确度都有很大的影响。

对光源的要求：

① 必须具有足够温度为试样的蒸发、原子化和激发提供能量；

② 灵敏度高、稳定性好、光谱背景小；

③ 结构简单、操作方便、使用安全。

目前常用的激发光源有火焰、电弧、电火花、电感耦合等离子体等。分析过程中，应根据试样的性质（如挥发性、电离电位等）、试样的性状（如块状、粉末、溶液等）、含量高低以及不同类型光源的蒸发温度、激发温度和放电的稳定性等选择适当的光源。几种常见光源的性质和应用见表3-5。

表3-5 原子发射常用光源性质比较

光源	蒸发温度	激发温度	稳定性	应用范围
直流电弧	800～4000K	4000～7000K	较差	定性、半定量分析，矿物，纯物质，难挥发元素
交流电弧	1000～2000K	4000～7000K	较好	金属合金低含量元素
高压火花	<1000K	约10000K	好	高含量元素，易挥发，难激发元素
火焰	2000～3000K	2000～3000K	很好	溶液，适用于碱金属及碱土金属
等离子体	6000～8000K	6000～8000K	很好	溶液，难激发元素，大多数元素

根据激发光源的性质，常用的光源可分为火焰光源、电光源、等离子体光源3种。

2.1.1 火焰光源

火焰光源是发射光谱分析中最早采用的激发光源，它是原子发射光谱法测定的最简形式，与其他发射光谱法比较，根本的不同在于火焰光源是化学燃烧产生的火焰。与其他激发光源相比，火焰光源设备简单、稳定性高、光谱简单。

在火焰光度法中，燃气与助燃气分别是低级炔烃（如乙炔）或液化气和空气，火焰燃烧能提供的温度比较低，一般在1800℃左右，只有激发能较低的碱金属、碱土金属才可以产生有用的光谱，因此这一类型的仪器主要用于钾、钠、锂、钙等碱金属和碱土金属的测定。

2.1.2 电光源

在电光源中，放电是在有气体的两个电极之间发生，电极之间是空气（或其他气体，如氩气）。由于在常压下，空气几乎没有电子或离子，不能导电，所以要借助外界的力量，才能使气体产生离子变成导体。使空气电离的方法有：紫外线照射、电子轰击、电子或离子对中性原子碰撞以及金属灼热时发射电子等。

当气体电离后，还需在电极间加以足够的电压才能维持放电。通常，当电极间的电压增大，电流也随之增大，当电极间的电压增大到某一定值时，电流突然增大到差不多只受外电路中电阻的限制，即电极间的电阻突然变得很小，这种现象称为击穿。在电极间的气体被击穿后，即使没有外界电离作用，放电仍然持续，这种放电称为自持放电。光谱分析用的电光源（电弧和电火花），都属于自持放电类型。自持放电发生后，为了维持放电所必需的电压，称为燃烧电压。燃烧电压总是小于击穿电压，并和放电电流有关。

使电极间击穿而发生自持放电的最小电压称为击穿电压。要使空气中通过电流，必须要有很高的电压，在标准大气压下，若使1mm的间隙发生放电，必须具有3000V的电压。如果电极间采用低压（220V）供电，为了使电极间持续地放电，必须采用其他方法使电极间的气体电离。通常使用一个小功率的高频振荡放电器使气体电离，称为引燃。

常用的电光源有直流电弧、交流电弧、电火花。

（1）直流电弧 直流电弧发生器的基本电路图如图3-13所示，它的电压为150～380V、电流为5～30A，包括一个铁芯自感线圈L和一个可变电阻R（称为镇流电阻）。镇流电阻用来稳定和调节电流的大小，自感线圈用来减小电流的波动。G为放电间隙（分析间隙）。

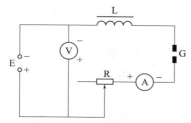

图 3-13　直流电弧发生器基本电路

　　利用这种光源激发时，分析间隙一般以两个耐熔性好、导电性好、光谱简单的石墨或碳电极作为阴阳电极。将试样装在加工有小孔或细颈杯形下电极的凹孔内。由于直流电不能击穿两电极，故应先行点弧，为此可使分析间隙 G 处的两电极接触通电。此时电极尖端烧热，点燃电弧，随后使两电极相距 4 ~ 6mm，就形成了电弧光源。此时，从炽热的阴极端发射出的热电子流，高速穿过分析间隙而飞向阳极，当冲击阳极时，产生高热，这时阳极温度达 3800K，阴极温度 3000K。试样在电极表面蒸发成蒸气，蒸发的原子因与电子碰撞，电离成正离子，并冲击阴极又使阴极发射电子，该过程连续不断地进行，使电弧不灭。

　　在电弧产生过程中，电子、原子、离子在分析间隙互相碰撞，发生能量交换，引起试样原子激发，发射出一定波长的光谱线。这种光源的弧焰温度与电极和试样的性质有关，激发时弧焰温度（激发温度）约为 4000 ~ 7000K，可使 70 种以上的元素激发，而所产生的谱线主要是原子谱线。其主要优点是电极头温度比较高，蒸发能力强，分析的灵敏度较高，适宜于进行定性、半定量分析及低含量元素的测定。缺点是弧焰游移不定、再现性差，自吸现象严重，所以这种光源不宜用于高含量定量分析及低熔点元素的分析。

　　（2）交流电弧　交流电弧又分为高压交流电弧和低压交流电弧。高压交流电弧工作电压达 2000 ~ 4000V，可以利用高压直接引弧，由于装置复杂，操作危险，因此实际上已很少采用。低压交流电弧应用较多，工作电压一般为 110 ~ 220V，设备简单，操作安全。其电弧发生器由高频引弧电路（Ⅰ）和低压电弧电路（Ⅱ）组成，见图 3-14。

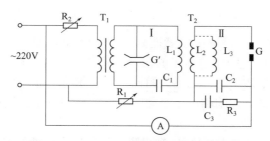

图 3-14　低压交流电弧发生器基本电路

　　220V 的交流电通过变压器 T_1 使电压升至 3000V 左右向电容器 C_1 充电，充电速度由 R_2 调节。当 C_1 的充电能量随交流电压每半周升至放电盘 G' 击穿电压时，放电盘击穿，此时 C_1 通过电感 L_1 向 G' 放电，在 L_1C_1 回路中产生高频振荡电流，振荡的速度由放电盘的距离和充电速度来控制，每半周只振荡一次。高频振荡电流经高频变压器 T_2 耦合到低压电弧回路（Ⅱ），并升压至 10kV，通过电容器 C_2 使分析间隙 G 的空气电离，形成导电通道。低压电流沿着已造成电离的空气通道，通过 G 引燃电弧。当电压降至低于维持电弧放电所需的电压时，弧焰熄灭。此时，第二个半周又开始，该高频电流在每半周使电弧重新点燃，维持弧焰不熄。

为了保证在小电流下弧焰稳定，可用电容器 C_3、电阻 R_3 与 C_2 并联。电感 L_3 与 L_2 并联，可防止因过热而烧坏 L_2。低压交流电弧光源的电极温度较低，这是由交流电弧的间歇性引起的。

交流电弧是介于直流电弧和电火花之间的一种光源，其优点是与直流电弧相比，交流电弧的电极头温度稍低一些，但激发头温度较之高，且由于有控制放电装置，故电弧较稳定。这种光源常用于光谱定性、定量分析，主要缺点是灵敏度较低。

（3）电火花　电极间不连续的气体放电叫火花放电，火花放电形成火花光源。高压火花发生器的电路如图 3-15 所示。电源电压经变压器 T 升压至 10～25kV 的高压，然后通过扼流线圈向电容器 C 充电。当电容器 C 两端的充电电压达到分析间隙 G 的击穿电压时，就通过电感 L 向分析间隙 G 放电，产生具有振荡特性的火花放电。放电完了以后，又重新充电、放电，反复进行。

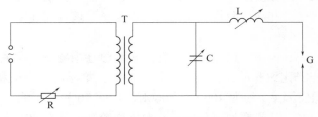

图 3-15　高压火花发生器电路

高压火花光源的特点是放电的稳定性好，电弧放电的瞬间温度可高达 10000K 以上，适用于定量分析及难激发元素的测定。但由于电火花是以间隙方式进行工作的，每次放电后的间隙时间较长，所以电极头温度较低，因而试样的蒸发能力较差，较适合分析低熔点的试样。缺点是灵敏度较差，背景大，不宜做痕量元素分析。另外，由于电火花的弧焰半径较小，若试样不均匀，产生的光谱不能全面代表被分析的试样，故仅适用于金属、合金等组成均匀的试样。

2.1.3 等离子体光源

等离子体（plasma）一词是美国学者朗缪尔（Langmuir）在 1929 年首次提出的，等离子体是离子、电子和未电离的中性离子的集合，整体上呈现中性的物质状态；它是固态、液态和气态之外的一种物质状态，也称为第四种物质状态，即一种高度电离了的、整体呈中性的气体。从广义上讲，太阳和恒星表面的电离层、闪电、火焰和电弧的高温部分、火花放电等都可产生等离子体。

等离子体一般指电离度大于 0.1% 的被电离了的气体，这种气体不仅含有中性原子和分子，而且含有大量的电子和离子，因而是电的良导体。因其中电子和正离子数目基本相等，从整体上来看是电中性的，故称等离子体。最常用的等离子体光源有直流等离子体（DCP）、电感耦合等离子体（ICP）、容耦微波等离子体（CMP）和微波诱导等离子体（MIP）等。电感耦合等离子体光源是目前应用最多的等离子体光源，也是本书介绍的重点。

电感耦合等离子体（inductive coupled frequency plasma，ICP）是指高频电流通过电感耦合到离子体所得到的外观上类似火焰的高频放电光源。这种光源工作温度高，又是在惰性气体条件下，几乎任何元素都不能再呈化合物状态存在，原子化条件良好，谱线强度大，背景小，同时光源稳定，分析结果再现性好，准确度高，自 20 世纪 60 年代问世以来获得迅速发展，是目前原子发射光谱法中应用较为广泛的一种新型光源。

（1）ICP 的工作原理及结构　ICP 形成的原理同高频加热的原理相似。将石英玻璃炬管置于高频感应线圈中，感应线圈与高频发生器连接，等离子体工作气体（通常为氩气）持续从炬管内通过。开始时，在感应线圈上施加高频电流，在炬管的内外形成高频交变磁场。这时，由于氩气在常温下不导电，需要用点火器产生电火花触发少量气体电离，产生的带电粒子（电子和离子）在高频磁场的作用下高速运动，碰撞气体原子，使之迅速、大量电离，形成"雪崩"式放电。当电离了的气体足够多时，在磁场的作用下产生环形涡电流，这股高频感应电流产生的高温又将气体加热、电离，并在炬管口形成一个火炬状的、稳定的等离子体焰炬。

通常电感耦合等离子体是由高频发生器、石英炬管和雾化器三部分组成。其结构示意图见图 3-16。

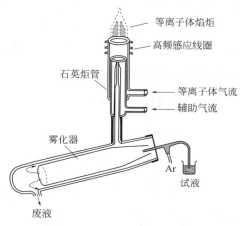

图 3-16　ICP 的结构示意图

① 高频发生器　高频发生器的作用是产生高频磁场，通过高频加热效应供给工作气体能量，它的频率一般为 30 ～ 40 MHz，最大输出功率 2 ～ 4 kW。

② 炬管　炬管由一个三层同心石英管组成。外层管内沿切线方向导入氩气（冷却气），它主要起冷却作用，将等离子体与石英管壁隔离，防止石英管被高温熔化。中间管中通入的氩气（辅助气）的主要作用是"点燃"和辅助等离子体的形成，并抬高等离子体焰炬以保护内层管口。内管中引入的氩气（载气，也叫雾化气）的主要作用是与雾化器生成的雾化试样形成气溶胶，并携带进入等离子体。

③ 雾化器　雾化器的作用是将液体试样雾化，并使其与载气充分混合形成试样气溶胶，再将试样气溶胶引入等离子体中。

（2）ICP 的特点　根据等离子体焰炬的产生原理，其具有以下特点：

① ICP 焰炬外形像火焰，但不是化学燃烧火焰，而是气体放电。

② 由 ICP 的形成过程可知，ICP 是涡流态的，且在高频发生器频率足够高时，等离子体因趋肤效应而形成环状。所谓趋肤效应是指高频电流密度在导体截面呈不均匀的分布，电流不是集中在导体内部，而是集中在导体表层的现象。此时等离子体外层电流密度最大，中心轴线最小，与此相应，表层温度较高，中心轴线处温度最低，形成一个环

形加热区，而内部则是一个温度相对较低的中央通道，使气溶胶能顺利地进入等离子体内而不影响等离子体的稳定性。同时由于从温度高的外围向中央加热，避免了形成能产生自吸的冷原子蒸气，极大地扩展了测量的线性范围（可达 4 ～ 6 个数量级），这样既可测定试样中的痕量组分，又可直接测定试样的主成分，其他仪器是很难做到这一点的。

见微知著

ICP-AES（或称 ICP-OES），全称是电感耦合等离子体发射光谱仪，迄今为止，在溶液态的元素分析领域，ICP-AES 是被广大用户称赞最多的仪器。可以说，如果不考虑超高痕量元素分析和同位素分析的话，对于绝大多数溶液态元素分析来说，ICP-AES 一台仪器全搞定。不管是测试中心还是第三方实验室，ICP-AES 都是一台"相当赚钱"的仪器，对于有一定样品量的实验室购买一台 ICP-AES，一年内就能收回成本。但就是这么一台 ICP-AES，全球一年的销量不到 3000 套。人们常会说乔布斯如何伟大，但乔布斯面对的是一个如此巨量的市场，他的一个创新足以改变世界。在如此"小众"的一个领域，也有一些具有乔布斯般创新精神的人，不断推出创新产品，推动 ICP-AES 的不断进步。在一个"小众"市场坚持创新，更难能可贵，更值得尊敬！

【智者不袭常！】

人生成功的路有很多条。在这些路中，有寻常的路，也有不寻常的路。不寻常的路，却有着别样的乐趣。作为新时代青年，每个人自身的独特性，有别具一格的思维方式，每个人都可以走出一条与众不同的发展道路来。在保持个性的同时，也应追求突破创新，敢于想他人之不敢想，走他人不敢走的路，哪怕充满荆棘、充满泥泞、充满意想不到的事。只要朝着目标明确前行，坚持不懈，就能体会到人生的真谛。

典型的电感耦合等离子体是一个非常强而明亮的白炽不透明的"核"，核心延伸至管口数毫米处，顶部有一个火焰似的尾巴。环状结构的等离子体分为焰心区、内焰区和尾焰区三个部分，各区的物质浓度不同，性状不同，辐射也不同。电感耦合等离子体光源不同部位的温度如图 3-17 所示。

焰心区：焰心区呈白炽不透明，是高频电流形成的涡电流区，温度高达 10000K，电子密度高。由于黑体辐射，氩或其他离子同电子的复合产生很强的连续背景光谱。试液气溶胶在该区域被预热、蒸发，又叫预热区。气溶胶在该区停留时间较长，约 2ms。

内焰区：在焰心区上方，在感应线圈以上约 10 ～ 20mm，呈淡蓝色半透明，温度约 6000 ～ 8000K，试液在该区域被原子化、激发，并发射出原子线和离子线，故又叫测光区。试样在内焰区停留约 1ms，比在电弧光源和高压火花光源中的停留时间（10^{-3} ～ 10^{-2}ms）长。这样，在焰心和内焰区使试样得到充分的原子化和激发，对测定有利。

尾焰区：在内焰区上方，呈无色透明，温度约 6000K，仅能激发低能态的试样。

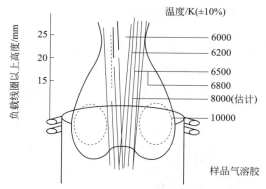

图 3-17　等离子体焰炬的温度分布

（3）ICP 的分析性能

① 等离子体焰炬温度高、放电稳定性好，激发能力强，试样在光源中停留的时间长，有利于原子化、电离和激发。因此，ICP-AES 可测量 70 多种元素，能有效解决难熔化合物的分解和元素激发，同时有很高的灵敏度和稳定性。

② ICP 光源的"趋肤效应"，使涡电流在外表面处密度大，使表面温度高，轴心温度低，中心通道进样对等离子的稳定性影响小，也有效消除了自吸现象，光谱背景小，线性范围宽（可达 4～6 个数量级）。

③ ICP 也有一定的局限性，主要是对非金属测定灵敏度低，固体进样困难，仪器设备购置和维持费用较高。

2.2 分光系统

分光系统的作用是将激发试样所获得的复合光，分解成按波长顺序排列的单色光。根据分光系统不同的功能，主要部件由准光系统、色散系统、投影系统三部分构成。

① 准光系统　把进入狭缝的入射光转变为平行光。由进光狭缝即透镜（或凹面镜）组成。要求色差小，光能损失小。

② 色散系统　把不同波长的光分解，即分光、色散。色散系统的主要元件是棱镜或光栅。要求色散系统的色散率高、分辨率好及光能损失小。

③ 投影系统　把色散元件分解的各种不同波长的平行光进行聚焦，形成按波长顺序排列的光谱，聚焦在焦面上。要求色差小、能量损失小、分辨率好。

评价分光系统优劣的主要指标为色散率和分辨率。色散率是指对不同波长的光被棱镜分开的能力。分辨率是指发射光谱仪的分光系统能够正确分辨出紧邻的两条谱线的能力。

目前常用的分光系统分为棱镜分光系统、光栅分光系统两种。

2.2.1 棱镜分光系统

棱镜是用玻璃、石英、岩盐等材料制作的分光元件。以棱镜为色散元件，利用其对光的折射作用来分光。

其色散作用可由科希经验公式看出：

$$n=A+\frac{B}{\lambda^2}+\frac{C}{\lambda^4}+\cdots\approx A+\frac{B}{\lambda^2} \qquad 式（3-7）$$

式中　n——棱镜材料的折射率；

　　　λ——波长；

A、B、C——均为与棱镜材料有关的常数。

从上式可见:

① 对于给定棱镜(即 A、B 为定值),不同波长的光通过时,其折射率各不相同,波长越短,折射率越大。当包含不同波长的复合光通过棱镜时,不同波长的光就会因折射率不同而分散开来,这种作用称为棱镜的色散作用。棱镜的色散原图见图 3-18。

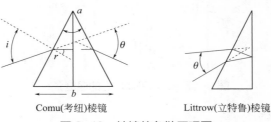

Comu(考纽)棱镜   Littrow(立特鲁)棱镜

图 3-18   棱镜的色散原理图

② 对于不同材料制成的棱镜(A、B 不同),其折射率各不相同。据此,可选择不同的材料制作棱镜,以满足不同光谱区域使用的需要。一般,紫外区用石英棱镜,可见区用玻璃,红外区用岩盐棱镜。

棱镜的光学特性主要包括色散率与分辨率。

色散率是指对不同波长的光被棱镜分开的能力。它又分为角色散率和线色散率。

角色散率 $d\theta/d\lambda$:两条波长相差 $d\lambda$ 的光被棱镜色散后所分开的角度为 $d\theta$,则棱镜的角色散率为 $d\theta/d\lambda$。它主要与棱镜的材料和几何形状有关。

线色散率 $dl/d\lambda$:它表示两条谱线在焦面上被分开的距离对波长的变化率。

分辨率是指将两条靠得很近的谱线分开的能力,分辨率用两条可以分辨开的光谱线波长的平均值$\bar{\lambda}$与其波长差 $\Delta\lambda$ 之比值来表示,即:

$$R = \frac{\bar{\lambda}}{\Delta\lambda}$$ 式(3-8)

棱镜分离后的光谱属于非均排光谱,因此长波的分辨率要比短波的分辨率小。因此,棱镜分光的特点是疏密不均,长波区密而短波区疏,短波部分的谱线分得较开些。

2.2.2 光栅分光系统

光栅是在玻璃或金属片中刻有很多等距离、等宽的平行刻线(300 ~ 2000 刻槽 /mm)所构成。可以把它看成是一系列等宽、等距离的狭缝,光栅的色散作用是利用这些狭缝对光的衍射和干涉来实现分光。

在光栅分光后的同一级光谱中,色散率基本上不随波长改变,均匀分散,光谱级次越高,色散率越大。

与棱镜分光系统相比,光栅分光系统具有适用波长范围广、分光均匀、色散率和分辨率高的优点。更适用于一些含复杂谱线的元素如稀土元素、铀、钍等试样的分析。

2.3 检测系统

检测系统的作用是将原子的发射光谱记录或检测下来,来定性或定量分析试样中的待测元素。原子发射光谱法常用的检测方法有目视法、摄谱法和光电法三种,见图 3-19。

2.3.1 目视法

目视法是用眼睛观察试样中元素的特征谱线或谱线组,以及比较谱线强度的大小来确

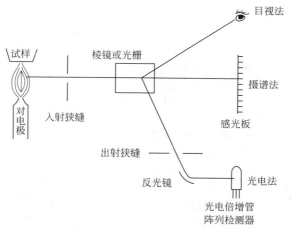

图 3-19　发射光谱的目视法、摄谱法、光电法

定试样的组成及含量。由于眼睛感色范围有限，工作波段仅限于可见光区 400 ～ 700 nm 范围。常用的仪器叫看谱镜，看谱镜是一种小型的光谱仪，专用于钢铁及有色金属的定性和半定量分析。

2.3.2 摄谱法

摄谱法是用感光板记录光谱，将感光板置于分光系统的焦面处，接受被分析试样的光谱而感光（摄谱），再经过显影、定影等操作制得光谱底片，谱片上有许多距离不等、黑度不同的光谱线。然后，在映谱仪上观察谱线的位置及大致强度，进行定性分析及半定量分析；在测微光度计上测量谱线的黑度，进行光谱定量分析。

（1）摄谱步骤

① 安装感光板在摄谱仪的焦面上；

② 激发试样，产生光谱而感光；

③ 显影、定影，制成谱板；

④ 测量谱线的位置和黑度，计算分析结果。

（2）摄谱法的优、缺点

① 可同时记录整个波长范围的谱线；

② 分辨能力强；

③ 可用增加曝光时间的方法来增加谱线的黑度；

④ 摄谱法的缺点是操作烦琐，检测速度慢。

2.3.3 光电法

光电法是利用光电倍增管或电荷耦合器件作为光电转换元件，将色散元件分出的光信号转变为电信号，再经放大器将电信号放大，并进一步把电信号转换为数字信号，通过电子计算机来测量谱线的强度和处理分析数据。

（1）光电倍增管　光电倍增管工作原理如图 3-20 所示，其外壳由玻璃或石英制成，内部抽真空，阴极涂有发射电子的光敏物质，如 Sb-Cs 或 Ag-Cs 等，在阴极 C 和阳极 A 间装有一系列次级电子发射极，即电子倍增极 D_1、D_2 等。阴极 C 和阳极 A 之间加有约 1000 V 的直流电压，当辐射光子撞击光阴极 C 时发射光电子，该光电子被电场加速落在第一倍增极 D_1 上，撞击出更多的二次电子，以此类推，像 "雪崩" 一样，阳极最后收集到的电子数将是阴极发出的电子数的 10^5 ～ 10^8 倍。

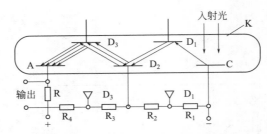

图 3-20 光电倍增管工作原理图

K—窗口；C—光阴极；D_1、D_2、D_3—次级电子发射极；A—阳极；R_1、R_2、R_3、R_4—电阻

（2）电荷耦合器件 电荷耦合器件（charge coupled device，CCD）是一种新型固体多通道光学检测器件，它是在大规模硅集成电路工艺基础上研制而成的模拟集成电路芯片。由于其输入面空域上逐点紧密排布对光信号敏感的像元，因此它对光信号的积分与感光板的情形颇相似。但是，它可以借助必要的光学和电路系统，将光谱信息进行光电转换、储存和传输，在其输出端产生波长-强度二维信号，信号经放大和计算机处理后在末端显示器上同步显示出人眼可见的图谱。无须感光板那样的冲洗和测量黑度的过程。目前这类检测器已经在光谱分析的许多领域获得了应用。

CCD 多为面阵形，集成度一般有 320×320、512×320、1024×1024 像元等多种，减小像元尺寸并增大器件面积可有效提高光谱分辨率。

CCD 一般由三部分组成：

① 输入部分 包括一个输入二极管和一个输入栅，其作用是将信号电荷引入到 CCD 的第一个转移栅下的势阱中。

② 主体部分 即信号电荷转移部分，实际上是一串紧密排布的 MOS（金属-氧化物-半导体）电容器，其作用是储存和转移信号电荷。

③ 输出部分 包括一个输出二极管和一个输出栅，其作用是将 CCD 最后一个转移栅下势阱中的信号电荷引出，并检出电荷所运输的信息。

由于信号电荷在 CCD 内的存储和转移与外界隔离，因此从原理上讲，CCD 是一个低噪声的器件，适于微弱光信号的检测，且具有很宽的线性相应范围。CCD 的性能通常用像元灵敏度或量子效率、光谱响应范围以及读出信噪比等参数衡量。像元灵敏度或量子效率指收集到的电荷数和照射的光子数的比值，在一定光强下，收集到的电荷数越多，灵敏度越高。

在原子发射光谱中采用 CCD 的主要优点：具有同时多谱线检测能力和借助电子计算机系统快速处理光谱信息的能力，可极大地提高发射光谱分析的速度。采用这一检测器设计的全谱直读等离子体发射光谱仪，可在 1min 内完成样品中 70 多种元素的测定。其动态响应范围和灵敏度均达到或甚至超过光电信增管，性能稳定，体积小，结实耐用。

 习题测验

一、填空题

1. 原子发射光谱仪一般由_____、_____和_____三部分组成。

2. 在原子发射光谱分析的元素波长表中，Li Ⅰ 670.785nm 表示_____。

3. 电感耦合等离子体光源主要由_____、_____、_____三部分组成，此光源具有_____等优点。

4. 原子发射光谱仪激发光源的作用是提供足够的能量使试样_____和_____。

5. 发射光谱定性分析，常以_____光源激发，因为该光源使电极温度_____，从而使试样_____，光谱背景_____，但其_____差。

二、选择题

1. 低压交流电弧光源适用于发射光谱定量分析的主要原因是（　　）。
A. 激发温度高　　　　B. 蒸发温度高　　　　C. 稳定性好　　　　D. 激发的原子线多

2. 在进行发射光谱定性分析时，要说明有某元素存在，必须（　　）。
A. 它的所有谱线均要出现　　　　　　B. 只要找到 2～3 条谱线
C. 只要找到 2～3 条灵敏线　　　　　D. 只要找到 1 条灵敏线

3. 对原子发射光谱法比对原子荧光光谱法影响更严重的因素是（　　）。
A. 粒子的浓度　　　　B. 杂散光　　　　C. 化学干扰　　　　D. 光谱线干扰

4. 摄谱仪的检测器是（　　）。
A. 暗箱　　　　　　B. 感光板　　　　C. 硒光电池　　　　D. 光电倍增管

5. 低压交流电弧光源适用于发射光谱定量分析的主要原因是（　　）。
A. 激发温度高　　　　B. 蒸发温度高　　　　C. 稳定性好　　　　D. 激发的原子线多

三、简答题

1. 原子发射光谱分析中常用的光源有哪些？
2. 什么是"电感耦合"？
3. 简述光谱仪的各组成部分及其作用。
4. 简述 ICP 的形成原理及特点。
5. 当采用直流电弧为发射光谱激发光源时，谱线较清晰，背景小，而用电火花光源时，背景大，为什么？

知识链接
3-3

原子发射光谱定性定量分析方法

问题导学

1. 定性分析原理及定性分析方法。
2. 元素分析的灵敏线和分析线是什么？
3. 半定量分析依据及方法。
4. 定量分析基本原理及定量方法。

5. ICP-AES分析工作条件参数有哪些，如何选择工作条件？

6. ICP-AES的常见干扰及校正方法。

7. 原子发射定量分析常用的测试方法。

 知识讲解

1. 定性分析

1.1 光谱定性分析的原理

各种元素的原子结构不同，在光源的激发作用下，可以产生一系列特征的光谱线，其波长 λ 是由产生跃迁的两能级的能量差决定的。

$$\Delta E=h\nu=h\frac{c}{\lambda} \qquad\qquad 式（3-9）$$

因此，根据原子光谱中的元素特征谱线就可以确定试样中是否存在被检元素。在元素光谱定性分析时，并不要求对元素的每条谱线都进行鉴别，一般只要在试样光谱中找出某元素的 2～3 条灵敏线，就可以确定试样中存在该元素。反之，若在试样中未检出某元素的灵敏线，就说明试样中不存在被检元素或者该元素的含量在检测灵敏度以下。

原子发射光谱法是理想的、快速的定性方法，可检测 70 多种元素。光谱定性分析一般多采用摄谱法，当试样中所含元素达到一定的含量，都可以有谱线摄谱在感光板上，摄谱法操作简单、价格便宜、快速，它是目前进行元素定性分析的最好方法。

1.2 元素分析的灵敏线和分析线

（1）灵敏线　灵敏线是指一些激发电位低，跃迁概率大的谱线。一般来说，灵敏线多是一些共振线。由激发态直接跃迁至基态时所辐射的谱线称为共振线。当由最低能级的激发态（第一激发态）直接跃迁至基态时所辐射的谱线称为第一共振线，一般也是元素的最灵敏线。

各元素灵敏线的波长，可在光谱波长表中查到。在波长表中常用 I 表示原子线，II 表示一次电离离子发射的谱线，III 表示二次电离离子发射的谱线。

（2）分析线　每种元素发射的特征谱线有多有少（多的可达几千条）。当进行定性分析时，只需检出几条谱线即可。对每一元素，通常选择 2～3 条灵敏线或最后线来进行定性分析、定量分析，这种谱线称为分析线。

元素的分析线应该具备以下基本条件：

① 元素的灵敏线；

② 元素的特征谱线组；

③ 无自吸的共振线；

④ 不应与其他干扰谱线重叠。

1.3 定性分析的方法

（1）标准试样光谱比较法　将要检查元素的纯物质或纯化合物与试样并列摄谱于同一感光板上，在映谱仪上检查试样光谱与纯物质光谱。若两者谱线出现在同一波长位置上，即可说明某一元素的某条谱线存在。此法多用于少数几种指定元素的定性分析，同时这几种元素的纯物质又比较容易得到时，采用该法识谱是比较方便的。

（2）标准光谱图比较法　对测定复杂组分以及进行光谱定性全分析时，可用标准光谱图比较法。标准光谱图是在相同条件下，在铁光谱上方准确地绘出 68 种元素的逐条谱线并放大 20 倍的图片。因为铁的光谱谱线较多，在 210 ～ 660 nm 波长范围内约有 4600 条谱线，谱线之间的距离分配均匀，其中每条谱线的波长都被作过精确的测定，载于波长表内，所以将铁光谱作为波长比较的标尺，因此也叫铁光谱比较法。标准光谱图由波长标尺、铁光谱和元素谱线及其名称组成。元素符号底下的数字表示该元素谱线的具体波长；右下角标的罗马数字Ⅰ、Ⅱ或Ⅲ……分别表示该谱线为原子线、一级离子线或二级离子线……；右上角标有不同数字，表示谱线强度的级别。一般谱线强度分为 10 级，级数越高，谱线越强。

定性分析时，将纯铁与试样在完全相同条件下并列摄谱于同一感光板上，将所得谱片置于映谱仪上放大 20 倍，再与"标准光谱图"进行比较。比较时首先将谱片上的铁谱与标准光谱图上的铁谱对准，然后检查试样中的元素谱线。若试样中的元素谱线与标准图谱中标明的某一元素谱线出现的波长位置相同，即为该元素的谱线。见图 3-21。

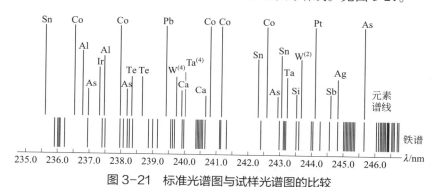

图 3-21　标准光谱图与试样光谱图的比较

2. 定量分析

2.1 光谱半定量分析

若分析任务对准确度要求不高，在实际工作中常常只需对试样中组成元素的含量作粗略估计，多采用光谱半定量分析。光谱半定量分析可以给出试样中某元素的大致含量，例如钢材、合金的分类，矿石品位的大致估计等，特别是分析大批样品时，采用光谱半定量分析，尤为简单而快速。

光谱半定量分析的依据是，谱线的强度和谱线的出现情况与元素含量有关。常用的半定量分析方法有谱线比较法、谱线呈现法和均称线对法。

（1）谱线比较法　将试样与已知不同含量的标准样品在相同的实验条件下，在同一块感光板上并列摄谱，然后在映谱仪上用目视法直接比较被测试样与标准样品光谱中分析线的黑度，若黑度相等，则表明被测样品中待测元素的含量近似等于该标准样品中待测元素的含量。

该法简便易行，其准确度取决于被测样品与标准样品基体组成的相似程度以及标准样品中待测元素含量梯度的大小。

例如，分析矿石中的铅，即找出试样中灵敏线 283.3nm，再以标准系列中的铅283.3nm 比较，如果试样中的铅线黑度介于 0.01% ～ 0.001% 之间，并接近于 0.01%，则可表示为 0.01% ～ 0.001%。

（2）谱线呈现法（显现法）　当样品中某元素的浓度逐渐增加时，该元素的谱线强度增加、谱线数目增多，灵敏线、次灵敏线和其他较弱的谱线也会依次出现。用预先配制的一系列浓度不同的标准样品，在一定条件下摄谱，然后根据不同浓度下所出现的分析元素的谱线及强度情况绘制成一张谱线出现与含量的关系表，即谱线呈现表，再根据试样的某一谱线是否出现来估计试样中该元素的大致含量。该方法的优点是不需要每次配制标样，方法简便快速。

表 3-6 为铅的谱线呈现表，若试样光谱中铅的分析线仅 283.31nm、261.42nm、280.20nm 三条谱线清晰可见，根据谱线呈现表可判断试样中 Pb 的质量分数为 0.003%。

表 3-6　铅的谱线呈现表

Pb/%	谱线及其特征
0.001	283.31nm 清晰可见；261.42nm 和 280.20nm 谱线很弱
0.003	283.31nm、261.42nm 谱线增强；280.20nm 谱线清晰
0.01	上述各线增强，266.32nm、287.33nm 谱线不太明显
0.03	266.32nm、287.33nm 谱线逐渐增强至清晰
0.1	上述各线均增强，不出现新谱线
0.3	显出 239.38nm 淡灰色宽线；在谱线背景上 257.73nm 不太清晰
1	上述各线增强；240.2nm、244.4nm 和 2446nm 出现；241.2nm 模糊可见

（3）均称线对法　以样品中某主成分元素的一些谱线与被测元素的某些谱线（组成均称线对）的黑度进行比较，用以确定被测元素含量的方法称为均称线对法。

表 3-7 以测定低合金钢中的钒为例。在合金钢中铁是主要成分，它的谱线强度变化很小。将钒线与铁线比较，通过实验发现：

表 3-7　低合金钢中钒线与铁线黑度比较表

钒含量 /%	钒线与铁线的黑度比较
0.20	V 438.997nm=Fe 437.593nm
0.30	V 439.523nm=Fe 437.593nm
0.40	V 437.924nm=Fe 437.593nm
0.60	V 439.523nm > Fe 437.593nm

这些线对都是均称线对，它们的激发电位都很相近。因此将试样中钒的谱线与铁线 437.593nm 相比较，用目视观察谱线的黑度，就可以判定试样中钒的大致含量。

2.2 光谱定量分析

2.2.1 光谱定量分析的基本原理

光谱定量分析主要是根据谱线强度与被测元素浓度的关系来进行。当温度一定时，元素的谱线强度 I 与该元素在试样中浓度 c 成正比，即：

$$I=ac \qquad\qquad 式（3-10）$$

当考虑到发射光谱中存在着自吸现象，需要引入自吸常数 b，则：

$$I=ac^b \qquad\qquad 式（3-11）$$

对式（3-11）取对数：

$$lgI=blgc+lga \qquad 式（3-12）$$

此式为光谱定量分析的基本关系式——赛伯·罗马金公式。式中 a 为常数，其与光源、蒸发、激发等条件及试样组成有关，b 为自吸系数。

2.2.2 绝对强度法

以赛伯·罗马金公式为理论基础，以 lgI 对 lgc 作图（图3-22），直线部分可作为元素定量分析的标准曲线。这种测定方法称为绝对强度法。

在恒定的工作条件下，a、b 均为常数，lgI 与 lgc 呈线性关系。当待测元素浓度很小无自吸时，$b=1$，工作曲线为一直线；当元素浓度较高时，产生自吸现象，b 不再是常数（$b<1$），而且随着元素浓度的升高而减小，故工作曲线发生弯曲。

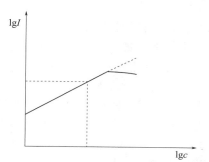

图 3-22　光谱强度与元素浓度的对数关系图

绝对强度法要求实验条件恒定，无自吸现象，实际上很难做到，通常采用相对强度法——内标法进行分析，可消除实验条件对测定结果的影响。

2.2.3 相对强度法（内标法）

（1）内标法的基本关系式　由于试样的蒸发、激发条件，以及试样组成、形态等的任何变化，均会使参数 a、b 发生变化，都会直接影响谱线强度。这种变化，特别是激发温度的变化是很难控制的。因此，通常不采用测量谱线绝对强度的方法来进行光谱定量分析，而是采用测量谱线相对强度的方法。这就是格拉赫于1925年首先提出来的"内标法"。

在待测元素的光谱中选一条谱线作为分析线，另在基体元素（或定量加入的其他元素）的光谱中选一条谱线作为内标线（或称比较线），这两条谱线组成分析线对。分析线与内标线的绝对强度的比值称为相对强度（R）。内标法就是根据分析线对的相对强度与被分析元素含量的关系来进行定量分析。

此法可很大程度上消除光源放电不稳定等因素带来的影响，因为尽管光源变化对分析线的绝对强度有较大的影响，但对分析线和内标线的影响基本是一致的，所以对其相对影响不大。内标的作用是消除工作条件变化对分析结果的影响，提高光谱定量分析的准确度，这是内标法的优点。

设待测元素和内标元素含量分别为 c 和 c_0，分析线和内标线强度分别为 I 和 I_0，b 和 b_0 分别为分析线和内标线的自吸系数，则分析线和内标线的谱线强度分别为：

$$I=ac^b 和 I_0=a_0c_0^{b_0} \qquad 式（3-13）$$

式中内标元素 c_0 为常数，在内标元素含量和实验条件一定时，$A=\dfrac{a}{a_0c_0^{b_0}}$ 为常数，则其相对强度 R 可表达为：

$$R = \frac{I}{I_0} = \frac{ac^b}{a_0 c_0^{b_0}} = Ac^b \qquad\qquad 式（3-14）$$

对上式取对数可得：

$$\lg R = \lg(I/I_0) = b\lg c + \lg A \qquad\qquad 式（3-15）$$

此式即内标法光谱定量分析的基本关系式。

（2）内标元素和分析线对的选择

① 内标元素含量必须固定　内标元素在试样和标样中的含量必须相同。如果内标元素是外加的，则在分析试样中该元素原有的含量必须极微或不存在。内标化合物中不得含有被测元素。

② 内标元素和分析元素要有尽可能类似的蒸发特性　这样，在蒸发过程中光源温度发生变化时，它们蒸发速度之比几乎不变，因而相对强度受光源温度变化的影响很小。

③ 用原子线组成分析线对时，要求两线的激发电位相近；若选用离子线组成分析线对，则不仅要求两线的激发电位相近，还要求电离电位相近。这样当激发条件改变时，线对的相对强度仍然不变，或者说两条谱线的绝对强度随激发条件的改变作均称变化，这样的分析线对叫均称线对。显然，用一条原子线与一条离子线组成分析线对是不合适的。

④ 若用照相法测量谱线强度，要求组成分析线对的两条谱线的波长尽可能靠近。由于两条线将在同一感光板极为靠近的部位感光，因此曝光时间的变动、感光板乳剂层性质、冲洗感光板的情况都将产生同样的影响，这样它们在感光板上的相对强度将不受这些因素变化的影响。

⑤ 分析线与内标线没有自吸或自吸很小，且不受其他谱线的干扰。

3. ICP-AES分析工作条件的设置

本节以电感耦合等离子体发射光谱仪（ICP-AES）为例，从实际操作层面来讲解分析方法工作条件的选择。

3.1 激发光源

ICP-AES是以电感耦合等离子体作为激发光源的，如前所述，其具有以下优点：

① 可以快速地同时进行多元素分析，周期表中多达70余种元素皆可测定；

② 测定灵敏度较高，包括易形成难熔氧化物的元素在内，检出限低；

③ 基体效应较低，较易建立分析方法；

④ 标准曲线具有较宽的线性范围，可分析元素浓度在 $10^{-2} \sim 10^{-6}$ 四个数量级。

⑤ 具有准确度、精密度高的优点。

因此，对于大批量的、分析元素较多的、元素浓度梯度较大的、对分析结果准确度要求较高的样品，均适合采用ICP-AES分析。工作状态下的ICP激发光源见图3-23。

图3-23　工作状态下的等离子体

根据 ICP-AES 生产厂家以及仪器型号的不同，ICP-AES 的波长范围略有差异，如以 PerkinElmer 公司的 Optima 5000DV 系列为例，其系列有 4 款不同的配置，如表 3-8 所示。

表 3-8　Optima 5000DV 系列 ICP-AES 配置表

型号	观测方式	波长范围 /nm	检测器
Optima 5100DV	端视、侧视、双向观测	165 ~ 403	1 个
Optima 5200DV	端视、侧视、双向观测	165 ~ 403，421，610，670，766	1 个
Optima 5300 V	垂直炬管，侧视	165 ~ 782	2 个
Optima 5300DV	端视、侧视、双向观测	165 ~ 782	2 个

根据检测需求，选择合适的 ICP-AES 仪器。

3.2 仪器工作参数

（1）发射功率　高频发生器的输出功率又称发射功率。ICP-AES 的检测能力和基体效应都与发射功率有关。在一定的范围内，增加发射功率，能使 ICP 的温度提高，谱线增强，但背景值也相应增加。不同元素或同一元素的不同谱线所要求的功率不尽相同，在单道扫描型光谱仪中，可分别根据元素的不同要求，设置不同的功率。但在多元素同时测定时，应综合考虑，选择合适的发射功率。一般对于水溶液，功率为 950 ~ 1350W 之间，对于溶液中含有机试剂或有机溶剂的样品，为使有机物充分分解，一般选用 1350 ~ 1550W 的功率。在测定易激发又易电离的碱金属元素时，可选用更低的功率（750 ~ 950W），而在测定较难激发的 As、Sb、Bi 等元素时，可选用 1350W 的功率。另外，在进行复杂基体的水平观测时，由于水平观测极易沾污炬管，功率一般不大于 1350W。

（2）振荡频率　射频电流的振荡频率（radio frequency，RF），表示可以辐射到空间的电磁频率，频率范围为 300kHz ~ 300GHz。每秒变化小于 1000 次的交流电称为低频电流，大于 10000 次的称为高频电流，而射频就是这样一种高频电流。ICP-AES 的 RF 发生器，通过工作线圈给等离子体输送能量，维持 ICP 光源稳定放电。目前 ICP-AES 的 RF 发生器主要有两种振荡类型，即自激式、它激式。

其实这个因素对于等离子炬的形成和稳定来说，并不具有很大的影响，但是由于各种因素的限制，例如电波管制等造成此频率受限。经过前人的研究实验发现，当振荡频率在 27.12MHz 或者 40.68MHz 时，可以提高仪器的分析性能。当采用较低的频率时，维持稳定的等离子炬需要更大的前向功率，这样不仅消耗的电能更大，对功率器件的要求更高，而且对炬管的要求也更高，并使冷却气的消耗更大。此外，低频电源的趋肤效应较弱，不易形成等离子炬的中心进样通道。因此，目前常用的 ICP-AES 一般都选用 40.68 MHz 的振荡频率。

（3）气体参数　ICP-AES 的工作气体一般为氩气，氩气是一种单原子分子的惰性气体。氩气作为等离子体工作气体主要由于其具有以下特点：

① 具有化学惰性和电离能高（15.76eV）；

② 发射光谱比较简单，光谱干扰比较少；

③ 能够雾化、激发、电离元素周期表中的大部分元素；

④ 不会与其他元素生成稳定化合物；

⑤ 相对于其他可用惰性气体（如 He），其价格更低，在大气中分布更加广泛（1%），

更容易获得。

根据各自作用的不同，氩气分为冷却气、雾化气、辅助气，气体流量各不相同。

冷却气又叫等离子体气，它主要有两个功能：一是维持等离子体的稳定性，二是冷却炬管。冷却气流量直接影响 ICP 的温度，其流量低于 14L/min，等离子体炬不稳定，且不利于保护石英炬管，甚至会将石英炬管熔化；冷却气流量大于 18L/min，ICP 的温度会太低，不能形成稳定的等离子体炬，且容易熄火和浪费气体增加成本，测定的稳定性变差。

雾化气又叫载气，主要功能是关系到试样溶液的雾化，雾化气流量会直接影响雾化器压力和雾化效果。雾化气流量小，被测元素在 ICP 内的滞留时间长，轴向通道内温度高，利于谱线的发射，但雾化气流量小会导致雾化效率低，基体效应增强，影响待测元素的灵敏度。雾化气流量增加，雾化器内压力也随之增大，大多数元素随雾化器压力的增加谱线强度增加，但雾化器压力增大到一定程度，信背比反而下降，并影响雾化的效果。

辅助气的主要作用是等离子体点燃后保护中心管和修正等离子体的炬形。辅助气流量对谱线强度的影响并不明显，但辅助气流量太低不利于等离子体稳定。

（4）进样量　为了更好地控制进样量，往往在雾化器前加装一个蠕动泵。通过调整蠕动泵的转速来调整进样速度，或者叫进样量。进样量高，能增大待测元素在等离子体炬中的浓度，提高发射强度，尤其低发射功率下中等能量原子发射强度会有显著提高。此外，高进样量对等离子体炬有冷却作用，可降低背景发射。但是，高进样量也会使雾化器的雾化效果变差，即易形成大颗粒雾滴，使背景噪声增加，还会使样品消耗增加。因此，对低能量和中能量的原子谱线，最佳进样速度一般为 1.5 ~ 2.0 mL/min，而离子和高能原子发射线的进样速度一般为 1.0 ~ 1.5 mL/min。

ICP 仪器工作参数设置主要是功率、射频、气体流量、进样量四个参数，这几个参数因仪器的生产厂家、型号的不同而略有差异。在实际工作中发现，如海拔、气压等环境条件对参数的影响也较大，因此在仪器使用之初要对工作参数进行必要的优化。在建立分析方法前，配制合适的调机液，通过对仪器工作参数的优化，达到最佳的信背比，并且可保留这些参数，在测试时，只需设置测定元素的分析谱线及观测方式等参数，这就大大方便了分析测试。

3.3 光谱观测方式

ICP 光源产生的光谱，其观察方式有 3 种，分别是：垂直观测、水平观测和双向观测，下面介绍它们的区别。

等离子体是 ICP-AES 的核心之一，高频感应线圈通以大功率、高频的电流，在石英炬管中形成高频交变电磁场，使其中的氩气电离，形成一个稳定的、高温放电炬——等离子体。样品的气溶胶通过中心管喷入等离子体中形成一个直径为 2mm 左右的分析通道。由于等离子体不同区域存在不同的温度分布，整个分析通道分为：原子化区（温度较低）、原子发射区（温度较高）和离子发射区（温度高）。见图 3-24。

科学家早已证实离子发射区具有最好的信背比和最佳的稳定性，提出了最佳观测高度的概念（一般在工作线圈上方 12 ~ 16mm 处），垂直观测正是测量该区域的信号，水平观测测量的是除了尾焰外的整个分析通道的信号。ICP-AES 的观测方式见图 3-25。

（1）垂直观测　又称为侧向观测或者径向观测，采光光路方向与等离子体"火焰"气流方向垂直（图 3-26）。垂直观测是 ICP-AES 的经典观测方式，它从等离子体的侧面采光，测量的是离子发射区（最佳观测区）的信号，虽然此区域的信号没有水平观测时整个分析通道的信号强，其灵敏度不及水平观测的高，但此区域的信号能提供最佳的信背比，尤其

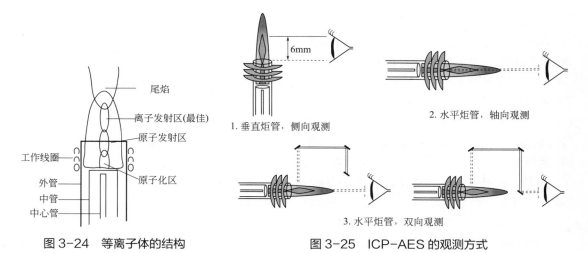

图 3-24   等离子体的结构   图 3-25   ICP-AES 的观测方式

在复杂基体下，其信背比更为突出。同时垂直观测不采集等离子体中原子化区和原子发射区的光信号，因此它根本不存在易电离干扰，具有非常好的线性范围（$10^{-2} \sim 10^{-6}$）、非常小的基体效应和非常低的背景。垂直观测的炬管很短，不易沾污，大功率下也不易发热，更适用于高含量、复杂基体样品以及有机样的直接进样分析。

易电离干扰：指存在碱土金属元素（Ca、Mg 等）的情况下，引起碱金属元素（K、Na等）测量结果偏高的现象，即碱土金属对碱金属元素产生正干扰。

（2）水平观测   又称为轴向观测或端视观测，采光光路方向与等离子体"火焰"气流方向呈水平重合（图 3-27）。水平观测采集的是除了尾焰外整个分析通道的信号，因此其灵敏度要优于仅采集局部区域信号的垂直观测，检出限是垂直观测的 $1/5 \sim 1/10$。

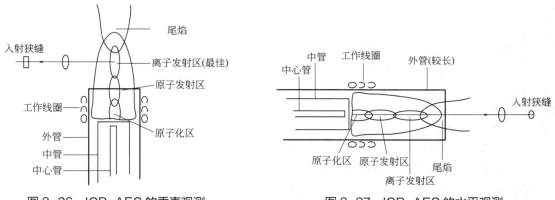

图 3-26   ICP-AES 的垂直观测   图 3-27   ICP-AES 的水平观测

但正由于水平观测采集的是包括原子化区和原子发射区的整个分析通道的信号，而此区域并非 ICP 最佳观测区域，因此水平观测在提高灵敏度的同时，也增加了背景噪声和基体影响，引入了易电离干扰。对于基体简单的试样，背景和基体效应均比较小，水平观测有很好的信背比，从而使仪器具有非常好的检出限；但对于基体复杂的试样，其背景噪声和基体效应均非常突出，此时的信背比可能反而不如垂直观测，基体效应和易电离干扰使测量误差增大。由于水平观测增加了观测区域，也增加了发射谱线的自吸现象，因此其线性范围将受到影响，特别是在测定高含量元素时，因标准曲线弯曲而引起较大的测量误差。

145

除此之外，由于等离子体的"尾焰"是集中于水平方向的，因为水平方向通道长、尾焰温度低，会造成自吸收和背景辐射，从而使分析的信背比以及信噪比变坏进而影响分析结果，因而水平观测需一定的技术去除尾焰。尾焰的去除一般采用气体剪切或"冷锥"技术，为了得到稳定的等离子体，水平观测的石英炬管需比垂直观测长出许多，使整个等离子体的高温区域包含在炬管中。在复杂基体下，炬管极易沾污，在大功率下，也易损坏炬管，因此水平观测时射频功率一般不能超过 1350W。另外，水平观测所采集的有效分析通道仅有直径 1～2mm，因此水平观测要求非常严格的外光路轴向对准和聚焦，否则一旦稍稍偏离分析通道的中心，灵敏度将大受影响。

水平观测方式的优点是由于整个等离子体各个部分的光都可以被采集导致灵敏度高，对简单样品有较好的检出限。其缺点是基体效应和电离干扰大，线性范围小，炬管容易积炭、积盐而沾污，需要及时清洗和维护。

（3）双向观测　传统双向观测是在水平观测的基础上，增加一套侧向采光光路，实现水平/垂直双向观测，即在炬管垂直观测的方向依次放置 3 块反射镜，当要使用垂直观测的时候，就通过 3 块反射镜把炬管垂直方向上的光反射到原光路中，并通过旋转原光路的第一块反射镜，使垂直方向来的光与原水平方向来的光在整个光路中重合。见图 3-28。

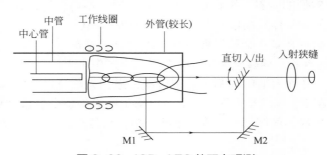

图 3-28　ICP-AES 的双向观测

该观测方式的切换反射镜由计算机控制，该方式融合了垂直观测、水平观测的特点，具有一定的灵活性，增强了测定复杂样品的能力。双向观测方式可实现以下 3 种方式的测量：

① 全部元素谱线水平测量；

② 全部元素谱线垂直测量；

③ 部分元素谱线水平测量，部分元素谱线垂直测量。

双向观测能有效解决水平观测中存在的电离干扰，进一步扩宽线性范围。但是该观测方式需要不断地切换反射镜，可能导致仪器的稳定性变差。由于垂直观测的需要，炬管侧面必须开口，同时也改变了炬焰的形状。炬管开口处必须严格与光路对准，要不然炬管壁容易积累盐，会严重影响检测结果；同时如果在开口出现积盐同样也会导致检测结果存在严重的错误，必须注意清洗。而且增加了曝光次数，降低了分析速度，增加了分析消耗。

3.4 分析谱线的选择

ICP-AES 分析谱线的选择与原子吸收一样，优先选择最灵敏线，同时还要避免样品中其他元素的谱线干扰。

由于原子发射谱线比较多，如有的过渡金属元素可达数千条谱线，每条谱线都有一定的宽度，因此出现谱线干扰的可能性很大。谱线干扰也可分为直接谱线重叠和复杂谱线重叠。前者是分析线和干扰线完全重叠，后者是分析线和两条或者两条以上干扰线重叠。判断是否会出现谱线干扰的办法有两种。一种是查找谱图或谱线库，ICP-AES 分析软件基本均设置了谱线库，只要选中某一元素，就会出现其最常用的分析谱线，选定了分析谱线，会显示该谱线附近的干扰元素的谱线波长和强度，使用起来很方便。另一种是测定时对谱线附近的光谱窗口内进行波长扫描，若谱线对称且尖锐，说明没有谱线干扰，若谱线不规则就可能存在干扰。

避免谱线干扰的最好办法就是选择无干扰的谱线。对 ICP-AES 而言，由于测试速度快，每个元素可选择多条谱线，通过比较不同谱线的测试值，结果比较接近，可以认为它们都没有受到干扰；如果某些结果相差较大，可以认为测试值偏离较多的谱线受到某些干扰。对于某些无法摆脱谱线干扰的元素，可采用干扰等效浓度法校正。所谓干扰等效浓度就是利用干扰元素所造成的分析元素浓度与干扰元素浓度的比值，即干扰因子，然后从分析结果中扣除由于干扰造成的浓度增加值，从而得到无干扰的分析数据。

3.5 ICP-AES 的常见干扰及校正

一般来说，ICP-AES 分析所受到的干扰是比较少的，但仍然存在。在制定分析方法时，应逐项考虑这些干扰。ICP-AES 分析主要存在的干扰分为三类：物理干扰、电离干扰和光谱背景干扰。

（1）物理干扰及其校正　由于试样溶液的物理性质存在着不同，如表面张力、黏度、密度、酸度等。这些不同会引起测试结果的不同，这类干扰叫做物理干扰。

物理性质的影响：试样溶液的表面张力、黏度、密度等的不同直接影响雾化效率和气溶胶颗粒的大小。溶液的成分、含盐量影响溶液的物理特性，随着含盐量的增加，溶液的提升量、雾化效率会急剧减小。对于没有用蠕动泵控制进样量的 ICP-AES，黏度和密度还影响进样量。因此，在配制溶液时，在保证测试元素有足够的发射强度前提下，尽可能使溶液浓度低一些。对于含量很低的元素或很容易变黏的溶液（如 Zn、Mg 的盐溶液），可采用基体匹配或标准加入法测试。

酸效应的影响：酸在等离子体炬中需消耗一部分能量，使得元素的发射强度有所下降。酸的种类和量不同，消耗的能量也不同。不同种类的无机酸对谱线强度的影响按以下排列依次增强：$HClO_4 < HCl < HNO_3 < H_3PO_4 < H_2SO_4$。为减少酸效应，在溶样时，应尽量采用 HCl。但事实上往往很多样品只采用 HCl 或 HNO_3 难以完全消解，必须采用其他酸或需要几种酸配合消解。在这种情况下，在样品消解完全后应通过蒸发赶酸，再用 HCl 配制成与标准溶液酸度一致的样品溶液。ICP-AES 对测定样品的要求是必须是澄清的溶液，为防止溶液在配制和保存过程中出现浑浊和沉淀，标准溶液和样品溶液都应含有少量酸，一般为 2%～6% 的 HCl 溶液。如果用 HCl 配制溶液时产生沉淀或不溶物，可采用其他酸（如 HNO_3）或提高溶液酸度的办法解决，标准溶液也必须换成与样品溶液相同的介质，即溶液含有的酸种类和酸度均应一致。只要标准溶液和样品溶液含有的酸种类和酸度一致，就可以校正酸效应。

（2）电离干扰及其校正　电离干扰要从两个侧面来看待。由于 ICP 光谱温度很高，有些元素的离子发射谱线与原子发射谱线相当，甚至强于原子发射谱线。所以在测试时有时会选择离子发射谱线。

对原子发射谱线的干扰：一些易电离的元素，如碱金属，在 ICP 光源中的电离度就比火焰光源中大，减少电离干扰的办法就是减小发射功率。测定一般无机金属元素的发射功率为 950～1350W，而测定碱金属的发射功率最好为 950W。另一个办法就是加入易电离的其他元素,如 K 等,尽管如此,仍有大量钠原子被电离,测试效果不如采用火焰原子发射。对于一般元素,由于大量 Ar 原子被电离,电子密度大,所以易受电离干扰的元素比火焰原子发射中少很多。如较易电离的 Ca、Cr 等就比火焰原子发射少很多,加入少量易电离的元素,电离干扰就可基本被消除。

对离子发射谱线的干扰:电离干扰对离子发射谱线的影响很大,而且易电离元素含量越高,干扰越严重。如浓度为 7mg/mL 以上的 Na 对 Ca 393.4nm 谱线的干扰相当严重,而对 Ca 422.7nm 的谱线无影响,因为前者是离子谱线。

等离子体的温度对电离干扰也有很大影响。随着观察高度增加,电离干扰明显增加。这是因为随着观测高度增加,等离子体的温度逐渐降低,Ar 的电离度降低,抑制电离干扰的能力降低。

一般来说,增加功率、降低雾化气流量、降低观测高度,其目的就是提高等离子体温度,降低电离干扰。另外,基体匹配和标准加入法也能校正电离干扰。由于离子发射谱线比原子发射谱线更易受到电离干扰,一般情况下应尽量采用原子谱线作为分析线。

(3)光谱背景干扰及其校正 光谱背景是指在线状光谱上,叠加着由于连续光谱和分子带状光谱等造成的谱线强度。ICP 光谱分析中的光谱背景干扰比火焰发射光谱严重,也是 ICP-AES 中影响最大的干扰。

产生光谱背景的主要原因有如下几个方面:

分子辐射:在光源作用下,试样与空气作用生成的分子氧化物、氮化物等分子发射的带状光谱。如 CN、SiO、AlO 等分子化合物解离能很高,在电弧高温中发射分子光谱。另外,氩气不纯(氩气中含有 N_2、CO_2 和水蒸气)也会带来一系列分子谱线(CN、CO、NO、CH、NH 等)。

谱线的扩散:分析线附近有其他元素的强扩散性谱线(即谱线宽度较大),如 Zn、Sb、Pb、Bi、Mg 等元素含量较高时,会有很高的扩散线。

杂散光:杂散光是指由于光谱仪光学系统对辐射的散射,使其通过非预定途径,而直接达到检测器的任何所不希望的辐射。杂散光主要是由于分光系统的不完善造成的,随着技术的进步,这部分的干扰已降至可以忽略不计,但随着仪器的老化,这部分干扰会逐渐显现出来。

电子和离子复合过程中产生的连续背景:这种连续背景都随电子密度的增大而增大,是造成 ICP 光源连续背景辐射的重要原因。

背景干扰的结果会造成背景的简单抬升或背景的斜坡漂移,见图 3-29。前者是分析谱线两边的基线向上提升,但幅度相同;后者是分析谱线两边的基线向上提升,但幅度不

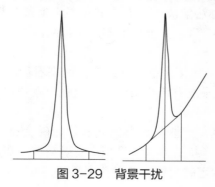

图 3-29 背景干扰

同。由于 ICP-AES 检测器将谱线强度积分的同时也将背景积分，因此对于背景干扰，可采用扣背景的方法解决，ICP-AES 分析软件都带有自动校正背景的功能。

4. 原子发射常用的测试方法

4.1 标准曲线法

标准曲线法的操作过程是，首先预计需测试的样品溶液的最高浓度，确定标准溶液系列的最高浓度，再从标准空白到最高浓度之间配制 3 ～ 5 个浓度梯度均匀的标准溶液，组成标准溶液系列并建立标准曲线。在测试时，首先由低到高依次测定标准空白及标准溶液，作浓度与光强度的标准曲线，再逐个测定样品溶液的光强度，在标准曲线上查得对应的浓度，现在采用电脑分析软件，可直接给出测定的浓度值。要求样品溶液的浓度值应处于标准曲线的浓度范围内，如果超出标准曲线的最高浓度应对样品进行稀释，最后根据稀释倍数计算出原样品中测定元素的含量。

标准曲线法可有效消除测试时较低背景值对测定结果的影响。在配制样品溶液时也要配制一个空白溶液，其前处理手段与样品完全一致，其溶剂、介质以及测试时的测试条件与样品溶液一样，因而背景都一样。在样品测试时，首先测定样品空白，再对其他样品一一进行测定，在计算时将样品溶液测试值逐个减去样品空白溶液的测试值，就可以准确计算出样品溶液中待测元素的含量。

标准曲线法是测试中最简单的方法。如果样品的基体简单，样品溶液和标准溶液的黏度、表面张力、密度等应该是相同或相近的，测试结果应是可靠的。但如果样品基体复杂，试样溶液和标准溶液由于存在黏度、表面张力、密度等差异，就会造成两者的雾化效率不一样，用标准溶液系列法就难以保证测定结果的准确。

4.2 基体匹配法

为了消除或减少上述差异，在标准溶液中加入样品溶液的基体成分，使标准溶液的组成与样品溶液一致，这样就可以克服两者存在的黏度、表面张力、密度等差异，这就是基体匹配法。

基体匹配法除了上述不同外，其余的所有标准溶液配制、样品溶液配制和测试都与标准溶液系列法完全相同。

但在实际测试中不可能在标准溶液中加入与测试样品完全相同的基体，只能加入基体的主要成分。如测定 Fe 样品中杂质的含量时，由于 Fe 元素谱线非常复杂，经常是背景值很高，在标准溶液中加入相同浓度的 Fe，使标准溶液的背景值与样品溶液的背景值一致，就可有效地抵消背景干扰。又如测定 Zn 及其化合物中杂质时，由于 Zn 的浓度对溶液的黏度影响很大，高浓度的 Zn 样品黏度大，雾化效率低，常使测定结果偏低。在标准溶液中加入相同浓度的 Zn，使标准溶液的黏度与样品溶液的黏度一致，会大大改善测定结果。采用此法之前必须知道其基体的成分以及含量，但即使这样还有两个局限性：

① 加入的基体不能含有待测元素，这一点较难做到。因为有些样品本来就很纯，其待测元素的含量微乎其微，要在标准溶液中加入大量基体，又不带入待测元素，这就要求加入的基体的纯度远远高于样品，至少要高出一个数量级。

② 如果样品的成分很复杂，如岩石、污泥、生活污水等，即使知道它们的成分和含量，也不能在标准溶液中一一添加这些成分，必须另寻它法。

4.3 标准加入法

标准加入法也叫标准增量法。其适用的前提是，在检测的浓度范围内浓度与发射强度必须严格遵守线性关系。方法是，配制多个（通常4个以上）成分、浓度完全相同的样品溶液，分别在每个样品溶液中加入不同浓度的标准溶液，使加入的标准溶液的浓度分别为c_1、c_2、c_3、c_4、…然后测定每份溶液的光强度，分别记为I_1、I_2、I_3、I_4、…最后作浓度-光强度（c-I）的关系曲线，见图3-30。由于发射强度与待测元素的浓度是线性关系，作出的应是一条直线。设样品中待测元素的浓度为c_x，实际上I_i对应的溶液浓度应该是c_i+c_x，所以将直线反推到$I=0$时的浓度应为$-c_x$。此法的优点是直接将标准加入样品溶液中，不必知道样品的物理性质和基体组成。缺点在测试中除了待测元素参与了发射，背景也参与了，并且不像常规测试那样在作标准曲线时予以消除，因此在测试时一定要扣背景，除非已知背景可以忽略。尽管在测试时对背景进行了扣除，但对于存在谱线干扰的情况，不能采用该法。另外，该法不能抵消在样品处理、配制溶液时引入的试剂、溶剂干扰，还必须配制一份样品空白溶液，在计算最终含量时予以扣除。标准加入法对于样品数量、测试项目较多时，显然不太适用。

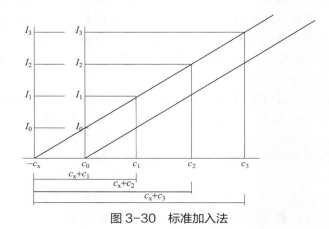

图3-30 标准加入法

4.4 内标法

尽管基体匹配法和标准加入法能较好地修正溶液的黏度、雾化效率等的影响，但对于测试时仪器性能随时间的变化对测试结果的影响（漂移）无法解决。

内标法就是在样品溶液和标准溶液中都加入相同浓度的内标元素，在测试时，既测待测元素又测内标元素，可以校正溶液的黏度、雾化效率以及仪器漂移等的影响。方法是，假定在每一份溶液中测定内标元素的浓度值为X_0，计算每一份的校正系数$A_i=X_i/X_0$，再将每一份待测元素的测试值除以相对应的校正系数，便可得到校正后的测试值。因为在所有溶液中内标元素的浓度是严格相同的，如果测得的值发生改变则是由于溶液的黏度、雾化效率以及仪器漂移等引起的。

采用内标法要注意：

① 内标元素与待测元素的分析谱线应尽量靠近；

② 内标元素与待测元素不能有化学干扰和光谱干扰；

③ 样品中不能含有内标元素，或含有的内标元素与加入的内标元素相比可以忽略不计；

④ 内标法不仅能校正黏度、表面张力的物理干扰，还能校正仪器漂移等物理因素引起的干扰，但不能校正化学干扰和光谱干扰；

⑤ 内标法要求参与内标校正的每一份样品溶液的内标浓度必须严格相同，否则反而会出现较大的偏差。

加入内标有两种办法：一种是在配制标准溶液和样品溶液时每份溶液都加入相同浓度的内标元素；另一种办法是在线加内标，如 ICP-AES 等仪器一半都带有内标通道，标准溶液和样品溶液的配制跟一般标准曲线法没有区别，只是在蠕动泵之后添加一个三通，内标溶液和待测试样溶液可以同时进样，进行内标法测定。

见微知著

内标法可消除光源放电不稳定对测定结果的影响，比如：光源为直流电弧、交流电弧、高压火花、火焰的原子发射光谱仪，因光源不稳定、有漂移，为提高测定结果准确度，一般使用内标法。但 ICP 光源稳定性好，标准曲线法即可，不需要内标物，操作简便、适用范围广。在 21 世纪的今天，环境、食品、药品、材料等领域迫切地需要各种新的测量方法手段来解决定性定量分析疑难问题，尤其是作为 21 世纪科学发展的中心和主导科学的生命科学。基于其研究体系的复杂性，分析化学面临巨大的挑战。分析仪器的创新发展需要冲破禁锢和传统的束缚，解放思想，更有利于我们去争取和承担国家的任务充当参与者的角色，进一步拓宽创新的道路，扩大创新的视野。

【满眼生机转化钧，天工人巧日争新。】

创新能推动历史的前进。在学习上不肯钻研的人是不会提出问题的；在事业上缺乏突破力的人是不会有所创新的。作为新时代的青年，要根据时代和行业发展的需要，突破思维束缚，勇于创新创业，做时代的弄潮儿。

习题测验

一、填空题

1. 用发射光谱进行定性分析时，作为谱线波长的比较标尺的元素是_____。
2. 原子发射光谱定量分析的基本关系式：_____。
3. 光谱定量分析中产生较大背景而又未扣除会使工作曲线的_____部分向_____弯曲。
4. 发射光谱定性分析中，识别谱线的主要方法有_____和_____
____。
5. 原子发射光谱法的干扰主要有_____、_____和_____。

二、选择题

1. 连续光谱是由下列哪种情况产生的？（   ）
A. 炽热固体   B. 受激分子   C. 受激离子   D. 受激原子

2. 发射光谱定量分析选用的"分析线对"应是这样的一对线（　　　）。

A. 波长不一定接近，但激发电位要相近　　　B. 波长要接近，激发电位可以不接近

C. 波长和激发电位都应接近　　　　　　　　D. 波长和激发电位都不一定接近

3. 原子发射光谱定量分析常采用内标法，其目的是（　　　）。

A. 提高灵敏度　　　　B. 提高准确度　　　　C. 减少化学干扰　　　D. 减小背景

4. 发射光谱定量分析的基本公式 $I=ac^b$，其中 b 值与下列哪个因素有关？（　　　）

A. 谱线类型　　　　　B. 试样蒸发激发过程　C. 试样组成　　　　　D. 谱线的自吸

5. 光谱定量分析中系统误差产生的来源有（　　　）。

A. 标准样品和分析样品性质不相同的结果　B. 第三元素的影响

C. 光源发生器工作条件的变化未察觉　　　　D. 偶然误差带来的影响

三、简答题

1. 发射光谱半定量分析有哪些具体方法？

2. 原子发射光谱是根据什么来定性和定量分析的？

3. 现有下列分析项目，你认为有哪些原子光谱法适合这些项目的测定，简述理由。

（1）土壤中微量元素的半定量分析；

（2）小白鼠血液中有毒金属元素 Cd 含量的测定；

（3）粮食中微量汞的测定。

4. 何谓内标？在原子发射光谱分析中如何使用？

任务 5.3　原子发射光谱仪的维护保养

问题导学

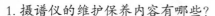

1. 摄谱仪的维护保养内容有哪些？

2. 火花源原子发射光谱仪的维护保养内容有哪些？

3. 电感耦合等离子体发射光谱仪的日常维护和周期性检查有哪些注意事项？

知识讲解

对实验室仪器设备进行维护保养，保障仪器设备在安全状态下使用，消除仪器潜在的隐性故障，预防故障的发生，避免仪器带病工作、小毛病拖成大故障。专业的仪器设备维护保养工作，要建立仪器设备维修保养档案管理，给每台仪器建立维修保养档案，减少仪器设备管理成本。适当的维护可以使仪器一直处于正常的工作状态并具有最佳的分析性能，还能延长仪器的使用寿命。

1. 摄谱仪维护保养

（1）电极夹清理　每次测试工作后都要进行激发台的清理，在清理工作前先关掉主机电源，用干净的纱布将激发后残留的黑色聚集物清理干净，用电极刷清扫上下电极。

（2）采光平板保护窗维护　仪器长期使用后，窗口片存在一定灰尘，需要定期维护。维护分具体情况而定，先目测保护窗沾灰的情况，如果情况不是特别严重，只需用洗耳球等吹去灰尘即可，如果沾灰情况严重，则需要将平板玻璃取出，用棉签蘸少许无水乙醇擦拭干净。

（3）冷却水维护　冷却水需要定期更换，一般半年至一年更换一次，冷却循环水需要参照厂家提供的配制方法配制（或采用电阻率大于 $15M\Omega$ 以上的蒸馏去离子水）。

（4）电源、接地系统检测　定期检查地线，新装地线的接地电阻要求小于等于 1Ω，以后每年检验一次，保证接地电阻必须小于 4Ω，最好在 2Ω 以下。地线与零线之间的电压在点火状态下应小于 2V，最大不能超过 5V。

2. 火花源原子发射光谱仪维护保养

（1）入射窗口的清洗及调整　入射窗口的清洗及调整通常在光强值降低很多的情况下进行，平均每半年清洗一次。

（2）光室内凹面反射镜无法清洗，必须更换　因长期受光照其表面涂层（氧化镁）会变得不均匀，或发生脱落现象，以及灰尘污染，严重影响分析质量，若光谱仪工作频率较高，则 2 年更换一次，凹面镜更换后要重新进行光路调整。

（3）光栅清洗　光栅是光谱仪的心脏，如光栅表面有损伤，可能导致仪器全部重调或停工好几个星期，严重的甚至会使仪器报废。因此一般不要对光栅进行清洗，如光栅上确有灰尘或沾污，可用洗耳球吹掉表面灰尘（不能用嘴吹光栅表面）或用大号医用针管吸入乙醚快速冲洗光栅表面的沾污。

（4）光电倍增管的替换　光电倍增管是光谱仪光电转换元件。通常光电倍增管很少会坏，但使用过久，光电倍增管会产生饱和、疲劳或老化，使其灵敏度降低，直接影响分析的精度。如果在仪器的使用过程中发现，元素的曲线拟合不太好，无法满足分析精度要求，可能是受光电倍增管老化影响，需要进行替换。

（5）狭缝扫描　因为光谱仪采用了一个复杂而又敏感的光学系统。环境温度的变化，会使光学系统有微小变化，从而使光谱线不能完全对准相应的狭缝，这种漂移会影响到分析结果。由于仪器的光路系统调整后会发生很大变化，光谱仪必须重新进行狭缝扫描。

（6）日常维护

① 测试工作前对激发台进行清理，处理激发电极。

② 开机后，首先激发含量较高的样品，根据激发斑点情况（一般正常为激发点中心亮晶晶，周围一圈黑），检查氩气纯度。

③ 测试工作完成后，清理激发台，清扫工作台面，用样品盖好激发台激发孔，罩好防尘罩。

④ 每月应进行氩气排气塑料管的清理，更换废气吸收水瓶中的水，清理或更换过滤芯，擦洗光路透镜，更换电极。

⑤ 每半年清理仪器的灰尘、更换空气过滤网。

3. 电感耦合等离子体发射光谱仪维护保养

（1）日常维护

① 每日清洗　每天在分析完样品后，应该继续冲洗 5min 再熄灭等离子体。如果分析的是水溶液样品，则进 2% 的硝酸清洗进样系统，然后用去离子水清洗。如果分析的是有机

样品，则用煤油等有机溶剂进行清洗。ICP-AES 的主机可以用中性的清洗剂清洗保持干净。

② 氩气供应　在使用 ICP-AES 时要确保有足够的氩气供应。检查氩气瓶压力表是否有足够的压力，氩气的纯度应不低于 99.999%，氩气的减压阀压力应在 0.55 ～ 0.825MPa 范围。

③ 吹扫气供应　测量 200nm 以下谱线时，ICP-AES 的光学系统需要进行吹扫。氩气和氮气都可以用作吹扫气，推荐使用氮气，其费用成本较低。要确保有足够的氮气供应。氮气的减压阀压力应在 0.275 ～ 0.825MPa 范围，纯度不低于 99.999%。

④ 切割气供应　某些型号的 ICP-AES 需要切割气，如美国 PerkinElmer 公司的 Optima 型 ICP-AES。切割气可以使用空气和氮气，但一般都使用压缩空气以降低成本。确保有足够的切割气供应。切割气压力应在 0.55 ～ 0.825MPa 范围。使用空气压缩机要将其打开，观察是否正常工作。

⑤ 循环水机　检查循环水机的连接管路是否有泄漏，确保循环水机中的循环水为蒸馏水，并加入专用的杀菌剂，循环水机的出水压力应在 0.31 ～ 0.55MPa 范围。

⑥ 通风系统　确保通风系统已经打开且通风管道没有堵塞，要经常检查通风系统是否具有适当的通风量。等离子体排风系统的最大温度是 200℃，为承受这样的温度，应使用不锈钢通风管道。等离子体排风系统的最小排风量为 5600L/min。

⑦ 炬管和 RF 线圈　检查炬管的石英玻璃外管和最里面的刚玉材料或者石英材料喷射管，炬管的石英外管不能沾有污迹，也不能有熔融的痕迹（注意：如果没有戴手套直接拿炬管，手汗中的钠盐将缩短石英炬管的使用寿命，可以用酒精棉将钠盐擦去；如果实验室湿度较高，RF 线圈上可能会结有冷凝水。点火之前一定要用柔软的干布将线圈擦干，以免损坏线圈。在擦干的过程中不能改变线圈位置）。

⑧ 雾化器　检查雾化器确保没有堵塞，进样毛细管必须干净，分析完样品后，进 2% 硝酸清洗进样系统，然后用去离子水清洗。

⑨ 蠕动泵和排废液　在分析前和连续分析几个小时后要检查蠕动泵的泵管，如果泵管变扁变形则需要更换。当不用蠕动泵时，应将泵管松开以免长时间挤压泵管减少使用期限。当分析完样品时，一定要将进样毛细管或者自动进样器的取样针从溶液中取出，以免有虹吸效应使雾室积水。确保排废液管牢固地连接在雾室的下方，废液缓慢而均匀地从蠕动泵排出，保持排废液管干净，在必要时倒掉废液桶中的废液。

（2）周期性检查　周期性检查的频率取决于仪器的使用频率、实验室的环境以及样品的数量和类型。周期性检查主要侧重以下几个方面：

① 炬管组件和 RF 线圈　周期性清洗炬管以除去污迹，如果是有机样品，则检查炬管和喷射管是否有结炭。更换炬管组件中断裂和老化的 O 形圈。

RF 线圈必须保持干净以免形成电弧，检查线圈是否有变形或者结炭，如果线圈上有坑则必须更换，因为线圈上的坑很快就会发展成为一个洞，从而导致严重的泄漏，损坏线圈和炬管。

② 观测窗和切割气喷嘴　检查和清洗观测窗和切割气喷嘴，如果仪器测量紫外区谱线的性能下降，则需要清洗和更换石英观测窗。

③ 雾化器　检查雾化器，必要时进行更换。

④ 雾室　检查雾化器及排废液管与雾室连接处是否有渗漏，检查雾室内是否结有污物，检查雾室上的 O 形圈。

⑤ 蠕动泵　检查蠕动泵的滚柱是否光滑，有无划痕，有无样品沾污，滚动自由有无

阻碍。如果必要则拆下泵头进行清洗，需要时更换滚柱。观察废液是否稳定排出，如果没有则调节泵管的松紧程度。

⑥ 排废液　检查雾室与排废液管的接头以及排废液管，必要时进行更换。

⑦ 系统的一般性维护　根据需要清洗和更换光谱仪与射频发生器的空气过滤器。每半年更换一次循环水机的水，检查并根据需要更换循环水机中的过滤器。循环水机中的循环水应使用蒸馏水，并加入专用的杀菌剂。

⑧ 炬管观测位置的准直　仪器第一次安装、移动到了新的位置、拆卸和更换了炬管或者更换了线圈，在这些情况下都需要进行炬管观测位置的准直优化。

⑨ 性能测试　可以定期进行钠焰测试，背景等价浓度（BEC）测试和变异系数（CV）测试以评价仪器的性能。

⑩ 清洗进样系统　进样系统的清洗方法见表3-9。

表3-9　进样系统清洗方法

日常清洗	如果分析的是水溶液样品，则进2%的硝酸清洗进样系统，然后用去离子水清洗。如果分析的是有机样品，则用煤油等有机溶剂进行清洗
炬管、炬管屏蔽罩、入射管、雾室	用5%～20%的硝酸或者王水浸泡。可以用超声波水浴加速清洗
O形圈、宝石同心雾化器以及雾室的端帽	用肥皂清洗后，用水彻底冲洗干净
十字交叉雾化器的宝石喷嘴	用肥皂或者2%硝酸清洗后，用水彻底冲洗干净
玻璃同心雾化器	不可使用超声水浴。不可使用细丝进行清洗
雾室	用丙酮清洗其中的油污
泵头	拆下，用水或者中性溶剂进行清洗
观测窗	用去离子水清洗，再用软布擦干

见微知著

　　仪器的日常维护保养是设备维护的基础工作，必须做到制度化和规范化。对仪器进行定期维护保养工作是一项有计划的预防性检查，以确定仪器的工作性能，保证仪器的精度和准度。请查阅资料或结合身边事例，谈谈因仪器维护保养不当而造成的直接或间接损失！

【一屋不扫，何以扫天下。】

　　琐碎的事情不做好，怎能干好一番大事业？人要成就一件大事，就得从小事做起。新时代的年轻人做人做事要脚踏实地，从小处着手，从细节着眼，一步一个脚印，不能好高骛远、眼高手低、光说不练，要以自己的实际行动为有色金属行业的发展贡献自己的一份力量。

 习题测验

1. 火花源原子发射光谱仪日常维护保养要注意哪些？
2. 电感耦合等离子体发射光谱仪清洗内容有哪些？

任务6　火花源原子发射光谱法测定锌合金各成分含量

任务导入

　　某冶炼厂检测中心小张，接到测定锌合金中各成分含量的任务，现要求用火花源原子发射光谱法测定 Al、Cu、Mg、Cd、Pb、Ti 含量。

见微知著

　　锌合金是以锌为基础加入其他元素组成的合金，常加的合金元素有铝、铜、镁、镉、铅、钛等。锌合金熔点低、流动性好，易熔焊、钎焊和塑性加工，在大气中耐腐蚀，残废料便于回收和重熔，但蠕变强度低，易发生自燃而引起尺寸变化。锌合金各成分含量不同，性能用途也有异。比如：Zn-Cu-Ti 合金、Zn-Al 二元合金、阻尼锌合金等。其中，Zn-Cu-Ti 合金（抗蠕变锌合金），它可通过铅锌矿加工变形生产所需要的零件，也可以直接压铸制品；Zn-Al 二元合金（超塑性锌合金），在一定的组织条件和变形条件下，能呈现出极高的延伸率，对于加工一些形状复杂的零件，有独到之处；阻尼锌合金，这是一种很有发展前途的新型结构材料，国内又叫减震锌合金，它可以降低工业噪声和减轻机械振动。可见，测定锌合金提供准确的成分含量信息，意义重大。

【能用众力，则无敌于天下矣。】

　　整合资源，优化要素，是现代企业核心竞争力的标志之一。作为新时代的青年，要掌握资源整合的方式方法，有系统论的思维方式。学会通过组织和协调，把彼此相关但却彼此分离的资源和要素组合起来，取得 1+1 大于 2 的效果。

实验方案

实验 9　火花源原子发射光谱法测定锌合金中各成分含量

1. 实验原理

　　火花源原子发射光谱法，是将有代表性的新鲜金属样品分析面，在电火花的高温激发下，金属样品中的各元素从固态直接气化并被激发而发射出各元素的特征光谱，在特定波长处测量各元素离子及原子的发射光谱强度，由仪器分析软件计算出各元素含量。

　　光电直读光谱分析方法一般有校准曲线法、控制试样法、持久曲线法。实际生产中常

方法应用

用持久曲线法，即用与试样组成相近的一系列标准样品绘制的持久校准曲线，分析时，只需激发样品，即可从持久曲线上得出元素含量。

光电直读光谱法是在原子发射光谱原理基础上应用最为成功的一种金属分析方法，因其分析速度快、准确度高、操作简单而广泛地应用于金属材料成分分析。

2. 实验仪器

① SPECTROLAB M12 型火花源原子发射光谱仪（美国阿美特克有限公司），其主要工作条件：氩气压力不小于 0.7MPa，钨电极 6mm，角度 90°，极距 3.4mm。

② CM 0420/2 型精密仪表卡盘加长车床（上海仪表机床厂）（其他型号车床也可）。

③ 氩气净化机。

④ 交流参数稳压器。

3. 样品前处理

用专用模具取好样品，在车床上将样品上表面加工平整，再加工下表面，将下表面作为有代表性的分析面。分析面要求平整，激发时不漏光，且表面无氧化物，无裂纹、无夹杂、无油污，否则需重新加工。

样品前处理

4. 上机测定及仪器维护保养

（1）仪器基本构成　火花源原子发射光谱仪基本由五部分组成，分别是：光源系统、光学系统、测控系统、电子读出系统、氩气冲洗系统和氮气循环系统。见图 3-31。

仪器介绍

① 光源系统　任务是通过各种方式使固态样品气化、原子化，并发射出各元素的发射光谱光。

② 光学系统　对光源系统发射出的复杂光信号进行处理（整理、分离、筛选、捕捉）。

③ 测控系统　测量代表各元素的特征谱线强度，通过光电转换，将谱线的光信号转化为电脑能够识别的数字电信号，控制整个仪器正常运作。

④ 电子读出系统　对电脑接收到的各通道的光强数据，经计算后得到样品含量。

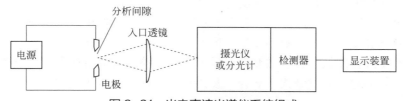

图 3-31　光电直读光谱仪系统组成

⑤ 氩气冲洗系统和氮气循环系统　光电直读光谱分析中氩气是保护气，提供稳定的激发环境。氩气冲洗系统主要由氩气控制电路、电磁阀和氩气管道等部件组成。

氮气是光室的保护气体，氮气循环系统主要由氮气循环泵和氮气净化管组成。

（2）上机测定操作程序　以 SPECTROLAB M12 型火花源原子发射光谱仪为例。

上机测定

① 仪器开机

a. 打开稳压电源，打开氩气净化机。

b. 开启光谱仪主机，打开电脑，双击桌面应用图标，进入分析界面。

c. 打开光源按钮，仪器开始预热稳定（约半小时）。

② 条件设置　仪器工作条件由于仪器生产厂家、使用环境的不同而略有差异，美国阿美特克有限公司 SPECTROLAB M12 型火花源原子发射光谱仪最佳工作条件为：氩气压力不小于 0.7MPa，钨电极 6mm，角度 90°，极距 3.4mm。

③ 标准曲线绘制　火花源原子发射光谱仪的标准曲线一般在出厂时已预制，在样品分析时加入合适的标准样品加以校正即可。

④ 样品测定

a. 点击分析界面"加载方法"，选择适合锌合金样品的分析程序。

b. 点击适合未知样品分析的类型校正样品，分析类型校正样品，激发有效结果后保存。

c. 应用类型校正样品，分析未知浓度的锌合金样品。

d. 利用仪器自带分析曲线，分析界面上自动显示锌合金样品分析的主次成分含量。

e. 打印结果。

⑤ 关机

a. 关闭光源。

b. 电脑退出分析界面，关闭应用程序，关闭电脑。

c. 关闭主机电源，关掉稳压电源，关掉氩气净化机。

d. 测试完毕，填写好仪器使用记录，将所有样品搬离仪器室。

⑥ 仪器维护保养

a. 随时维护：清理电极，针电极不清理，激发台需要及时清理，激发台很脏会影响精密度。

b. 每天开始工作时：检查氩气供给，氩气压力应大于 0.7MPa。检查水瓶中的水位。

仪器维护保养

c. 每周维护：更换水瓶中的水（一周两次），清理氩气废气管道（一周两次）。

⑦ 常见故障

a. 仪器无法加电：检查电源线插头是否插好，检查保险是否熔断。

b. 激发斑点不正常：检查氩气表压力是否正常，氩气纯度必须在 99.995% 以上，不符合要求的氩气会使得激发斑点不正常，同时污染氩气管路。

c. 光室参比线强度低：检查激发斑点是否正常，检查透镜清洁程度，检查光路。

d. 同一个样品每次激发结果不一样：及时更换电极，将电极定位。

5. 含量计算

根据锌合金中各成分的发射强度，对比标准工作曲线，仪器软件可自动计算出各元素的含量。

模块四

原子吸收光谱法

知识目标

√掌握原子吸收光谱法的基本概念，了解其发展历程、特点及应用；

√理解原子吸收光谱法的基本原理；

√熟悉原子吸收光谱仪结构类型及其特点，掌握火焰原子吸收光谱仪和石墨炉原子吸收光谱仪的工作原理、基本结构及功能；

√掌握原子吸收光谱的常用定量分析方法，以及各分析方法的特点及应用；

√掌握样品的前处理技术、影响测定的干扰因素及其消除方法。

能力目标

√能熟练进行样品溶液制备、标准溶液配制；

√能熟练操作原子吸收光谱仪及其应用软件，进行定性和定量分析；

√能熟练掌握标准曲线法和标准加入法，能根据测定对象选择定量分析方法，并正确计算物质的含量，出具规范标准的实验报告单；

√能熟练维护保养火焰原子吸收光谱仪和石墨炉原子吸收光谱仪；

√具有一定的信息迁移能力，能根据不同型号的原子吸收光谱仪说明书达到对仪器的认知、操作。

✓坚守"安全绿色、数据精准、诚信求实"的科学检测观，养成精益求精、团结协作的工作作风，具备工匠精神、劳动精神以及良好的职业道德和职业素养；

✓以人为本，植入国家乡村振兴战略，培养责任、笃定信心，推动脱贫攻坚与乡村振兴的有效衔接，为实现共同富裕奋斗。

✓弘扬中国精神，鼓励学生把个人理想与国家理想融合，将个人事业融入国家和民族的事业中，立志为祖国的高端材料的研制服务，为中华民族伟大复兴做出贡献。

✓培养学生家国概念，厚植爱国情怀和责任担当，自强不息、艰苦奋斗，助力中国梦。

任务7　火焰原子吸收光谱法测定工业废水中的铜

任务分解

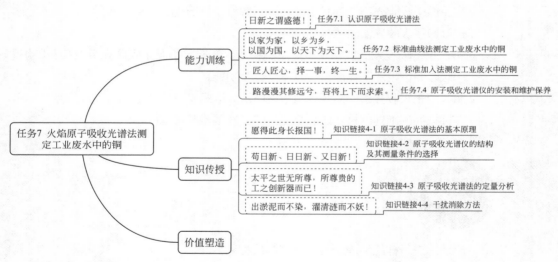

任务 7.1　认识原子吸收光谱法

问题导学

1. 基本概念：什么是原子吸收光谱法？
2. 原子吸收光谱法的发展历程。
3. 原子吸收光谱法的优点及局限性。

知识讲解

原子吸收光谱法是基于从光源辐射出待测元素的特征谱线，通过试样蒸气时被待测元素的基态原子吸收，由特征谱线减弱的程度来测定试样中待测元素含量的方法。原子吸收光谱法的原理如图 4-1 所示。

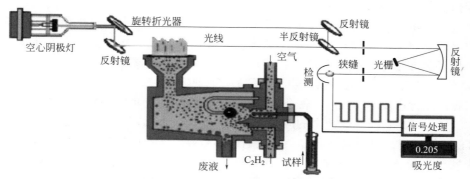

图 4-1　原子吸收光谱法原理示意图

1. 原子吸收光谱的早期探究

1666 年物理学家牛顿（Newton）第一次进行了光的色散实验。他在暗室中引入一束太阳光，并让它通过棱镜，在棱镜后面的白屏上看到了红、橙、黄、绿、青、蓝、紫 7 种颜色的光分散在不同位置上，这种现象被称为光谱。1802 年英国化学家沃拉斯顿（Wollaston）在牛顿分光实验的基础上，将狭缝置于棱镜之后，第一次发现太阳光谱不是一道完美无缺的彩虹，而是被一些暗线所割裂，这是原子吸收光谱的最初观测。1817 年德国光学仪器专家夫琅和费（Fraunhofer）在棱镜后放置了一个望远镜来观察太阳光谱，对那些暗线作了粗略的测量，并将其列成谱图，发现暗线条数超过 700 条，夫琅和费将其发现公布于学术界，以字母命名公布了太阳光谱中的许多条暗线，后来这些线称为 Fraunhofer 线。

1859 年，德国学者基尔霍夫和本生在灯焰灼烧食盐实验中，将盐放在金属丝上并放入火焰中，在有灯源照射的情况下，看到白色卡片上有暗线；去掉灯源，看到白色卡片上有彩色的发射光谱线。

基尔霍夫等通过实验，解释 Fraunhofer 线是由于太阳外层大气层中的 Na 原子等元素，吸收了太阳光谱而产生。通过实验还发现了 Rb 和 Cs，并生产了世界上第一台实用的光谱仪器。如图 4-2 所示。

图 4-2　世界上第一台实用的光谱仪器示意图

161

2. 原子吸收光谱仪的发展

原子吸收光谱作为一种实用的分析方法是从 1954 年开始的，这一年澳大利亚墨尔本物理研究所在展览会上展出世界上第一台原子吸收分光光度计。1955 年，澳大利亚的瓦尔西（A.Walsh）发表了他的著名论文《原子吸收光谱在化学分析中的应用》，首先提出了原子吸收分光光度计作为一般分析方法用于分析各种元素的可能性，并探讨了原子浓度与吸光度值之间的关系及实验室中的有关问题，从而奠定了原子吸收光谱法的基础。1959 年，苏联学者里沃夫设计出石墨炉原子化器，1960 年提出了电热原子化法，使原子吸收分析的灵敏度有了极大提高。1965 年英国化学家威利斯（J.B.Willis）将氧化亚氮 - 乙炔火焰用于原子吸收法中，提高了原子化温度，使得可测定元素数目从 30 个增至 70 个。20 世纪 60 年代以来，技术的不断进步推动了原子吸收光谱法不断更新和发展：塞曼效应和自吸效应扣除背景技术的发展，使在很高的背景下亦可顺利地实现原子吸收测定；基体改进技术的应用、平台及探针技术的应用以及在此基础上发展起来的稳定温度平台石墨炉技术（STPF）的应用，可以对许多复杂组成的试样有效地实现原子吸收测定。连续光源、中阶梯光栅、二极管阵列检测器、电子计算机等技术的应用，简化了仪器结构、提高了仪器的自动化程度、改善了测定准确度；联用技术（色谱 - 原子吸收联用、流动注射 - 原子吸收联用）不仅在解决元素的化学形态分析方面，而且在测定有机化合物的复杂混合物方面，都有着重要的用途。

见微知著

结合原子吸收光谱仪的发展历程，请讨论原子吸收光谱法能得到广泛应用，其发展过程中的重要突破点、创新点有哪些？请查找资料，列举我国科学家在光谱分析仪器上做出的贡献。

【日新之谓盛德！】

目前，我国的分析仪器制造业与先进国家的水平确实存在一定的差距，一部分高级、大型的分析测试仪有赖于进口。在当前知识经济主导的时代，如果我们没有自主知识产权的技术和装备，如果我们的科学仪器产业不及时赶上，不仅影响科学技术的发展，亦必将危及经济甚至国家安全。作为新时代青年，应从战略高度致力于从事、参与分析仪器的研制与进步，积极培育具有原创性思想的探索性科研仪器研制，着力支持原创性重大科研仪器设备研制，为科学研究提供更新颖的手段和工具，以全面提升我国的原始创新力。

3. 原子吸收光谱法的优点

（1）选择性强　由于谱线仅发生在主线系，而且谱线很窄，线重叠概率较发射光谱要小得多，所以光谱干扰较小。即便是和邻近线分离得不完全，由于空心阴极灯不发射那种波长的辐射线，所以辐射线干扰少，容易克服。在大多数情况下，共存元素不对原子吸收光谱分析产生干扰。在石墨炉原子吸收法中，有时甚至可以用纯标准溶液制作的校正曲线来分析不同试样。

（2）灵敏度高　原子吸收光谱分析法是目前最灵敏的方法之一。火焰原子吸收法的灵

敏度是 10^{-4}g 到 10^{-6}g 级，石墨炉原子吸收法绝对灵敏度可达到 10^{-10}g。常规分析中大多数元素均能达到 10^{-6}g 数量级。如果采用特殊手段，例如预富集，还可进行 10^{-9}g 数量级的测定。

（3）分析范围广　发射光谱分析和元素的激发能有关，故对发射谱线处在短波区域的元素难以进行测定。另外，火焰发射光谱分析仅能对元素的一部分加以测定。例如，钠只有 1% 左右的原子被激发，其余的原子则以非激发态存在。

在原子吸收光谱分析中，只要使化合物离解成原子就行了，不必激发，所以测定的大部分是原子。应用原子吸收光谱法可测定的元素达 73 种。就含量而言，既可测定低含量和主量元素，又可测定微量、痕量甚至超痕量元素；就元素的性质而言，既可测定金属元素、类金属元素，又可间接测定某些非金属元素、有机物；就样品的状态而言，既可测定液态样品，也可测定气态样品，甚至可以直接测定某些固态样品，这是其他分析技术所不能及的。

（4）抗干扰能力强　第三组分的存在，激发光源温度的变动，对原子发射谱线强度影响比较严重。而原子吸收谱线的强度受温度影响相对来说要小得多。和发射光谱法不同，不是测定相对于背景的信号强度，所以背景影响小。在原子吸收光谱分析中，待测元素只需从它的化合物中离解出来，而不必激发，故化学干扰也比发射光谱法少得多。

（5）精密度高　火焰原子吸收法的精密度较好。在日常的一般低含量测定中，精密度为 1% ～ 3%。如果仪器性能好，采用高精度测量方法，精密度 <1%。无火焰原子吸收法较火焰法的精密度低，一般可控制在 15% 之内。若采用自动进样技术，则可改善测定的精密度，相对标准偏差（RSD）火焰法 <1%，石墨炉 3% ～ 5%。

4. 原子吸收光谱法的局限性

原则上讲，不能多元素同时分析。测定元素不同，必须更换光源灯，这是它的不便之处。原子吸收光谱法测定难熔元素的灵敏度还不怎么令人满意。在可以进行测定的七十多种元素中，比较常用的仅三十多种。当采用将试样溶液喷雾到火焰的方法实现原子化时，会产生一些变化因素，因此精密度比分光光度法差。还不能测定共振线处于紫外区域的元素，如磷、硫等。

标准工作曲线的线性范围窄（一般在一个数量级范围），这给实际分析工作带来不便。对于某些基体复杂的样品分析，尚存某些干扰问题需要解决。在高背景低含量样品测定任务中，精密度下降。如何进一步提高灵敏度和降低干扰，仍是当前和今后原子吸收光谱分析工作者研究的重要课题。

 习题测验

一、填空题

原子吸收光谱法是基于从光源辐射出待测元素的_____，通过试样蒸气时被待测元素的_____吸收，由特征谱线减弱的程度来测定试样中待测元素含量的方法。

二、选择题

AAS 测量的是（　　）。

A. 溶液中分子的吸收　　　　　　B. 蒸气中分子的吸收

C. 溶液中原子的吸收 　　　　　　 D. 蒸气中原子的吸收

三、判断题

1. 原子吸收仪器和其他分光光度计一样，具有相同的内外光路结构，遵守朗伯 - 比尔定律。（　　）

2. 原子吸收分光光度法与紫外 - 可见分光光度法都是利用物质对辐射的吸收来进行分析的方法，因此，两者的吸收机理完全相同。（　　）

3. 原子吸收光谱是线状光谱，而紫外吸收光谱是带状光谱。（　　）

任务 7.2　标准曲线法测定工业废水中的铜

任务导入

某市环保局监测中心小李，从某乡镇工业园区的废水排放口采样，其中 Cu 为废水排放的一个重要污染因子，现需测定该废水样品中的铜含量，以判断是否符合排放要求。如果你是小李，该怎么做呢？（可自由选择自己学校或家乡水域作为测定水样）

见微知著

党的十八大报告提出："要努力建设美丽中国，实现中华民族永续发展。"在我国建设"美丽乡村"的进程中，乡镇污水处理是一个亟待解决的问题。除了推进农村污水治理及供水设施建设外，还需提高水质检测水平，对水厂进水前污水中含有的有害物质和水厂出水进行有效检测，严格控制铜、镉、汞、砷等化合物以及 COD、BOD 等有害物质的含量，使出水水质符合国家规范。请谈谈在"乡村振兴"中，你的家乡有哪些变化。

【以家为家，以乡为乡，以国为国，以天下为天下。】

新时代青年，要胸怀天下，以天下为己任，树立"以人为本"的理念，立足乡村振兴，培养家国概念，厚植爱国情怀和责任担当，助力中国梦。

实验方案

实验 10　标准曲线法测定工业废水 Cu 含量

1. 仪器与试剂

（1）实验仪器　火焰原子吸收光谱仪，铜空心阴极灯，无油空气压缩机，乙炔钢瓶及减压阀；电子分析天平；100mL 烧杯，5mL、10mL 吸量管，50mL、100mL 容量瓶。

（2）实验试剂

硝酸（1.42g/mL）；盐酸（1.19g/mL）；硝酸（1+1）；盐酸（1+1）；去离子水，电阻率

≥18MΩ·cm。

铜标准储备液（1000mg/L）：准确称取 1.0000g 纯铜（纯度不小于 99.99%），置于 500mL 烧杯中，盖上表面皿。用烧杯小心加入 50mL 优级纯硝酸（1+1）溶解纯铜，小心煮沸除去氮氧化物。待烧杯冷却后，将铜溶液全部转移至 1000mL 容量瓶中，用去离子水定容，得到质量浓度为 1000mg/L 的铜标准储备液。

铜标准使用液（50mg/L）：准确吸取 5mL 上述铜标准储备液于 100mL 容量瓶中，用去离子水稀释至刻度，摇匀备用。

2. 实验步骤

标准曲线法测定步骤如下：

① 样品前处理　加入盐酸（1+1）于工业废水样品中，将水样酸化至 pH ≤ 2，若废水样品中有悬浮物，则须用定量滤纸过滤后再酸化。将酸化后的样品储存于干净的聚乙烯塑料瓶中，待用。

② 配制标准曲线系列溶液和待测样品溶液

a. 标准曲线系列溶液的配制　移取铜标准使用液（50mg/L）0.00mL、1.00mL、2.00mL、3.00mL、4.00mL、5.00mL 分别置于 50mL 容量瓶中，用水稀释至刻度，摇匀，待测。

b. 待测水样的配制　根据水样含量，移取前处理过的水样溶液 V（mL），放置于 50mL 容量瓶中，用水稀释至刻度，摇匀。待测。

③ 测定吸光度

a. 测定标准曲线系列溶液　在仪器的最佳工作条件下，于波长 324.8nm 处，以空白调零，测定其吸光度。然后依次从低到高测定不同浓度的标准溶液，以测定的吸光度为纵坐标，相对应的铜含量为横坐标，绘制出标准曲线。

b. 测定待测水样　按测定标准曲线溶液的相同仪器条件，以空白调零，测定待测水样的吸光度。水样平行测定 3 次。

若待测样液中铜含量超过标准曲线范围，可加大稀释倍数后重新测定。

3. 结果计算

在实际测定过程中，通常待测样液是在原始样品的基础上经过稀释后进行测定的，那么原始样品中铜的含量计算式为：

$$c_{原始样品}=c_x n$$

式中　c_x——从铜标准曲线中查得待测样液中铜的浓度，mg/L；
　　　n——待测样液的稀释倍数。

实验实施

1. 方法原理

原子吸收光谱法是基于待测元素的基态原子蒸气对其特征谱线的吸收，利用空心阴极灯作为光源，发射某一元素特征波长光，通过原子蒸气时，原子蒸气对该特征波长光产生吸收从而使入射光减弱，根据光减弱的程度计算元素的浓度。

原子吸收光谱法与分光光度法基本原理相同，都是基于物质对光的选择吸收而建立起来的光谱分析方法，在一定浓度范围内都遵循朗伯 - 比尔定律。当光强度为 I_0 的光束通过原子浓度为 c 的媒质时，光强度减弱至 I_t，吸光度 A 遵循朗伯 - 比尔吸收定律：$A=-\lg(\frac{I_t}{I_0})=kcL$。在一定实验条件下，待测元素的原子总数目与该元素在试样中的浓度成正比，即 $A=kc$。

经酸化的水样，于铜的特征波长 324.8nm 处，使用空气 - 乙炔火焰测量铜的吸光度。通过 $A\text{-}c$ 标准曲线法，求得样品中铜含量。

2. 实验过程

（1）进行样品前处理　配制标准曲线系列溶液和待测样液。

（2）上机测定吸光度　绘制标准曲线，测定待测水样铜含量。

依据实验方案，在仪器的最佳工作条件下，于波长 324.8nm 处，以空白调零，测定其吸光度。依次测定标准空白、标准溶液、样品。

下面是仪器的上机操作方法，以 4510F 原子吸收光谱仪为例。

① 装灯，开机

a. 装上待测元素空心阴极灯。

b. 打开 4510F 原子吸收光谱仪仪器主机电源，双击 4510F 原子吸收光谱仪工作站软件。

c. 打开工作站，仪器开始自检，完毕后点击【确定】。

② 方法建立　自检完成，进入【方法建立】界面。选择待测元素铜 Cu；设置灯电流，一般为 2.0 mA；积分时间，一般为 3s，可根据实际样品情况设置；信号方式，一般选择原子吸收，如果氘灯背景扣除的话，可以选择背景校正；读数方式，火焰一般选择连续，石墨炉选择峰高或峰面积；选择元素灯架位置，有 1、2、3、4 四个灯架位置，根据待测元素的当前灯架位置选择；点击"灯预热"，点击"确定"。

③ 仪器调整　点"仪器调整"进入【仪器调整】对话框，点击找峰，如果选择的是背景校正，会出现 AA、BG 两种吸光度，火焰的话，一般选择原子吸收即可，只会出现 AA 吸光度。

a. 如果峰太高，减小负高压，点击发送、找峰、调零、找峰。

b. 如果峰太低，调零、找峰。

④ 燃烧器位置调节　在【仪器调整】界面选择【详细参数设置】，进入【方法建立—仪器参数设置】界面，点击【升降台设置】，以调节燃烧器位置。

具体操作方法：将对光板放在燃烧头的缝隙上，按【↑】【↓】【←】【→】调燃烧头的位置。使光斑中心对准对光板中心线，光斑中心初始位置可调至对光板上 5mm 左右（不同元素的测定，燃烧器的高度会不一样）。

⑤ 原子化器设置

a. 点击主界面上【原子化器设置】界面。开启空气压缩机，打开仪器上助燃气压表，调至压力 0.2 MPa。开启乙炔钢瓶，调节减压阀使乙炔输出压力为 0.07 MPa 左右。

方法原理及思路

配制标准曲线溶液和待测样液

仪器介绍

仪器工作原理

仪器开机

方法建立

仪器调整

燃烧器位置调节

b. 当灰色指示出现，表示气路状态不正常，请先检查气路，必须气路状态正常后方可进行下一步操作。

c. 蓝色指示灯亮表示气路状态正常，左下角【燃气】和【助燃气】显示实时流量。

d. 按【点火】，进行点火操作（注意：点火前要检查，雾化器废液排放口须水封）。

原子化器设置

⑥ 标准曲线参数设置　点击【设置】，进入【方法设置】界面。

a. 公式选择：在下拉菜单选【线性法】。

b. 在【浓度】下方列表输入标准样品浓度，浓度顺序从小到大（至少输入 1 个标样点）。

标准曲线
参数设置

c. 平均次数：每种浓度的样品采样的次数。例如设平均次数为 3，那么在具体测量时，就要对每一个被测样品读数三次，并显示三个值和一个平均值。

d. 有效位数：保留读取结果小数点后的位数。

e. 浓度单位：选择与配制标样对应的单位即可。

f. 设置完成后，点击【完成】，进入主界面进行测试。

⑦ 标准曲线绘制　开始进行实验测定，在仪器的最佳工作条件下，于波长 324.8nm 处，以空白调零，测定其吸光度。依次按照从低到高吸取不同浓度的标样，以测定的吸光度为纵坐标，相对应的铜含量为横坐标，绘制出标准曲线。

a. 点击标准空白，对空白溶液读数三次，并显示三个值和一个平均值。

b. 点击标准样品，对标样 1、2、3 各读数三次，每次都会显示三个值和一个平均值。

c. 对偏差较大的吸光度数值、相对标准偏差过大的吸光度数值，进行重测，点击序号，重读，进液启动，控制相对标准偏差在 10% 以内，最好低于 5%，使得 R 值接近 1；要求 $R > 0.999$ 的标准曲线可用，否则，须重新测定。

d. 以测定的吸光度为纵坐标，相对应的铜含量为横坐标，绘制出标准曲线。

⑧ 待测样液的测定　按测定标准曲线溶液的相同仪器条件，以空白调零，测定待测样液吸光度。

点击测试样品，对待测样液读数三次，并显示三个值和一个平均值，得出待测样液的浓度。若待测样液中铜含量超过标准曲线范围，可加大稀释倍数后重新测定。

⑨ 保存文件

a. 在【文件 F】里找到【打印】。

b. 填写样品名称、日期、操作者。

c. 可以保存文件，供以后使用，也可以直接打印出来。

标准曲线溶液和
待测溶液的测定

⑩ 关机

a. 实验完毕，喷入蒸馏水 10 min，先关乙炔气，再关空气。

b. 火灭后退出测量程序，关闭主机、电脑和空压机电源，按下空压机排水阀。

c. 清理实验台面，盖好仪器罩，填好仪器使用登记卡。

仪器关机

3. 数据处理，计算含量

计算含量

实验报告

标准曲线法测定铜含量分析报告单

姓名：_____　实验时间：_____年____月____日　组员：_____

1. 标准使用液的配制

标准储备液浓度：_____　　标准使用液浓度：_____

稀释次数	吸取体积 /mL	稀释后体积 /mL	稀释倍数
1			
2			
3			
4			

2. 标准曲线的绘制

溶液代号	吸取标液体积 /mL	c/（µg/mL）	A
0			
1			
2			
3			
4			
5			
6			
回归方程			
线性 R			

3. 样液的配制

稀释次数	吸取体积 /mL	稀释后体积 /mL	稀释倍数
1			
2			
3			

4. 样品含量的测定

平行测定次数	1	2	3
A			
查得的浓度 /（µg/mL）			
原始试液浓度 /（µg/mL）			
原始试液的平均浓度 /（µg/mL）			

计算过程：

① 根据浓度稀释公式 $c_1V_1=c_2V_2$，计算标准曲线系列溶液浓度。

② 计算待测样液铜含量。

③ 根据待测样液的稀释倍数，计算原始样品铜含量、相对平均偏差。

定量分析结果：样品的浓度为＿＿＿＿＿＿＿＿＿＿。

任务评价

见表 4-1。

表 4-1　实验完成情况评价表

姓名：＿＿＿＿＿　　完成时间：＿＿＿＿＿＿＿＿　　总分：＿＿＿＿＿＿＿＿＿

第＿＿组　　组员：＿＿＿＿＿＿＿＿＿＿＿＿＿

评价内容及配分		评分标准	扣分情况记录	得分
实验结果（45 分）		工作曲线 1 挡　相关系数 ≥ 0.9999，不扣分 2 挡　0.9999 > 相关系数 ≥ 0.999，扣 5 分 3 挡　0.999 > 相关系数 ≥ 0.99，扣 10 分 4 挡　相关系数 < 0.99，扣 22 分		
		相对平均偏差≤ /%　　1.0　2.0　3.0　4.0　5.0　6.0　7.0 扣分标准 / 分　　　　0　　1　　2　　3　　4　　6　　8		
		与准确浓度 相对偏差≤ /%　　1.0　2.0　3.0　4.0　5.0　6.0　> 6.0 扣分标准 / 分　　0　　2　　4　　8　　10　12　　15		
过程操作（25 分） （注：操作分扣完为止，不进行倒扣）		1. 玻璃仪器未清洗干净，每件扣 2 分； 2. 损坏仪器，每件扣 5 分； 3. 定容溶液：定容过头或不到，扣 2 分； 4. 标准溶液：每重配一个，扣 5 分； 5. 50mL 比色液：每重配一个，扣 2 分； 6. 显色时间不到：扣 2 分； 7. 仪器未预热：扣 5 分； 8. 吸收池类型选择错误：扣 5 分； 9. 吸收池操作不规范：扣 5 分； 10. 计算有错误：扣 5 分 / 处（出现第一次时扣，受其影响而错不扣）； 11. 数据中有效数字位数不对或修约错误：每处扣 1 分； 12. 其他犯规动作，每次扣 0.5 分，重复动作最多扣 2 分		
职业素养（20 分）	原始记录（5 分）	原始记录不及时，扣 2 分；原始数据记在其他纸上，扣 5 分；非正规改错，扣 1 分 / 处；原始记录中空项，扣 2 分 / 处		
	安全与环保（10 分）	未穿实验服：扣 5 分； 台面、卷面不整洁：扣 5 分； 损坏仪器：每件扣 5 分； 不具备安全、环保意识：扣 5 分		

续表

评价内容及配分		评分标准				扣分情况记录	得分
职业素养（20分）	6S 管理（5分）	1. 考核结束，仪器清洗不洁：扣 5 分； 2. 考核结束，仪器堆放不整齐：扣 1～5 分； 3. 仪器不关：扣 5 分					
	否决项	涂改原始数据未经监考老师同意不可更改，在考核时不准进行讨论等作弊行为发生，否则作 0 分处理。不得补考					
考核时间（10分） 超 60min 停考	超过时间≤	0：00	0：10	0：20	0：30		
	扣分标准 / 分	0	3	6	10		

知识链接 4-1

原子吸收光谱法的基本原理

问题导学

1. 原子吸收光谱是如何产生的？
2. 什么是特征谱线？原子吸收光谱定性分析的依据是什么？
3. 原子吸收线的轮廓如何描述？影响谱线变宽的因素有哪些？
4. 原子吸收光谱如何测量？原子吸收光谱定量分析基础是什么？

知识讲解

1. 原子吸收光谱的产生

原子是由原子核和核外电子组成，电子按其能量高低而分布在不同的能级轨道上，因此一个原子具有多种能级状态。在一般情况下，原子处于能量最低状态（最稳定态），称为"基态"。当原子吸收外界能量被激发时，其最外层电子跃迁到较高的能级上，原子的这种状态称为激发态。

当有辐射通过自由原子蒸气时，当辐射频率与原子中的电子从基态（E_0）跃迁到激发态（E_1）所需要的能量频率相等时，原子将从辐射场中吸收能量，产生共振吸收，电子由基态跃迁到激发态，同时使辐射减弱产生原子吸收光谱。原子吸收过程中基态原子跃迁所吸收的光辐射能量等于跃迁前后两个能级的能量差 ΔE，它由辐射光的频率 ν 或波长 λ 决定，λ 为元素的特征波长。原子吸收过程可用公式表达如下：

$$\Delta E = E_1 - E_0 = h\nu = h\frac{c}{\lambda}$$

式（4-1）

式中　E_1、E_0——原子外层电子激发态、基态的能量，通常以电子伏（eV）为单位，1eV=1.6×10^{-19}J；

　　　　v——辐射光的频率，单位通常为 Hz；

　　　　λ——辐射光的波长，单位通常为 nm，

　　　　c——光速 2.997×10^{10}cm/s；

　　　　h——普朗克常数 6.6260×10^{-34}J·s。

从式（4-1）可以看出：

原子在两个能级之间的跃迁伴随着能量的吸收和发射。当外层电子从基态跃迁到激发态时要吸收一定频率的光辐射，产生共振吸收线；当它再通过辐射跃迁返回到基态时，则发射出同样频率的光，产生共振发射线。共振发射线和共振吸收线统称为共振线。如图 4-3 所示。

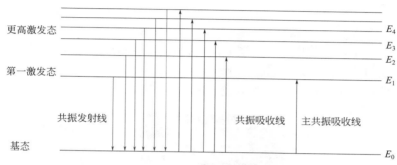

图 4-3　原子吸收能级跃迁图

各元素的原子结构和外层电子排布不同，其电子从基态跃迁到激发态所吸收能量 ΔE 不同，因而各元素的共振吸收线具有不同的特征，即吸收谱线的波长也不相同，所以这种共振线是元素的特征谱线，这也是原子吸收光谱法进行定性分析的依据。当电子吸收一定能量后，从基态跃迁到第一激发态时所产生的吸收谱线，称为主共振吸收线。由于从基态到第一激发态的跃迁最易发生，吸收最强，因此主共振吸收线也是元素的最灵敏线，通常是分析线。

2. 原子吸收线的轮廓

原子吸收光谱线很窄，但并不是一条严格的几何直线，而是具有一定宽度的吸收线。原子吸收光谱线有相当窄的频率或波长范围，即有一定宽度。一束具有一定频率的强度为 I_0 的光通过厚度为 L 的原子蒸气，一部分光被吸收，透过光的强度 I_v 服从吸收定律：

$$I_v=I_0e^{-K_vL}$$　　　　　　　　　　　式（4-2）

式中 K_v 是基态原子对频率为 v 的光的吸收系数。不同元素原子吸收不同频率的光，透过光强度对吸收光频率作图，见图 4-4。

由图 4-4 可知，在频率 v_0 处透过光强度最小，即吸收最大。若将吸收系数对频率作图，所得曲线为吸收线轮廓。原子吸收线轮廓以原子吸收谱线的中心频率 v_0（或中心波长）和半宽度 Δv 表征。中心频率由原子能级决定。半宽度是中心频率位置，吸收系数极大值一半处，谱线轮廓上两点之间频率或波长的距离。见图 4-5。

谱线具有一定的宽度，主要有两方面的因素：一类是由原子性质所决定的，例如自然

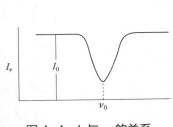

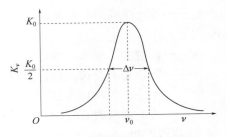

图 4-4　I_v 与 v_0 的关系　　　图 4-5　吸收线轮廓与半宽度

宽度；另一类是外界影响所引起的，例如热变宽、碰撞变宽等。

（1）自然宽度　没有外界影响，谱线仍有一定的宽度称为自然宽度。它与激发态原子的平均寿命有关，平均寿命越长，谱线宽度越窄。不同谱线有不同的自然宽度，多数情况下约为 10^{-5}nm 数量级。

（2）多普勒变宽　由于辐射原子处于无规则的热运动状态，因此，辐射原子可以看作运动的波源。这一不规则的热运动与观测器两者间形成相对位移运动（图 4-6），从而发生多普勒效应，使谱线变宽。这种谱线的所谓多普勒变宽，是由于热运动产生的，所以又称为热变宽，一般可达 10^{-3}nm，是谱线变宽的主要因素。

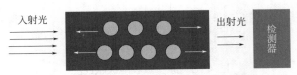

图 4-6　多普勒变宽相对位移运动图示

（3）压力变宽　由于辐射原子与其他粒子（分子、原子、离子和电子等）间的相互作用而产生的谱线变宽，统称为压力变宽。压力变宽通常随压力增大而增大。在压力变宽中，凡是同种粒子碰撞引起的变宽叫赫尔兹马克变宽（Holtzmark broadening）；凡是由异种粒子引起的变宽叫劳洛兹变宽（Lorentz broadening）。劳洛兹变宽随外界气体压力的升高而加剧，随温度的升高而下降，使中心频率位移，谱线轮廓不对称，影响分析的灵敏度。劳洛兹变宽数量级为 10^{-3}nm，是压力变宽的主要因素。此外，在外电场或磁场作用下，能引起能级的分裂，从而导致谱线变宽，这种变宽称为场致变宽。

（4）自吸变宽　由自吸现象而引起的谱线变宽称为自吸变宽。空心阴极灯发射的共振线被灯内同种基态原子所吸收产生自吸现象，从而使谱线变宽。灯电流越大，自吸变宽越严重。

3. 原子吸收光谱的测量

（1）积分吸收　在吸收线轮廓内，吸收系数的积分称为积分吸收系数，简称为积分吸收，它表示吸收的全部能量。从理论上可以得出，积分吸收与原子蒸气中吸收辐射的原子数成正比。数学表达式为：

$$\int K_v dv = \frac{\pi e^2}{mc} N_0 f \qquad 式（4-3）$$

式中 e 为电子电荷，m 为电子质量，c 为光速，N_0 为单位体积内基态原子数，f 为振子强度，即能吸收特定频率光的平均电子数，它正比于原子对特定波长辐射的吸收概率。

172

这一公式表明，积分吸收与单位体积原子蒸气中吸收辐射的原子数呈简单的线性关系。这种关系与频率无关，亦与用以产生吸收线轮廓的物理方法和条件无关。这是原子吸收光谱分析法的重要理论依据。若能测定积分吸收，则可求出原子浓度。

但是测定谱线半宽度仅为 10^{-3} nm 的积分吸收，要对半宽度如此小的吸收线进行积分，需要单色器分辨率达到五十万，目前技术难以实现。而且原子吸收线引起的吸收值仅相当于总入射光线的 0.5 %（图 4-7），测定灵敏度极差。

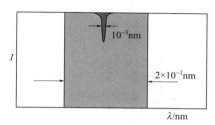

图 4-7　连续光源■与原子吸收线■的通带宽度对比示意图

（2）峰值吸收　1955 年瓦尔西（Walsh A）提出以锐线光源为激发光源，用测量峰值吸收系数的方法替代积分吸收，从而解决了原子吸收光谱无法准确测量的问题。所谓锐线光源就是能发射出谱线半宽度很窄的发射线的光源，如用某种纯的金属或合金制作的空心阴极灯。峰值吸收是指基态原子蒸气对入射光中心频率线的吸收，峰值吸收的大小以峰值吸收系数 K_0 表示。

见微知著

锐线光源的应用，成功解决了原子吸收光谱法近百年来无法准确测量的问题，从而使得原子吸收得以实际应用。科学技术就是第一生产力。中国作为第一制造大国，目前还存在一些核心技术等待我们去突破。比如：航空涡轮风扇发动机。由于涡扇发动机各部件须承受住异常严酷的高温高压考验，才能完成很高的推力，这就必须让发动机内的风扇等部件保持极高的结构强度。然而，该技术涉及发动机研制的重要难点——材料问题。原子吸收光谱法测定材料中各元素含量，可有效助力材料的研发。请查阅资料，谈谈原子吸收光谱法服务于科技研发的案例。

【愿得此身长报国！】

立足《中国制造 2025》，认识国内自有技术产权与国际先进技术的差距。新时代青年，把要个人理想与国家理想融合，将个人事业融入国家和民族的事业中，立志为祖国的高端材料的研制服务，为中华民族伟大复兴做出贡献。

目前，一般采用测量峰值吸收系数的方法代替测量积分吸收系数的方法。如果采用发射线半宽度比吸收线半宽度小得多的锐线光源，并且发射线的中心与吸收线中心一致，见图 4-8。这样就不需要用高分辨率的单色器，而只要将其与其他谱线在一般原子吸收测量条件下，原子吸收轮廓取决于热变宽宽度（Doppler broadening），通过运算可得峰值吸收系数：

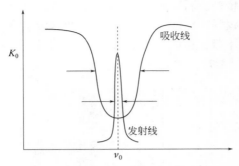

图 4-8　原子的发射线与吸收线

$$K_0 = \frac{2\sqrt{\pi \ln 2}}{\Delta v_\mathrm{D}} \cdot \frac{e^2}{mc} N_0 f \qquad \text{式（4-4）}$$

可以看出，峰值吸收系数与原子浓度成正比，只要能测出 K_0 就可得出 N_0。

峰值吸收代替积分吸收的必要条件为：

① 发射线的中心频率与吸收线的中心频率一致。

② 发射线的半宽度远小于吸收线的半宽度（1/5 ～ 1/10）。

③ 锐线光源。

锐线光源的发射线半宽度远小于吸收线的半宽度，Δv 为 0.0005 ～ 0.002 nm，如空心阴极灯。在使用锐线光源时，光源发射线半宽度很小，并且发射线与吸收线的中心频率一致。这时发射线的轮廓可看作一个很窄的矩形，即峰值吸收系数 K_v 在此轮廓内不随频率而改变，吸收只限于发射线轮廓内。这样，一定的 K_0 即可测出一定的原子浓度。

（3）定量分析的依据　在实际工作中，对于原子吸收值的测量，是以一定光强的单色光 I_0 通过原子蒸气，然后测出被吸收后的光强 I，此吸收过程符合朗伯 - 比尔定律，即：

$$A = \lg \frac{I_0}{I} = K N_0 L \qquad \text{式（4-5）}$$

式中　　A——吸光度；

I_0、I——分别为锐线光源入射光和透过光的强度；

K——常数；

N_0——单位体积内被测元素基态原子数；

L——吸收层的厚度（火焰宽度）。

因此在一定浓度范围内，L 一定的情况下：

$$A = K'c \qquad \text{式（4-6）}$$

式中 K' 为与实验条件有关的常数，c 为待测元素的浓度，在一定条件下，吸光度与浓度成正比，此式称为比尔定律，是原子吸收光谱法进行定量分析的依据。

习题测验

一、填空题

1. 在一定条件下，吸光度与试样中待测元素的浓度呈_____，这是原子吸收定量分析的依据。

2. 为实现峰值吸收代替积分吸收测量，必须使发射谱线中心与吸收谱线中心完全重合，而且_____的宽度必须比_____的宽度窄。

3. 原子吸收光谱法是基于从光源辐射出待测元素的特征谱线，通过样品蒸气时，被蒸气中待测元素的_____所吸收，由辐射特征谱线减弱的程度，求出样品中待测元素含量。

4. 使原子吸收谱线变宽的因素较多，其中_____是主要因素。

5. 原子吸收的光谱是_____。

二、判断题

1. 原子吸收仪器和其他分光光度计一样，具有相同的内外光路结构，遵守朗伯 - 比尔定律。（   ）

2. 电子从第一激发态跃迁到基态时，发射出光辐射的谱线称为共振吸收线。（   ）

3. 原子吸收法是根据基态原子和激发态原子对特征波长吸收而建立起来的分析方法。（   ）

4. 原子吸收光谱是带状光谱，而紫外 - 可见光谱是线状光谱。（   ）

5. 原子吸收光谱是由气态物质中激发态原子的外层电子跃迁产生的。（   ）

三、选择题

1. 原子吸收光谱产生的原因是（   ）。

A. 分子中电子能级跃迁
B. 转动能级跃迁
C. 振动能级跃迁
D. 原子最外层电子跃迁

2. 原子吸收分析中可以用来表征吸收线轮廓的是（   ）。

A. 发射线的半宽度
B. 中心频率
C. 谱线轮廓
D. 吸收线的半宽度

3. 由原子无规则的热运动所产生的谱线变宽称为（   ）。

A. 自然变宽
B. 赫鲁兹马克变宽
C. 劳伦茨变宽
D. 多普勒变宽

4. 为保证峰值吸收的测量，要求原子分光光度计的光源发射出的线光谱比吸收线宽度（   ）。

A. 窄而强
B. 宽而强
C. 窄而弱
D. 宽而弱

5. 火焰原子吸光光度法的测定工作原理是（   ）。

A. 比尔定律
B. 波尔兹曼方程式
C. 罗马金公式
D. 光的色散原理

四、简答题

1. 原子吸收光谱法与紫外 - 可见分光光度法的异同点。
2. 原子吸收光谱法的基本原理是什么?

知识链接
4-2

原子吸收光谱仪的结构及其测量条件的选择

问题导学

1. 原子吸收光谱仪的结构及类型。
2. 光源的作用、要求、分类。灯电流的选择原则。
3. 原子化器的作用、要求、分类。火焰原子化器如何选择火焰、燃烧器高度、试液提升量? 石墨炉原子化器如何选择载气与保护气、原子化温度和时间 (干燥、灰化、原子化、净化)?
4. 单色器的作用、分类。狭缝宽度的选择原则。

知识讲解

原子吸收光谱仪又称原子吸收分光光度计, 其基本原理是仪器从光源辐射出具有待测元素特征谱线的光, 通过试样蒸气时被蒸气中待测元素基态原子所吸收, 由辐射特征谱线光被减弱的程度来测定试样中待测元素的含量。原子吸收光谱仪一般由光源 (单色锐线光源)、原子化系统、分光系统、检测系统、信号处理与显示系统五部分组成。其基本构造如图 4-9 所示。

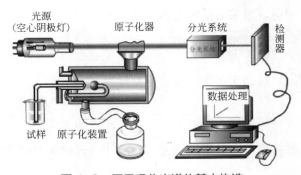

图 4-9　原子吸收光谱仪基本构造

1. 光源

光源用于提供待测元素的特征共振辐射, 光源需满足三个条件: ①能发射待测元素的共振线, 谱线的轮廓要窄; ②辐射的强度大; ③辐射光强度稳定性好, 且背景小。

常用的光源有空心阴极灯、无极放电灯等。空心阴极灯发光强度大、输出光谱稳定、结构简单、操作方便，获得广泛应用。

空心阴极灯是一个封闭的气体放电管，用被测元素纯金属或合金制成圆柱形空心阴极，用钨棒做成阳极，灯内充低压惰性气体，用石英制作光学玻璃窗口。见图4-10。当在灯上施加适当电压时，电子将从空心阴极内壁流向阳极，与充入的惰性气体碰撞而使之电离，产生正电荷，其在电场作用下，向阴极内壁猛烈轰击，使阴极表面的金属原子溅射出来，溅射出来的金属原子再与电子、惰性气体原子及离子发生碰撞而被激发，于是阴极内辉光中便出现了阴极物质和内充惰性气体的光谱（惰性气体光谱干扰很小）。

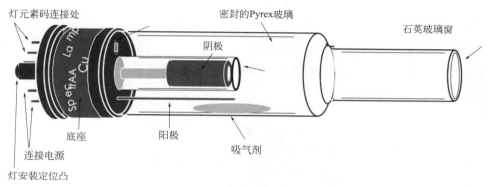

图 4-10　空心阴极灯结构示意图

空心阴极灯电流的大小直接影响灯放电的稳定性和锐线光的输出强度。灯电流过小，放电不稳定，光输出的强度小；灯电流过大，发射谱线变宽，导致灵敏度下降，灯寿命缩短。空心阴极灯上都标有最大工作电流（额定电流，约为 5 ～ 10mA），大多数元素的日常分析中，工作电流保持为额定电流的 40% ～ 60%，即可保证稳定、合适的锐线光强输出。

灯电流的选择原则为在保证放电稳定和有适当光强输出情况下，尽量选用低的工作电流。通常灯电流采用仪器制造商的推荐值，略高于或低于该数值，一般将不会影响分析的灵敏度。合适的工作电流也可由实验绘制吸光度 - 灯电流（A-I）关系曲线，选用与最大吸光度读数对应的最小灯电流值。

2. 原子化系统

原子化系统用于提供能量，将试样中待测元素转变成原子蒸气，并吸收光源发出的特征光谱。原子化系统是原子吸收光谱仪的一个关键装置，对原子吸收光谱分析法的灵敏度和准确度起到决定性的作用，也是分析误差最大的一个来源。对原子化系统的要求：原子化效率要高、稳定性要好、背景小、噪声低、安全、耐用、操作方便。

根据原子化器的不同可以分为火焰原子吸收、无火焰原子吸收两种。火焰原子吸收应用最为广泛，其分析精度很好，利用火焰原子吸收法测定中高含量元素的相对标准偏差已小于 1%，分析准确度接近于经典分析方法。受其原理和结构限制，分析物受到大量火焰气体的稀释，灵敏度大幅降低；气动雾化效率很低，分析物只有约 1% 可以转移到气相中去；火焰气氛复杂，火焰热量大多数消耗在与分析物无关成分的激发上。近年来，无火焰原子化技术有了很大改进，它比火焰原子化技术具有更高的原子化效率、灵敏度和检出限，因而发展很快。

2.1 火焰原子化装置

火焰原子化系统是由火焰热能提供能量，使被测试样经蒸发、干燥、离解（还原）等过程，产生大量气态基态原子。火焰原子化过程见图4-11。

图4-11　火焰原子化过程

火焰原子化器可分为预混合式和全消耗式两种，前者应用较多。预混合式火焰原子化器由进样系统、雾化器、雾化室和燃烧器构成，如图4-12所示。

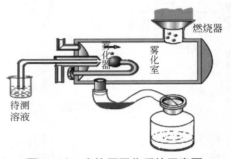

图4-12　火焰原子化系统示意图

（1）预混合式火焰原子化器的结构

① 进样系统　进样系统的作用是引入样品。当具有一定压力的助燃气从喷嘴高速喷出时，毛细管尖端产生负压，试液沿毛细管吸入。试液吸入的提升量受毛细管的内径、通入压缩空气的压强、试液的黏度等因素的影响，通常试液提升量选择3～10mL/min，雾化效率可达10%。试液提升量较小时，雾化效率高，但测定的灵敏度下降；若提升量太大时，雾化效率降低，大量试液成为废液排出，灵敏度也不会提高。

② 雾化器和雾化室　作用是将吸入的试液雾化成细小、均匀的雾滴，与燃气、助燃气混合成气溶胶后进入燃烧器燃烧。试液沿毛细管吸入，经喷雾器形成雾珠，较大的雾珠在撞击球上撞成更小的雾珠，在雾化室中被快速通入的助燃气分散成气溶胶，与燃气混合后进入燃烧器燃烧。雾化室装有扰流器，可使气液混合更均匀，扰流器又可使大的雾滴凝聚从废液排出口排出，排出口注意要水封，防止燃气、空气逸出。

雾滴愈细小，愈易蒸发、干燥、离解，生成气态的基态原子就愈多，灵敏度也愈高。要求雾化效率达10%以上，雾滴细、喷雾稳定、记忆效应小、废液排出要快。雾化器的主要缺点是雾化效率低。

③ 燃烧器　燃烧器的作用是使火焰燃烧稳定，吸收光程长、噪声小、背景低。燃烧器多用不锈钢做成，能耐高温、耐腐蚀。燃烧器有单缝式和三缝式两种，常用的是单缝燃烧器。

燃烧器能调节角度和高度，以便选择合适的火焰部位进行测量。对于不同元素，自由原子浓度随火焰高度的分布是不同的，测定的灵敏度也不同，因此，需要选择合适的燃烧器高度使测量光束从原子浓度最大的区域通过，以期得到最佳的灵敏度。一般情况下，在燃烧器狭缝口上方 2 ～ 5cm 附近，火焰具有最大的原子密度，测定的灵敏度最高。但对于不同测定元素和不同性质的火焰有所不同。

在实际测定中，最佳的燃烧器高度应通过实验来确定。选择燃烧器高度的方法：先固定燃气和助燃气的流量，吸入待测样品，调节零点，测定吸光度，再逐步改变燃烧器的高度，重复调节零点并测定吸光度，以燃烧器高度为横坐标，吸光度为纵坐标，绘制吸光度 - 燃烧器高度曲线，从而选择最佳燃烧器高度位置。

（2）火焰类型及其性质　燃料（如乙炔）和氧化剂（如空气和氧化亚氮）燃烧产生火焰，提供能量，使雾化成气溶胶的被测试样变成气态基态原子。火焰温度是保证试样充分分解为原子蒸气、保证原子化效率的关键。但温度过高会增加原子的电离或激发，使基态原子数减少。因此，在确保待测元素能充分解离为基态原子的前提条件下，选择低温火焰比高温火焰的灵敏度高。

根据燃气和助燃气种类，常见的火焰类型有：①空气 - 乙炔火焰，温度约 2600K；②氧化亚氮（笑气）- 乙炔火焰，温度约 3300K；③空气 - 丙烷（煤气）火焰，温度约 2200K。

选择火焰的一般原则：一般绝大多数元素，采用空气 - 乙炔火焰；但对于易电离、易挥发的元素（如碱金属和部分碱土金属）及易与硫化合的元素（如 Cu、Ag、Pb、Cd、Zn、Sn、Se 等）可使用低温火焰，如空气 - 丙烷（煤气）火焰；对难挥发和易生成氧化物的元素（如 Al、Si、V、Ti、W、B）等可使用高温火焰，如氧化亚氮 - 乙炔火焰。

为获得火焰的合适温度，应控制助燃气和燃气的正常比例，根据燃气与助燃气比例，可分为：

化学计量火焰：燃助比与化学计量比相近，$Air : C_2H_2 = 4 : 1$，火焰温度高，干扰少，稳定，最为常用。

贫燃火焰：助燃气量大，$Air : C_2H_2 = (5 ～ 6) : 1$，火焰温度低，氧化性较强，适用于碱金属元素测定。

富燃火焰：燃料气量大，$Air : C_2H_2 = (2 ～ 3) : 1$，火焰温度稍低，还原性较强，测定较易形成难熔氧化物的元素，如 Mo、Cr、稀土等。

按火焰燃气与助燃气比例（空气 - 乙炔）分类，见表 4-2。

表4-2　按火焰燃气与助燃气比例(空气 – 乙炔)分类

类型	火焰性质	温度	适测元素
化学计量火焰	中性	温度高	一般元素
贫燃火焰	氧化性	温度低	K、Na 等碱金属元素
富燃火焰	还原性	温度稍低	较易形成难熔氧化物的元素 Cr、Mo、W、Al、稀土元素

"贫焰"中含乙炔量较少，且易被氧化，这类火焰对那些受氧化作用影响较强的元素来说，将不能产生足够的自由基态原子，分析易解离、易电离的元素比较有利。但如果火焰中含乙炔量较多，即在"富焰"中，因其中含较多的碳、氢，因而可打破被分析元素较强的氧化链，形成自由原子，适宜分析易形成难熔氧化物的元素，如铬元素的测量。在空气 - 乙炔火焰中，贫焰状态下没有吸光度，但富焰状态下却有吸光度。这些元素的测量需综合考虑火焰温度及火焰的化学环境，可通过调节火焰的燃烧比来仔细调整。

通常火焰燃气与助燃气二者的体积比为：Air∶C₂H₂=4∶1；Air∶C₃H₈=2∶1；N₂O∶C₂H₂=1∶1。助燃气和燃气最佳流量比也可通过绘制吸光度-流量（A-V）曲线来确定。

火焰原子化法的优点有：装置不太复杂、操作简便、快速，燃烧器系统小巧、耐用、价格低廉，可获得足够的信噪比，受记忆效应的影响小，稳定、精密度高，线性范围较宽，适用于大多数元素的常规分析。

火焰原子化法的缺点有：

① 灵敏度还不够高。雾化效率低，到达火焰的试样仅为提升量的10%，大部分试液排泄掉了。火焰气氛的稀释作用和高速燃烧，这些作用不但使原子化效率低而且使基态原子在吸收区内停留的时间很短。

② 消耗试液量大，一般为0.5%～1mL。对于数量很少的试样（如血液、活体组织等）的分析，受到限制。

③ 雾化量低，一般为5%～10%。不能或难以直接分析固体或黏度高的液体样品。

2.2 无火焰原子化装置

无火焰原子化装置又称电热原子化装置，目前应用最广泛的是石墨炉原子化器。

石墨炉仪器结构多样，基本都由电源、石墨管、石墨锥、光强-温度-电流控制装置、自动进样装置、水冷装置等几部分组成。在石墨炉原子化器中，原子化发生在一个耐高温的圆筒状石墨管中，中央开一个小孔作为试样的注入口和保护气体（Ar）的出气口。石墨炉原子化结构见图4-13。

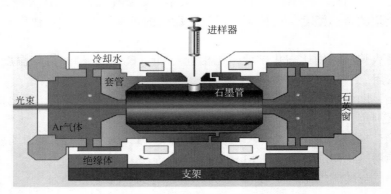

图4-13　石墨炉原子化结构示意图

（1）工作原理　石墨管固定在两个电极之间，加入一定量的样品到石墨管内，在惰性气体条件下，通过程序升温方式加热至高温而使样品被迅速地原子化，从而产生与被测元素含量成正比的基态原子数量。

基本工作过程是：自动进样器把10～20μL溶液样品，从石墨管壁小孔注入石墨管，石墨管由高纯Ar气或N₂气保护，石墨管两端加以低电压大电流，以程序升温的方法逐步干燥灰化，在灰化步骤结束时加大电流产生高温（2200～2800K），使试样原子化，然后进一步提高石墨管温度，净化石墨管中的残留物。与火焰原子化产生的信号不同，石墨炉的信号是尖峰形状信号，分析元素的含量与峰高或峰面积成正比。

在石墨炉工作期间，石墨管外保持1L/min左右的保护气，将石墨管与外界空气隔离，以保证石墨管使用寿命。管内载气可以排放加热过程中产生的烟雾，维持石墨管内的还原气氛。在加热阶段通常使用100～300mL/min的流量，为了提高测定灵敏度，往往在灰化阶段末期停气，防止自由原子被气体吹走。气体流量和加热电流由仪器自动控制。在常规使用条件下，一支石墨管可测定 400 ～ 500 次样品。为了延长原子化器的使用寿命，原子化器必须在无氧条件下工作，否则会使石墨炉原子化器的表面因氧化生成一氧化碳和二氧化碳而迅速变得疏松多孔。为此，必须采用氩气或氮气作保护气体，通常认为氩气比氮气更好，一般应选用高纯氩气。

目前，商品仪器一般都采用石墨管内（载气）、外（保护气）单独供气，管外供气是连续的且流量大（0.8 ～ 2L/min），管内供气流量小（200 ～ 600mL/min），为了提高测定灵敏度，往往在原子化阶段停气（有时并非真正意义上的停气，而是载气流量降至 20 ～ 40mL/min），在使用自动进样器时，往往在加样时也停气，直到干燥阶段开始若干秒后才开始通载气，其目的是让样品能更好地吸附于石墨管壁或平台上，防止样品被气体吹散。

石墨炉在 2 ～ 4s 内，可使温度上升到 3000℃，有些稀土元素，甚至要更高的温度。但炉体表面温度不能超过 60 ～ 80℃。因此，整个炉体必须有水冷却保护装置，为使石墨管迅速降至室温，通常使用水温为 20℃、流量为 1 ～ 2L/min 的冷却水（可在 20 ～ 30s）冷却。水温不宜过低，流速也不可过大，以免在石墨锥体或石英窗产生冷凝水滴。

（2）原子化过程　原子化过程分为干燥、灰化（去除基体）、原子化、净化（去除残渣）四个阶段，实际操作是通过控制石墨炉电源电流输出的大小，采用直接进样和程序升温方式，使待测元素被原子化为基态原子。石墨炉原子化过程示意图见图 4-14。

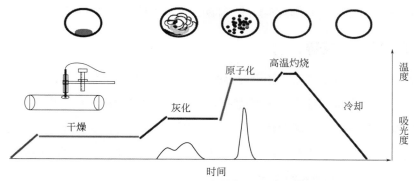

图 4-14　石墨炉原子化过程示意图

① 干燥阶段　干燥阶段是个低温加热过程，其目的是蒸发除去试样中的溶剂或含水成分。干燥阶段的干燥条件直接影响分析结果的重现性，干燥温度的选择必须避免样品溶液剧烈地沸腾和飞溅，又要保证有较快的蒸干速度。一般应在稍低于溶剂沸点的温度下进行，条件选择是否得当可用蒸馏水或空白溶液进行检查，干燥时间可以调节，并与干燥温度相配合，一般取样 10 ～ 100μL 时，干燥时间为 15 ～ 60s。

② 灰化阶段　灰化的目的是尽可能除去样品中易挥发的基体和有机物，减少分子吸收。灰化温度为在保证被测元素不损失的前提下，尽量选择较高的灰化温度以减少灰化时间，以去掉比待测元素化合物容易挥发的样品基体，减少背景吸收。灰化温度和时间由实验确定，即在固定干燥条件、原子化程序不变的情况下，通过绘制吸光度 - 灰化时间的曲线找到最佳灰化温度和灰化时间。当被测元素与试样基体挥发温度相近时，应使用化学改进剂，提高被测组分的挥发温度和降低基体的挥发温度。

③ 原子化阶段　原子化阶段的作用是使样品中待分析元素完全或尽可能多地变成

自由状态的原子，气相物理化学干扰尽可能小等。原子化阶段是原子化过程的关键阶段。不同原子有不同的原子化温度，原子化温度的选择原则是选用达到最大吸收信号的最低温度作为原子化温度，这样可以延长石墨管的使用寿命。但是原子化温度过低，除了造成峰值灵敏度降低外，重现性也会受到影响。在原子化过程中停止载气，以延长基态原子在石墨管中的停留时间，提高分析的灵敏度。适宜的原子化温度和原子化时间应通过实验确定。

见微知著

在石墨炉原子吸收光谱法原子化过程中"停止载气"，非常巧妙地起到了富集待测元素浓度的作用，从而提高了测定灵敏度。原子吸收光谱仪的创新还有很多。比如：中国原子吸收第一人——吴廷照，他率先在中国研制成功第一台实验室型原子吸收分光光度计、第一套石墨炉原子吸收分光光度计装置、第一支原子吸收用空心阴极灯、第一支高性能空心阴极灯、第一支吴氏金属套玻璃高效雾化器（已是国内所有原子吸收生产厂家的必配关键器件，并可为所有进口原子吸收装置配套，为国家和企业节约了大量的外汇）。他一生都奋斗在他所热爱的原子吸收光谱仪事业上，为中国的原子吸收光谱事业做出了巨大的贡献，请搜集你身边发现的小小创新，却解决了大大实际问题的案例，并谈谈你从中得到了哪些启发。

【苟日新、日日新、又日新！】

弘扬中国精神，让改革创新成为青春远航的动力。创新创造是中华民族最深沉的民族禀赋，改革创新是时代精神的核心，是当代中国最突出、最鲜明的特点。青年富有想象力和创造力，是改革创新的生力军。新时代青年，要积极秉持解放思想、实事求是、与时俱进、求真务实的理念。积极弘扬改革开放精神，在改革创新的实践中奉献祖国、服务人民、实现价值，让改革创新成为青春远航的强大动力。

④ 净化阶段　净化的目的是高温除去管内残渣。当完成一个样品的测定，还需要用比原子化阶段更高的温度以除去石墨管中残留物质，通过高温净化石墨管，将前一个测定的残留物彻底清除干净，保证不影响下一个测定，消除记忆效应。

石墨炉原子化过程 4 个阶段的温度及时间见表 4-3。

表 4-3　石墨炉原子化过程 4 个阶段的温度及时间

步骤	目的	温度	时间 /s
干燥	除去溶剂	稍高于溶剂沸点	10～30
灰化	除去基体	条件实验	10～30
原子化	生成基态原子	手册	3～10
净化	消除记忆	≥原子化温度	2～3

（3）石墨炉原子化法的优点　石墨炉原子化法的优点有：原子化效率高，注入的试样几乎可以完全原子化；方法的灵敏度较高；试样用量少，每次测定仅需 5 ～ 100μL；原子化温度高于火焰原子化器，适用于难熔元素的测定；能直接进行黏度很大的样液、悬浮液和固体样品的分析。

（4）石墨炉原子化法的缺点　石墨炉原子化法的缺点有：共存化合物干扰大，共存分子产生背景吸收，往往需要扣背景；因取样量少，进样器及进入管内位置变化都能引起误差，精密度低于火焰原子化法。

2.3 化学原子化法

利用化学反应进行的原子化也是常用的原子化方法，属于无火焰原子化法。如砷、硒、碲、锡等元素在酸性介质中，易与强还原剂硼氢化钠反应生成气态氢化物，送入空气 - 乙炔焰或电加热的石英管中使之原子化。

（1）冷原子化法　冷原子化主要用于汞的测定。在常温下汞盐溶液中的 Hg^{2+} 可被 $SnCl_2$ 还原成金属汞。由于汞的挥发性，用空气直接将汞蒸气带入气体吸收管进行吸光度测量。

（2）氢化物原子化法

砷、硒、碲、锡等元素，在酸性介质中，与强还原剂 $NaBH_4$（或 KBH_4）反应生成易解离的气态氢化物，送入原子化器中检测。如砷化合物采用氰化物原子化法的反应如下：

$$AsCl_3 + 4NaBH_4 + HCl + 12H_2O === AsH_3 \uparrow + 4NaCl + 4H_3BO_3 + 13H_2 \uparrow$$

氢化物原子化法特点：原子化温度低、灵敏度高，避免基体干扰。氢化物原子化法应用于测定 As、Sb、Bi、Ge、Sn、Pb、Se、Te 等元素。

3. 分光系统

分光系统，又叫单色器，位于原子化器与检测器之间，其作用是将待测元素的共振线与邻近线分开。既要将谱线分开，又要有一定的出射光强度。一般选择最灵敏的主共振吸收线作为分析线进入检测器，以提高测定的灵敏度。对于有些元素是很容易，而有些元素则较困难。例如，铜的两条谱线 324.8nm 和 327.4nm 非常容易进行分离，而镍的两条谱线 231.7nm 和 232.1nm 则较困难。铷最灵敏的吸收线是 780.0nm，但为了避免钠、钾的干扰，可选用次灵敏线 794.0nm 作分析线。又如高浓度的试样测定时，为保证工作曲线的线性范围，适宜选择次灵敏线作分析线。若次灵敏线处于短波方向，由于空气 - 乙炔火焰在短波区对光的透过性差，噪声大，若从稳定性考虑，则可以考虑选择波长较长的灵敏线。

单色器主要由色散元件（棱镜、光栅）、凹面镜、狭缝组成。入射狭缝的宽度，决定色散之前通过入口狭缝进入单色器的光通量，从理论上说应尽可能大；而出口狭缝决定谱带的宽度，即输送到检测器的小部分光谱的宽度。但实际上，两个狭缝是组合在一起的。因此狭缝宽度的选择要折中考虑：一方面要求较高的光通量，因而具有较好的信噪比；另一方面要求谱线能分开到一定程度，以防止检测器测得的信号大于应测得的信号。

单色器性能参数：

① 线色散率（$1/D$）　线色散率是指两条谱线间的距离与波长差的比值 $\Delta X / \Delta \lambda$。实际工作中常用其倒数 $\Delta \lambda / \Delta X$。

② 通带宽度（W）　通带宽度是指单色器出射光谱所包含的波长范围。由狭缝宽度和

色散率的倒数决定，当线色散率倒数（D）一定时（仪器说明书上会列出 D），可通过选择狭缝宽度（S）来确定：$W=DS$。

选择光谱带就是选择单色器的狭缝宽度。单色器的狭缝宽度主要是根据待测元素的谱线结构和所选的吸收线附近是否有非吸收性干扰来选择的。当吸收线附近无干扰线（如测碱金属）存在时，通常可以使用较宽的狭缝，增加光强，提高信噪比，改善检测限。若吸收线附近有干扰谱线（如过渡金属及稀土金属）或非吸收光存在时，则在保证有一定强度的情况下，应适当调窄狭缝宽度。单色器的分辨能力大时，可选用较宽的狭缝；反之，选较窄的狭缝。狭缝宽度的选择要能使吸收线与邻近干扰线分开。可通过实验进行选择，调节不同的狭缝宽度，测定吸光度随狭缝宽度的变化，当有干扰线或非吸收光进入光谱通带内时，吸光度值将立即减小。不引起吸光度减小的最大狭缝宽度，即为应选取的合适的狭缝宽度。也可以根据文献资料进行确定。还可根据仪器说明书上列出的单色器线色散率倒数，计算出不同光谱通带所对应狭缝宽度。如果仪器上的狭缝宽度不是连续调节，而是一些固定的数值，应根据要求的通带选一适当的狭缝。

在实际测定工作中，由于空心阴极灯电流大小的变化或单色器的传动机构不精密，可能引起设置的测量波长示值与理论值不完全一致。因此，使用仪器时应定期校正特征波长的位置。

原子吸收光谱仪按光路可分为单光束、双光束两类；按光源波道数目有单道、双道、多道之分。目前普遍使用的是单道单光束或单道双光束原子吸收光谱仪。见图 4-15。

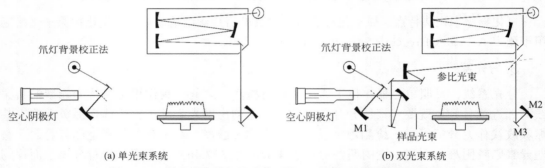

(a) 单光束系统　　　　　　　　　　　(b) 双光束系统

图 4-15　单光束系统和双光束系统原子吸收光谱仪结构示意图

其中，单光束系统优点是结构简单、光信号强、信噪比高，缺点是基线漂移大；双光束系统优点是基线偏移小，稳定性好，可消除光源不稳定带来的误差，缺点是光能损失大，仪器结构复杂。

4. 检测系统

检测系统主要由检测器、放大器、对数变换器、显示记录等装置组成。

检测器是将单色器分出的光信号转变成电信号，如光电池、光电倍增管、光敏晶体管等。在光电倍增管中，分光后的光照射到光敏阴极上，轰击出的光电子又射向下一个光敏阴极，轰击出更多的光电子，依次倍增，最后放出的光电子比最初多 10^6 倍以上，最大电流可达 $10\mu A$，电流经负载电阻转变为电压信号送入放大器。放大器是将光电倍增管输出的较弱信号，经电子线路进一步放大。对数变换器是光强度与吸光度之间的转换。显示、记录等一般在原子吸收光谱仪计算机工作站中。

习题测验

一、填空题

1. 双光束原子吸收光谱仪可以减小_____的影响。

2. 为了消除火焰发射的干扰，空心阴极灯多采用_____方式供电。

3. 当光栅（或棱镜）的色散率一定时，光谱带宽由分光系统的_____来决定。

4. 空心阴极灯灯电流选择的原则是在保证放电稳定和有适当光强输出的情况下，尽量选择_____的工作电流。

5. 在原子吸收分析中，_____火焰的温度最高。

二、选择题

1. 原子化器的主要作用是（　　　）。
A. 将试样中待测元素转化为基态原子　　　B. 将试样中待测元素转化为激发态原子
C. 将试样中待测元素转化为中性分子　　　D. 将试样中待测元素转化为离子

2. 空心阴极灯内充气体是（　　　）。
A. 大量的空气　　　　　　　　　　　　　B. 大量的氖或氩等惰性气体
C. 少量的空气　　　　　　　　　　　　　D. 低压的氖或氩等惰性气体

3. 下列哪个元素适合用富燃火焰测定？（　　　）
A. Na　　　　　　　B. Cu　　　　　　　C. Cr　　　　　　　D. Mg

4. 下列哪一个不是火焰原子化器的组成部分？（　　　）
A. 石墨管　　　　　B. 雾化器　　　　　C. 预混合室　　　　D. 燃烧器

5. 现代原子吸收光谱仪的分光系统的组成主要是（　　　）。
A. 棱镜＋凹面镜＋狭缝　　　　　　　　　B. 棱镜＋透镜＋狭缝
C. 光栅＋凹面镜＋狭缝　　　　　　　　　D. 光栅透镜＋透镜＋狭缝

6. 原子吸收光谱法中单色器的作用是（　　　）。
A. 将光源发射的带状光谱分解成线状光谱
B. 把待测元素的共振线与其他谱线分离开来，只让待测元素的共振线通过
C. 消除来自火焰原子化器的直流发射信号
D. 消除锐线光源和原子化器中的连续背景辐射

三、判断题

1. 石墨炉原子法中，选择灰化温度的原则是在保证被测元素不损失的前提下，尽量选择较高的灰化温度以较少灰化时间。（　　　）

2. 贫燃性火焰是指燃烧气流量大于化学计量时形成的火焰。（　　　）

3. 火焰原子吸收光谱仪的燃烧器高度应调节至测量光束通过火焰的第一反应区。（　　　）

4. 在原子吸收光谱法中，石墨炉原子化法一般比火焰原子化法的精密度高。（　　　）

5. 当原子吸收仪器条件一定时，选择光谱通带就是选择狭缝宽度。（　　　）

四、问答题

1. 试画出原子吸收光谱仪的结构框图。各部件的作用是什么？

2. 简述空气 - 乙炔火焰的种类和相应的特点。

五、计算题

某原子吸收光谱仪的倒线色散率为 1.5nm/mm，要测定 Mg，采用 285.2nm 的特征谱线，为了避免 285.5nm 谱线的干扰，宜选用的狭缝宽度为多少？

任务 7.3　标准加入法测定工业废水中的铜

任务导入

某市环保局采集的冶炼厂的废水样品基体复杂，找不到合适的标准溶液，现要求用火焰原子吸收光谱标准加入法测定其中的铜含量，以判断铜排放是否符合要求。那么，应该怎么做呢？

实验方案

实验 11　标准加入法测定工业废水中 Cu 含量

1. 仪器与试剂

（1）实验仪器　火焰原子吸收光谱仪，铜空心阴极灯，无油空气压缩机，乙炔钢瓶及减压阀；电子分析天平；100mL 烧杯，5mL、10mL 吸量管，50mL、100mL 容量瓶。

（2）实验试剂　硝酸（1.42g/mL）；盐酸（1.19g/mL）；硝酸（1+1）；盐酸（1+1）；去离子水，电阻率 ≥ 18MΩ·cm；

铜标准储备液（1000mg/L）　准确称取 1.0000g 纯铜（纯度不小于 99.99%），置于 500mL 烧杯中，盖上表面皿。用烧杯小心加入 50 mL 优级纯硝酸（1+1）溶解纯铜，小心煮沸除去氮氧化物。待烧杯冷却后，将铜溶液全部转移至 1000 mL 容量瓶中，用去离子水定容，得到质量浓度为 1000 mg/L 的铜标准储备溶液。

铜标准使用液（50 mg/L）：准确吸取 5 mL 上述铜标准储备液于 100mL 容量瓶中，用去离子水稀释至刻度，摇匀备用。

2. 实验步骤

（1）样品前处理　加入盐酸（1+1）于工业废水样品中，将水样酸化至 pH ≤ 2，若废水样品中有悬浮物，则须用定量滤纸过滤后再酸化。将酸化后的样品储存于干净的聚乙烯塑料瓶中，待用。

（2）配制标准加入系列溶液

① 取 6 个干净的 50mL 容量瓶，各加入待测样液 5.00mL（水样稀释后浓度与铜标准使用液浓度接近）。

② 依次加入铜标准使用液（50 mg/L）0.00 mL、0.50 mL、1.00 mL、1.50 mL、2.00

mL、2.50 mL，用水稀释至刻度，摇匀，待上机测定。

（3）测定吸光度

在仪器的最佳工作条件下，于波长324.8nm处，以空白调零，测定其吸光度。依次测定标准空白、未知样、按照从低到高吸取不同浓度的标样。以测定的吸光度为纵坐标，相对应的铜含量为横坐标，绘制出标准曲线。

3. 结果计算

在实际测定过程中，通常待测样液是在原始样品的基础上经过稀释后进行测定的，那么原始样品中铜的含量计算为：

$$\rho_{原始样品} = \rho_x n$$

式中 ρ_x ——从铜标准曲线中查得待测样液中铜的浓度，mg/L；

n ——待测样液的稀释倍数。

 实验实施

1. 方法原理

铜是原子吸收光谱分析中经常和最容易测定的元素，在贫燃的空气 - 乙炔火焰中干扰很少。为了消除铁基的影响，在绘制工作曲线时，可以加入与被测试样溶液相近的铁量；或采用标准加入法。

标准加入法是取若干份体积相同的试液，加入一系列浓度递增的标准溶液，测定吸光度，以浓度为横坐标、吸光度为纵坐标，绘制工作曲线，将直线外推延长至与横轴相交，其交点与原点的距离所对应的浓度，即为待测试样溶液的浓度。这种方法可以消除一些基体的干扰，但不能补偿由背景吸收引起的影响，因此，采用标准加入法时最好对背景进行校正。

实验方法及思路

水样经酸化，于原子吸收光谱仪波长324.8nm处，使用空气 - 乙炔火焰测量铜的吸光度。通过 A-c 标准加入法，求得样品中铜含量。

标准加入法和标准曲线法不同的是：在若干份体积相同试液的基础上，加入一系列浓度递增的标准溶液。具体方法：取若干份体积相同的试液至容量瓶（c_x），依次按比例加入不同量的待测物标准溶液（0、c_0、$2c_0$、$3c_0$、$4c_0$、……），定容，测定吸光度。以吸光度 A 为纵坐标、浓度 c 为横坐标作图得一直线，图中 c_x 点即待测溶液浓度（图4-16），或求出回归方程，利用回归方程求出待测样液含量。

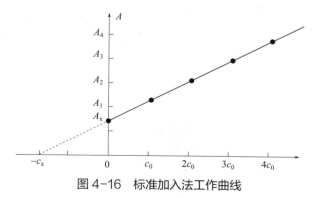

图4-16　标准加入法工作曲线

2. 实验过程

（1）根据实验方案进行样品前处理，配制标准加入系列溶液。

（2）测定标准加入系列溶液吸光度　依据实验方案，在仪器的最佳工作条件下，于波长 324.8nm 处，以空白调零，测定其吸光度。依次测定空白、未知样、标准溶液。

配制标准加入
系列溶液

下面以 4510F 原子吸收光谱仪为例进行测定。

① 装灯，开机。

② 仪器参数设置。

③ 仪器调整。

④ 燃烧器位置调节。

方法设置

⑤ 原子化器设置。

⑥ 标准加入法参数设置。

点击【设置】，进入【方法设置】界面；

a. 公式选择：在下拉菜单选【线性标准加入法】；

b. 在【浓度】下方列表输入加入的标准样品浓度，浓度顺序从小到大（至少输入 1 个标样点）；

标准加入系列
溶液的测定

c. 设置平均次数、有效位数、浓度单位，设置完成后，点击【完成】，进入主界面进行测试。

⑦ 标准加入曲线绘制。

在仪器的最佳工作条件下，于波长 324.8nm 处，以空白调零，测定其吸光度。依次按照从低到高吸取不同浓度的标样，以测定的吸光度为纵坐标，相对应的铜含量为横坐标，绘制出标准加入法曲线。

a. 点击标准空白，对空白溶液读数三次，并显示三个值和一个平均值。

b. 点击未知样，对未知样读数三次，显示三个值和一个平均值。

c. 对偏差较大的吸光度数值、相对标准差过大的吸光度数值，进行重测，点击序号，重读，进液启动，控制相对差在 10% 以内，最好低于 5%，使得 R 值接近 1；要求：R 值 >0.999 的标准曲线可用，否则，须重新测定。

⑧ 保存文件。

a. 在【文件 F】里找到【打印】，填写样品名称、日期、操作者。

b. 可保存文件，供以后使用，也可直接打印出来。

⑨ 关机。

a. 实验完毕，喷入蒸馏水 10min，先关乙炔气，再关空气。

b. 火灭后退出测量程序，关闭主机、电脑和空压机电源，按下空压机排水阀。

c. 清理实验台面，盖好仪器罩，填好仪器使用登记卡。

3. 数据处理，计算含量

计算含量

见微知著

某同学测定水样铜含量，测定结果与准确值的相对偏差超过允许误差范围。请讨论：哪些方面可通过规范操作、勤学苦练以及精益求精的"大国工匠精神"来降低误差？比如航天用加速度计在设计允许的范围之内，存在 5μm 的公差，本属于合格产品。但我国航天集团九院车间的铣工李峰，精益求精已成为他的一种信仰，他用"匠心""执拗"要求返工。因为减少 1μm 变形能缩小火箭几公里的轨道误差。他心细如发，探手轻柔，在高倍显微镜下手工精磨刀具，缩小那 5μm 的公差。

【匠人匠心，择一事，终一生。】

传承匠心精神，把小事做到极致，弘扬中国精神，发扬时代精神。在各行各业的岗位上，心怀大我，至诚报国，书写当代中国最美的时代华章。新时代青年，要树立精益求精、一丝不苟、精雕细琢、尽心竭力、求真务实的工匠精神，为社会主义现代化强国建设服务。

实验报告

标准加入法测定铜含量分析报告单

姓名：_____　　实验时间：_____年___月___日　　组员：_____

1. 标准使用液的配制

标准储备液浓度：_____　　　　标准使用液浓度：_____

稀释次数	吸取体积 /mL	稀释后体积 /mL	稀释倍数
1			
2			
3			
4			

2. 样液的配制

稀释次数	吸取体积 /mL	稀释后体积 /mL	稀释倍数
1			
2			
3			

3. 标准加入曲线的绘制

溶液代号	吸取未知样体积 /mL	吸取标液体积 /mL	ρ/（μg/mL）	A
0				
1				
2				

续表

溶液代号	吸取未知样体积 /mL	吸取标液体积 /mL	ρ/（μg/mL）	A
3				
4				
5				
6				
回归方程				
线性 R				

计算过程：

① 根据浓度稀释公式 $c_1 V_1 = c_2 V_2$，计算标准曲线系列溶液浓度。

② 计算待测样液铜含量。根据回归方程 $y = a + bx$，将 $A = 0$ 代入 y，求得 $x = \rho_x$ 即为待测溶液浓度。

③ 根据待测样液的稀释倍数，计算原始样品铜含量。

定量分析结果：样品的浓度为_____。

任务评价

见表 4-4。

表 4-4　实验完成情况评价表

姓名：_____　完成时间：_____　总分：_____

第____组　组员：_____

评价内容及配分	评分标准	扣分情况记录	得分
实验结果（45 分）	工作曲线 1 挡　相关系数 ≥ 0.9999，不扣分 2 挡　0.9999 >相关系数 ≥ 0.999，扣 5 分 3 挡　0.999 >相关系数 ≥ 0.99，扣 15 分 4 挡　相关系数 < 0.99，扣 30 分		
	与准确浓度 相对偏差 ≤ /%　　1.0　2.0　3.0　4.0　5.0　6.0　> 6.0 扣分标准 / 分　　　0　　2　　4　　8　　10　12　　15		
过程操作（25 分） （注：操作分扣完为止，不进行倒扣）	1. 玻璃仪器未清洗干净，每件扣 2 分； 2. 损坏仪器，每件扣 5 分； 3. 定容溶液：定容过头或不到，扣 2 分； 4. 标准溶液：每重配一个，扣 5 分；		

评价内容及配分		评分标准	扣分情况记录	得分
过程操作（25分） （注：操作分扣完为止，不进行倒扣）		5. 50mL 比色液：每重配一个，扣 2 分； 6. 显色时间不到：扣 2 分； 7. 仪器未预热：扣 5 分； 8. 吸收池类型选择错误：扣 5 分； 9. 吸收池操作不规范：扣 5 分； 10. 计算有错误：扣 5 分 / 处（出现第一次时扣，受其影响而错不扣）； 11. 数据中有效数字位数不对或修约错误：每处扣 1 分； 12. 其他犯规动作，每次扣 0.5 分，重复动作最多扣 2 分		
职业素养（20分）	原始记录（5分）	原始记录不及时，扣 2 分；原始数据记在其他纸上，扣 5 分；非正规改错，扣 1 分 / 处；原始记录中空项，扣 2 分 / 处		
	安全与环保（10分）	未穿实验服：扣 5 分； 台面、卷面不整洁：扣 5 分； 损坏仪器：每件扣 5 分； 不具备安全、环保意识：扣 5 分		
	6S 管理（5分）	1. 考核结束，仪器清洗不洁者：扣 5 分； 2. 考核结束，仪器堆放不整齐：扣 1 ~ 5 分； 3. 仪器不关：扣 5 分		
	否决项	涂改原始数据未经监考老师同意不可更改，在考核时不准进行讨论等作弊行为发生，否则作 0 分处理。不得补考		

考核时间（10分） 超 60min 停考	超过时间≤	0：00	0：10	0：20	0：30		
	扣分标准 / 分	0	3	6	10		

原子吸收光谱法的定量分析

问题导学

1. 原子吸收光谱法常用的定量方法有哪些？

2. 标准曲线法和标准加入法的定量方法、注意事项。

3. 标准曲线法和标准加入法的特点及适用范围。

4. 了解什么是灵敏度？什么是特征浓度？什么是检出限？

5. 准确度实验方法。

知识讲解

在一定条件下，原子吸收法的吸光度与浓度成正比，吸光度与浓度的关系可以用 $A=kc$ 表示，式中 k 为与实验条件有关的常数，c 为待测元素的浓度，此式称为比尔定律，是原子吸收光谱法进行定量分析的依据。

常用定量分析方法：标准曲线法和标准加入法。

1. 常用定量分析方法

（1）标准曲线法　原子吸收光谱标准曲线法和紫外 - 可见分光光度法类似。方法是：配制一系列浓度递增的标准溶液，由低到高依次测定吸光度，以吸光度 A 为纵坐标，对应的浓度作横坐标绘制标准曲线；在相同条件下测定试样的吸光度 A；在标准曲线上查出对应的浓度值（或由标准曲线数据获得线性方程，将测定试样的吸光度 A 代入计算得到待测样浓度）。

但标准曲线在高浓度时，压力变宽影响标准曲线易发生弯曲；化学干扰与物理干扰也会导致工作曲线弯曲。在实际测定时应注意以下几点：

① 标准溶液与试液的基体（指溶液中除待测组分外的其他成分的总体）要相似，以消除基体效应。

② 待测试液吸光度要在标准曲线溶液吸光度范围之内，超出标准曲线范围则需进行稀释。

③ 在测量过程中要喷吸去离子水或空白溶液来校正零点漂移。

④ 标准曲线和待测试液要在相同条件下进行测定。由于燃气和助燃气流量变化等会引起工作曲线斜率变化，因此每次分析都应重新绘制工作曲线。

标准曲线法适用范围：标准曲线法简便、快速，适于组成较简单的同类大批量样品的分析。

（2）标准加入法　标准加入法，又名标准增量法或直线外推法。当试样中共存物不明确或者基体组分复杂，无法配制与试样组成相匹配的标准溶液时，标准曲线法会导致测定结果不准确，则选择标准加入法。标准加入法由于一系列曲线只能测定一个样品，测定速度慢，效率低，适合于样品数量少的时候使用。

① 测定步骤

a. 配制溶液　取若干份体积相同的待测样液（c_x），依次按比例加入不同量的待测物的标准溶液（c_0），定容后浓度依次为：c_x、c_x+c_0、c_x+2c_0、c_x+3c_0、c_x+4c_0…

b. 测定吸光度　在选择的入射波长下，以参比溶液消除空白，测定标准加入系列溶液的吸光度。

c. 绘制标准加入法工作曲线　以浓度为横坐标，对应吸光度为纵坐标，绘制吸光度 - 浓度曲线（图 4-17），称为标准加入法工作曲线。

d. 计算待测样液中被测物质含量　将标准加入法工作曲线外推至与横坐标交点 c_x，即为待测元素的浓度。或求出直线回归方程 $y=a+bx$（可用 excel 软件或最小二乘法求得），利用回归方程计算待测样液含量。

直线回归方程 $y=a+bx$ 中，x 为标准溶液的浓度，y 为对应的吸光度，a、b 为回归系数。将吸光度 $A=0$ 代入 y，求得 x 值即为待测溶液浓度。

注意：回归方程的相关性系数 R 表示标准曲线的拟合度，R 越接近 1，说明曲线线性

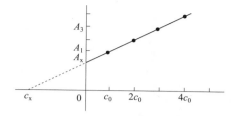

图 4-17　标准加入法工作曲线

越好，一般要求 $R > 0.999$ 的标准曲线才可用，否则，应重新制作标准曲线。

e. 计算原始样品中被测物质的含量　原始水样的浓度为待测样液的浓度乘以稀释倍数，即：$c_{原始样品}=c_x n$（稀释倍数）。

② 标准加入法的计算

【例】

现有含镉水样一件，依次分别移取此样品 5.00 mL 置于 4 个 25mL 容量瓶中，再向此 4 个容量瓶中依次加入浓度为 0.50mg/L 镉标准溶液 0.00、5.00、10.00、15.00（mL），并稀至刻度，在原子吸收光谱仪上测得吸光度分别为 0.06、0.18、0.30、0.41，求样品中镉的含量。

【解】

令 $c_{使}$ 为 0.50mg/L 镉标准使用液浓度，c_s 为增加的标准系列浓度，则：

a. 增加的标准系列浓度分别为：

根据 $c_{使}V_{使}=c_s V_s$，求得 c_s。

$$c_{s1}=\frac{c_{使}V_{使1}}{V_s}=\frac{0.50\text{mg/L}\times5.00\text{mL}}{25.00\text{mL}}=0.10\text{mg/L}$$

$$c_{s2}=\frac{c_{使}V_{使2}}{V_s}=\frac{0.50\text{mg/L}\times10.00\text{mL}}{25.00\text{mL}}=0.20\text{mg/L}$$

$$c_{s3}=\frac{c_{使}V_{使3}}{V_s}=\frac{0.50\text{mg/L}\times15.00\text{mL}}{25.00\text{mL}}=0.30\text{mg/L}$$

b. 标准系列溶液测得对应的吸光度见表 4-5。

表 4-5　标准系列溶液及其吸光度

项目	待测样液 + 标液 0	待测样液 + 标液 1	待测样液 + 标液 2	待测样液 + 标液 3
c_s/（mg/L）吸光度	0 0.06	0.10 0.18	0.20 0.30	0.30 0.41

c. 绘制工作曲线

根据吸光度和浓度数据，以浓度为横坐标，吸光度为纵坐标，绘制标准加入法工作曲线见图 4-18，得直线回归方程为：$y=1.17x+0.062$。

d. 求待测样液浓度

将吸光度 $A_x=0$ 代入直线回归方程 $y=1.17x+0.062$ 中的 y，得：

$0=1.17x+0.062$

$x=（0-0.062）/1.17=-0.053$；$c_x=0.053$ mg/L。

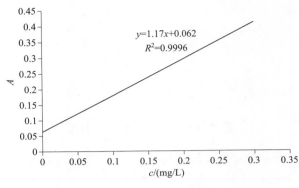

图 4-18   标准曲线图

e. 求原始样品浓度

由题意，待测样品的稀释倍数 $n=\dfrac{25}{5}=5$（倍）

则：$c_{原始样品}=c_x n=0.053\times5=0.265$（mg/L）。

③ 注意事项

a. 待测元素的浓度与其对应的吸光度应呈线性关系。

b. 为了得到较为精确的外推结果，最少应采用 4 个点来作外推曲线，并且第一份加入的标准溶液与试液的浓度之比应适当（使第一个加入量产生的吸收值约为样品吸收值的一半）。

c. 本法能消除基体效应带来的影响，但不能消除背景吸收的影响，只有扣除了背景之后，才能得到待测元素的真实含量，否则将得到偏高结果。

d. 对于斜率太小的曲线灵敏度差，容易引起较大的误差。

2. 灵敏度和检出限

灵敏度和检测限是衡量原子吸收光谱法性能的两个重要的指标。

（1）灵敏度及特征浓度　灵敏度是指某方法对单位浓度或单位量待测物质变化所产生的响应量的变化程度。它可以用仪器的响应量或其他指示量与对应的待测物质的浓度或量之比来描述。火焰原子化法中常用特征浓度来表征灵敏度，所谓特征浓度是指把能产生 1% 吸收或 0.0044 吸光度时溶液中待测元素的质量浓度 [（μg/mL）/1%] 或质量分数 [（μg/g）/1%]。灵敏度 S 可按下式计算：

$$S=\dfrac{c\times0.0044}{A}\qquad\qquad 式（4-7）$$

式中　c——被测溶液浓度，μg/mL；

　　　　A——溶液的吸光度。

对于石墨炉原子化法，由于测定的灵敏度取决于加到原子化器中试样的质量，此时采用特征质量（μg/1%）表示更为适宜，称为绝对灵敏度。

灵敏度或特征浓度与一系列因素有关，首先取决于待测元素本身的性质，例如普通元素就比难熔元素的灵敏度要高。其次还和仪器的性能如单色器的分辨率、光源的特性、检测器的灵敏度有关。此外，还受到实验因素的影响，如：燃气与助燃气流量比不恰当，引起的原子化效率低；燃烧器位置调节不合适；仪器的供气速度等导致的雾化效率低；等

等。如果对仪器条件等优化，可提高灵敏度。测定时被测试液的最适宜浓度应在灵敏度的
15 ～ 100 倍范围内。

（2）检出限　检出限是指产生一个能够确证在试样中存在某元素的分析信号所需要的
该元素的最小含量。检出限的计算一般指由基质空白所产生的噪声强度标准偏差三倍时所
对应的质量浓度或质量分数，用 μg/mL 或 μg/g 表示。

检出限不但与仪器的灵敏度有关，还与仪器的稳定器（噪声）有关，它指明了测定的
可靠程度。从使用角度，提高仪器的灵敏度、降低噪声，是提高信噪比、降低检出限的有
效手段。

3. 回收率实验

在原子吸收光谱分析中，为评价测定方法的准确度和可靠性，常测定待测元素的回收
率，具体方法有：用标准物质进行测定和用标准加入法进行测定两种。

（1）用标准物质进行测定　将已知准确含量的待测元素标准物质，在与试样相同条件
下进行预处理。在相同仪器及相同测定条件下，以相同定量方法进行测量，求出标样中待
测组分的含量，则回收率为测定值与真实值的比值，即：

回收率＝待测元素的测定值／待测元素的真实值

此方法简单、简便，但大多数情况下，含量已知的待测元素标样不容易获得。

（2）用标准加入法进行测定　在完全相同的实验条件下，先测定试样中待测元素的含
量；然后再向另一份相同量的试样中，准确加入一定量的待测元素标准物质，再次测量加
有标准物质的待测元素的含量。两次测定之差（加标样测定值 － 未加标样测定值）与待测
元素加入量之比即为回收率。

回收率＝（加标样测定值 － 未加标样测定值）／标准加入量

回收率愈接近于 1，则方法的准确度、可靠性就愈高。

【例】

以火焰原子吸收法测定某试样中的铜含量，测得铜平均含量为 $5.2×10^{-6}$，在含铜量为
$4.6×10^{-6}$ 试样中加入 $5.0×10^{-6}$ 的铜标液，在相同条件下测得铜含量为 $9.6×10^{-6}$，求回收率
为多少？

【解】

$$回收率=\frac{(9.6-5.2)×10^{-6}}{5.0×10^{-6}}×100\%=88\%$$

见微知著

回收率试验，是"对照试验"的一种。当发明新的分析方法或优化分析方法，或所分析的
试样组分复杂不完全清楚时，需通过回收率试验以判断分析方法是否准确可靠，也可判断分
析过程是否存在系统误差。每一个分析方法的发明背后都蕴藏着解放思想、勇于探索、勇于
创新的科学精神。比如，我们的木匠鼻祖鲁班，相传有一年，鲁班接受了一项建筑一座巨大
宫殿的任务。这座宫殿需要很多木料，他和徒弟们只好上山用斧头砍木，当时还没有锯子，

效率非常低。鲁班无意中抓了一把山上长的一种野草，却一下子将手划破了。鲁班很奇怪，一根小草为什么这样锋利？于是他摘下了一片叶子来细心观察，发现叶子两边长着许多小细齿，用手轻轻一摸，这些小细齿非常锋利。后来，鲁班又仔细观察蝗虫牙齿的结构，发现蝗虫的两颗大板牙上同样排列着许多小细齿，蝗虫正是靠这些小细齿来咬断草叶的。这两件事给了鲁班很大启发。于是又快又省力的锯就这样发明了。在鲁班之前，肯定会有不少人碰到手被野草划破的类似情况，为什么单单只有鲁班从中受到启发，发明了锯？

【太平之世无所尊，所尊贵的工之创新器而已！】

创新是一个民族进步的灵魂。新时代青年，要保持强烈的好奇心和正确的想法，注意对生活当中一些微小事件的观察、思考和钻研，找到解决问题的方法和思路，从中获得某些创造性发明。要树立解放思想，敏于观察，勤于思考，善于综合，勇于创新的科学精神，为社会主义现代化强国建设服务。

 习题测验

一、填空题

1. 在火焰原子吸收中，通常把能产生 1% 吸收的被测元素的浓度称为_____。
2. 待测元素能给出三倍于空白标准偏差的吸光度时的浓度称为_____。
3. 原子吸收分光光度法中，对于组分复杂、干扰较多而又不清楚组成的样品，可采用_____。
4. 原子吸收光谱法定量分析的依据是_____。

二、选择题

1. 原子吸收光谱法中，当吸收为 1% 时，其对应吸光度值应为（　　）。
A. −2　　　　　　　B. 2　　　　　　　C. 0.1　　　　　　　D. 0.0044

2. 在标准加入法测定水中铜的实验中用于稀释标准的溶剂是（　　）。
A. 蒸馏水　　　　　B. 硫酸　　　　　C. 浓硝酸　　　　　D.（2+100）稀硝酸

3. 在原子吸收光谱分析法中，要求标准溶液和试液的组成尽可能相似，且在整个分析过程中操作条件应保持不变的分析方法是（　　）。
A. 内标法　　　　　B. 标准加入法　　　　C. 归一化法　　　　D. 标准曲线法

4. 用原子吸收光度法测定铜的灵敏度为 0.04μg/mL（1%），当某试样含铜的质量分数约为 0.1% 时，如配制成 25.00mL 溶液，使试液的浓度在灵敏度 25 ～ 100 倍的范围内，至少应称取的试样为（　　）。
A. 0.001g　　　　　B. 0.010g　　　　　C. 0.025g　　　　　D. 0.100g

5. 用原子吸收光度法测定镉含量，称含镉试样 0.2500g，经处理溶解后，移入 250mL

容量瓶，稀释至刻度，取 10.00mL，定容至 25.00mL，测得吸光度值为 0.30。已知取 10.00mL 浓度 0.5μg/mL 的铬标液，定容至 25.00mL 后，测得其吸光度为 0.25。则待测样品中的铬含量为（　　　）。

A. 0.5%　　　　　　B. 0.06%　　　　　　C.0.05%　　　　　　D. 0.20%

三、判断题

1. 标准加入法的定量关系曲线一定是一条不经过原点的曲线。（　　　）
2. 灵敏度和检测限是衡量原子吸收光谱仪性能的两个重要指标。（　　　）
3. 原子吸收与紫外分光光度法一样，标准曲线可重复使用。（　　　）
4. 原子吸收检测中当燃气和助燃气的流量发生变化，原来的工作曲线仍然适用。（　　　）

四、简答题

简述原子吸收分析的灵敏度、检出限、1% 吸收特征浓度间的关系。

五、计算题

1. 用原子吸收分光光度法分析水样中的铜，分析线 324.8nm，用工作曲线法，按下表加入 100μg/mL 铜标液，用（2+100）硝酸稀释至 50mL。上机测定吸光度，分析结果列于下表中。

加入 100μg/mL 铜标液的体积 /mL	1.00	2.00	3.00	4.00	5.00
吸光度	0.073	0.127	0.178	0.234	0.281

另取样品 10mL 加入 50mL 容量瓶中，用（2+100）硝酸定容，测得吸光度为 0.137。试计算样品中铜的浓度。

2. 称取某含铬试样 2.1251g，经处理溶解后，移入 50mL 容量瓶中，稀释至刻度。在四个 50mL 容量瓶内，分别精确加入上述样品溶液 10.00mL，然后再依次加入浓度为 0.1mg/mL 的铬标准溶液 0.00、0.50、1.00、1.50（mL），稀释至刻度，摇匀，在原子吸收分光光度计上测得相应吸光度分别为 0.061、0.182、0.303、0.415，求试样中铬的质量分数。

知识链接
4-4

干扰消除方法

问题导学

1. 原子吸收的干扰有哪些？怎样区分光谱干扰和非光谱干扰?
2. 光谱干扰和非光谱干扰分别怎样消除?

知识讲解

原子吸收光谱法由于使用锐线光源，是一种选择性较好的分析方法，但并不意味着没有干扰，原子吸收光谱法的干扰效应，按其性质和产生的原因可分为非光谱干扰和光谱干扰，非光谱干扰可分为物理干扰、化学干扰和电离干扰，光谱干扰可分为谱线干扰和背景干扰（图4-19）。对这些干扰应明确其性质，采取适当的措施予以消除。

图4-19　原子吸收光谱法干扰的分类

见微知著

定性定量分析物质的成分和含量，不管是化学分析还是仪器分析，都不可避免地存在共存组分及其他因素的干扰。分析影响测定结果的干扰因素，想办法采取措施消除干扰，是保证分析结果准确、可靠的关键！在我们日常学习生活当中，也需要辨识影响我们的干扰源，学会积极对待和处理。比如：当你想安静地思考一道数学难题，可能外界正有一些噪声扰乱宁静，你会想办法屏蔽干扰你思绪的噪声，维持专注力于学习。尤其是现在信息时代，当你想用手机学习的时候，可能某个广告、某个视频、某个游戏又吸引了你的眼球，让你分心而耽误了规划好的学习任务，最后面对的只能是无奈的叹息。请你谈谈如何在"大染缸"里屏蔽影响你的负面信息，保持自我正能量，做自己想做的有意义的正确的事情？

【出淤泥而不染，濯清涟而不妖！】

有能力的人影响别人，没能力的人受人影响。新时代青年，在人生成长的过程中，坚持自己的目标和梦想，坚守自己的道路和方向，不受外界干扰，不受他人影响，做到肯吃苦、有毅力、有信心，人生之路则会在坚持的加持下通往成功。

1. 非光谱干扰

（1）物理干扰　物理干扰是指试样在转移、蒸发和原子化过程中物理性质的变化而引起的原子吸收强度下降的效应。其物理性质主要有溶液黏度、密度、表面张力、溶剂的种类、雾化气体的压力等，如果待测溶液中含大量基体元素及其他盐类或酸类影响到溶液的物理性质（产生基体效应）也会产生干扰。物理干扰是非选择性干扰，对试样各因素的影响基本相同。主要影响试液的喷入速度、雾化效率、雾滴大小、溶剂和溶质的蒸发速率等。

物理干扰的消除方法：

① 避免使用黏度大的酸作为介质，降低试液黏度，如避免用黏度较大的硫酸或磷酸对样品进行前处理，尽量采用硝酸和高氯酸等来处理样品。

② 加入一些有机溶剂，提高测定的灵敏度。

③ 采用标准加入法进行定量分析，以消除待测溶液与标准溶液之间的物理性质差异，进而消除干扰。

④ 当样品溶液浓度较高时，对待测溶液进行适当稀释，使干扰物质的浓度降低，但要保证待测元素有足够的浓度。

⑤ 调节撞击球的位置以产生更多细雾。

⑥ 确定合适的抽吸量等。

（2）化学干扰　化学干扰是原子吸收光谱分析的主要干扰。它是由于在样品处理及原子化过程中，被测元素原子与共存组分发生化学反应，生成热力学更稳定的化合物，影响被测元素的原子化，致使火焰中基态原子数目减少，而产生的干扰。干扰主要来自阳离子和阴离子的干扰，阳离子往往在一定温度下，生成难熔晶体或形成难原子化的化合物（或氧化物），如铝、硅、硼、钛、铍在火焰中易生成难熔化合物。阴离子往往与待测元素生成难离解高熔点化合物，一般硫酸盐、磷酸盐等易与钙、镁等生成难挥发物，例如在测定 Ca^{2+} 时，PO_4^{3-} 的存在因形成 $Ca_3(PO_4)_2$ 而影响 Ca^{2+} 的原子化。

化学干扰是一种选择性干扰。消除化学干扰的方法主要有：改变火焰温度、加释放剂、加保护剂、加缓冲剂、化学分离干扰物质等。

① 改变火焰温度　对于阳离子易形成难熔、难解离化合物的干扰，可以通过改变火焰种类消除。如在 $Air-C_2H_2$ 火焰中 PO_4^{3-} 对 Ca^{2+} 的测定有干扰，铝对 Mg^{2+} 的测定有干扰。当改用 $N_2O-C_2H_2$ 火焰后，由于提高了火焰的温度，就可消除此类干扰。

② 加入释放剂　这是一种常用而且行之有效的消除化学干扰的方法。释放剂的作用是与干扰元素生成更稳定、更难解离的化合物，将待测元素从原来难解离的化合物中释放出来，使待测元素有利于原子化，从而消除干扰。例如，磷酸盐干扰钙的测定，当加入 La 或 Sr 之后，La 或 Sr 与磷酸根离子结合而将 Ca 释放出来，从而消除了磷酸盐对钙的干扰。

③ 加入保护剂　与待测元素结合，保证其顺利原子化。保护剂一般是有机配位剂。例如，为消除 PO_4^{3-} 对 Ca^{2+} 测定的干扰，可加入过量 EDTA，EDTA 与 Ca^{2+} 生成稳定的配合物 CaY，它在火焰中易于原子化，抑制了 PO_4^{3-} 对 Ca^{2+} 测定的干扰。

④ 加入缓冲剂　有的干扰，当干扰物质达到一定浓度时，干扰趋于稳定。如果在被测溶液和标准溶液中加入同样量的足够的干扰物质，使干扰稳定且相同，则可消除干扰。如用 $N_2O-C_2H_2$ 火焰测定 Ti 时，Al 抑制了 Ti 的吸收，难以获得准确结果，但当 Al 的浓度大于 $200\mu g/mL$ 时，可消除 Al 对 Ti 测定的影响，但灵敏度会有损失。表 4-6 列出常用的抑制化学干扰的试剂。

表4-6　常用的抑制化学干扰的试剂

试剂	类型	干扰元素	测定元素
La	释放剂	Al、Si、PO_4^{3-}、SO_4^{2-}	Mg
Sr	释放剂	Al、Be、Fe、Se、NO_3^-、PO_4^{3-}、SO_4^{2-}	Mg、Ca、Ba
Mg	释放剂	Al、Si、PO_4^{3-}、SO_4^{2-}	Ca

试剂	类型	干扰元素	测定元素
Ba	释放剂	Al、Fe	Mg、K、Na
Ca	释放剂	Al、F	Mg
Sr	释放剂	Al、F	Mg
Mg+HClO$_4$	释放剂	Al、P、Si、SO$_4^{2-}$	Ca
Sr +HClO$_4$	释放剂	Al、P、B	Mg、Ca、Ba
Nd、Pr	释放剂	Al、P、B	Sr
Nd、Sm、Y	释放剂	Al、P、B	Ca、Sr
Fe	释放剂	Si	Cu、Zn
La	释放剂	Al、P	Cr
Y	释放剂	Al、B	Cr
Ni	释放剂	Al、Si	Mg
甘油高氯酸	保护剂	Al、Fe、Tb、稀土、Si、B、Cr、Ti	Mg、Ca、Ba
NH$_4$Cl	保护剂	PO$_4^{3-}$、SO$_4^{2-}$	Sr
NH$_4$Cl	保护剂	Al	Sr、Na
NH$_4$Cl	保护剂	Sr、Ca、Ba、PO$_4^{3-}$、SO$_4^{2-}$	Mo
乙二醇	保护剂	Fe、Mo、W、Mn	Cr
甘露醇	保护剂	PO$_4^{3-}$	Ca
葡萄糖	保护剂	PO$_4^{3-}$	Ca
水杨酸	保护剂	PO$_4^{3-}$	Ca、Sr
乙酰丙酮	保护剂	Al	Ca
蔗糖	保护剂	Al	Ca
EDTA	保护剂	P、B	Ca、Sr
8-羟基喹啉	配位剂	Al	Mg、Ca
K$_2$S$_2$O$_7$	配位剂	Al	Mg、Ca
Na$_2$SO$_4$	配位剂	Al、Fe、Ti	Cr
Na$_2$SO$_4$+Cu	—	可抑制16种元素的干扰	Cr
SO$_4$		可抑制镁等十几种元素的干扰	

⑤ 化学分离干扰物质　可以采用离子交换、沉淀分离、有机溶剂萃取等方法将待测元素与干扰元素分离开来，然后进行测定，以消除干扰。化学分离法中有机溶剂萃取方法应用较多，因为在萃取分离干扰物质的过程中，不仅可以去除掉大部分干扰物，而且还可以起到浓缩待测元素的作用。

⑥ 标准加入法　采用标准加入法也可以抵偿化学干扰，但同时有可能引起灵敏度的降低。

（3）电离干扰　高温条件下，原子电离成为离子，使基态原子数减少，吸光值下降，这种干扰称为电离干扰。元素的电离随温度的升高而增加，随元素的电离电位及浓度的升高而减小。因此原子化温度愈高，电离干扰愈严重。电离干扰主要发生在电离电位较低的碱金属和部分碱土金属中。电离干扰的消除方法：加入一定量的比待测元素更易电离的其他元素（即消电离剂），以达到抑制电离的目的。在相同条件下，消电离剂首先被电离，产生大量电子，抑制了被测元素的电离。例如，测定钙和钡时有电离干扰，加入适量的KCl 溶液可消除。钙和钡的电离电位分别是 6.1eV 和 5.21eV，钾的电离电位是 4.3eV。由于 K 电离产生大量的电子，抑制了待测元素 Ca 或 Ba 的电离。

2. 光谱干扰

光谱干扰是指由于分析元素的分析线与干扰物质谱线分离不完全而产生的干扰。它包括谱线干扰和背景干扰两种形式，主要来源于光源和原子化器，也与共存元素有关。

（1）谱线干扰

① 吸收线重叠　指共存元素的吸收线与被测元素的分析线重叠或部分重叠，使测定结果偏高。如 Cd 的分析线 228.80nm，而 As 的 228.81nm 谱线将对 Cd 产生谱线干扰。

消除方法：另选被测元素的其他分析线；减小狭缝宽度。若还未能消除干扰，就只能预先分离干扰元素。

② 非吸收线干扰　原子吸收中使用的空心阴极灯，它除了发射很强的元素共振谱线外，往往还发射其他谱线，这些干扰线可能是多谱线元素如 Ni、Co、Fe 等发射的非分析线，也可能是光源内所含的杂质的发射线。

消除方法：缩小狭缝宽度，使光谱通带小到可以遮去多重发射的谱线；另选分析线；降低灯电流，以减少干扰元素的发光强度。

③ 原子化器内的发射干扰　来自火焰本身或原子蒸气中待测元素的发射，对这类干扰，可以对光源进行机械调制，或者是对空心阴极灯采用脉冲供电方式得到减免。但有时会增加信号噪声，此时可适当增加灯电流，提高光源发射强度来改善信噪比。

（2）背景干扰　背景干扰是指在原子化过程中，由于分子吸收和光散射作用而产生的干扰。背景干扰使吸光度增加，因而导致测定结果偏高。背景是一种非原子吸收现象，其产生原因主要来自：分子吸收和光散射。

① 分子吸收　是指在原子化过程中生成的气体分子、氧化物及盐类分子及自由基对光源所发射的共振辐射的吸收而引起的干扰。

② 光散射　试液在原子化过程中形成高度分散的固体微粒，当入射光照射在这些固体微粒上时产生了散射，而不能被检测器检测，导致吸光度增加。石墨炉原子化法的背景干扰比火焰原子化法严重，有时不扣除背景就无法进行测量。

消除背景干扰的方法（背景校正）：空白校正法、氘灯背景校正法、塞曼（Zeeman）效应校正法等。

① 空白校正法　空白溶液校正背景的方法，仅适合由化合物产生背景的理想溶液。

② 氘灯背景校正法　旋转斩光器交替使氘灯提供的连续光谱和空心阴极灯提供的共振线通过火焰，连续光谱通过时，测定的为背景吸收（此时的共振线吸收相对于总吸收可忽略），共振线通过时，测定总吸收，二者的差值为有效吸收。其原理如图 4-20 所示。用

连续光源（氘灯）和锐线光源交替通过原子化器和检测器，测定试样吸光度。连续光谱通过狭缝后谱带宽度约为 0.2nm，被测元素吸收线的宽度约为 10^{-3}nm。待测原子吸收线引起的吸收值仅在总入射光强度的 1% 以下，可近似认为连续光谱得到的吸光度为背景吸收（$B_{背}$），即 $A_{氘}=B_{背}$。锐线光源通过原子化蒸气时的吸收为总吸收，即 $A_{总}=A_{测}+B_{背}$，两次测定的吸光度之差就是被测元素的吸光度 $A_{测}$，即 $A_{测}=A_{总}-B_{背}$。

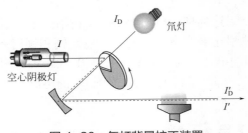

图 4-20　氘灯背景校正装置

氘灯校正背景的主要优点是对灵敏度的影响较小，但也有一定的局限性。第一，氘灯只能校正较低的背景，而且只适于紫外光区，即氘灯扣除背景只能在 190～360nm 的波长范围内工作，选用的光谱通带不能小于 0.2nm，否则信噪比降低。第二，由于锐线光源和氘灯两个光源不易准确聚光于原子化器的同一部位，两种灯的光斑大小也不完全相同，容易出现校正不足或校正过度的现象。第三，当 $B_{背} \geqslant 1$ 时，背景很高不能扣除，此时可利用塞曼效应扣除背景。

③ 塞曼效应校正法　塞曼效应校正法是另一种有效的背景校正方法，它具有较强的校正能力（可校正吸光度高达 1.5～2.0 的背景），且校正背景的波长范围宽（190～900nm），校正的准确度较高。当使用石墨炉进行原子化时，常使用塞曼效应进行背景校正。数千高斯至数万高斯的磁场作用于光源时，光源的发射谱线分裂为不同波长的几个成分，如果磁场作用于原子化器中的原子蒸气时，原子的吸收谱线也产生光谱分裂，这种现象称为塞曼效应。利用塞曼分裂后的不同成分作为样品光及参考光分别测定吸光值，可实现校正背景。

④ 双波长法扣除背景　先用分析线测量待测元素吸收和背景吸收的总吸光度，再在待测元素吸收线附近另选一条不被待测元素吸收的谱线（称为邻近非吸收线）测量试液的吸光度，此吸收即为背景吸收。从总吸光度中减去邻近非吸收线吸光度，就可达到扣除背景吸收的目的。

⑤ 自吸收法校正背景　当空心阴极灯在高电流下工作时，其阴极发射的锐线会被灯内处于基态的原子吸收，使发射的锐线变宽，吸光度下降。其校正方法为先让空心阴极灯在低电流下工作，使锐线光通过原子化器，测得待测元素和背景吸收总和，然后使它再在高电流下工作，再通过原子化器，测得相当于背景的吸收。将两次测得的吸光度数值相减，就可扣除背景的影响。此法的优点是使用同一光源，在相同波长下进行校正，校正能力强。不足之处是长期使用此法会使空心阴极灯加速老化，并降低测量的灵敏度。

⑥ 连续光源高分辨率法校正　采用连续光源、高分辨单色器或中阶梯光栅及 CCD 半导体图像检测器系统，没有原子信号时，得到的是连续光谱，光谱强度是恒定的，有原子信号时，CCD 获得的是原子吸收谱线的轮廓，在谱线的轮廓上选择两个波长点进行测量，完成背景校正。

习题测验

一、填空题

1. 与氚灯发射的带状光谱不同，空心阴极灯发射的光谱是_____的光谱。

2. 用原子吸收分析法测定饮用水中的钙镁含量时，常加入定量的镧离子，其目的是_____。

3. 使用火焰原子吸收分光光度法时，采用乙炔 - 空气火焰，使用时应先开_____，后开_____。

4. 采用氚灯校正背景时，空心阴极灯测量的是_____信号，氚灯测量的是_____信号。

5. 在原子吸收中，如测定元素的浓度很高，或为了消除邻近光谱线的干扰等，可选用_____。

二、选择题

1. 原子吸收检测中的干扰可以分为哪几种类型（　　）。
A. 物理干扰　　　　B. 化学干扰　　　　C. 电离干扰　　　　D. 光谱干扰

2. 在原子吸收分析中，由于火焰发射背景信号很高，应采取了下面（　　）措施。
A. 减小光谱通带　　B. 改变燃烧器高度　　C. 加入有机试剂　　D. 使用高功率的光源

3. 原子吸收光谱法中的物理干扰可用下述哪种方法消除？（　　）
A. 释放剂　　　　　B. 保护剂　　　　　C. 缓冲剂　　　　　D. 标准加入法

4. 原子吸收分析法测定钾时，加入 1% 钠盐溶液，其作用是（　　）。
A. 减少背景　　　　B. 提高火焰温度　　C. 减少 K 电离　　D. 提高 K 的浓度

5. 在石墨炉原子吸收分析中，扣除背景干扰，应采取了下面（　　）措施。
A. 用邻近非吸收线扣除　　B. 用氚灯校正背景
C. 用自吸收方法校正背景　　D. 塞曼效应校正背景

6. 原子吸收测镁时加入氯化锶溶液的目的是（　　）。
A. 使测定吸光度值减小　　B. 使待测元素从干扰元素的化合物中释放出来
C. 使之与干扰元素反应，生成更易挥发的化合物　　D. 消除干扰

三、判断题

1. 火焰原子化法中，足够的温度才能使试样充分分解为原子蒸气状态，因此，温度越高越好。（　　）

2. 原子吸收光谱分析中的背景干扰会使吸光度增加，因而导致测定结果偏低。（　　）

3. 原子吸收法中的标准加入法可消除基体干扰。（　　）

4. 原子吸收分光光度计实验室必须远离电场和磁场，以防干扰。（　　）

5. 释放剂能消除化学干扰，是因为它能与干扰元素形成更稳定的化合物。（　　）

四、简答题

1. 用火焰原子吸收法测定水样中钙含量时，PO_4^{3-} 的存在会干扰钙含量的准确测定。

请说明这是什么形式的干扰？如何消除？

 2. 原子吸收光谱分析中化学干扰是怎样产生的？如何消除？

 3. 原子吸收光谱法中，什么是背景干扰？如何消除？

任务 7.4 原子吸收光谱仪的安装和维护保养

问题导学

 1. 原子吸收光谱仪安装要求。

 2. 原子吸收光谱仪各部件的保养维护方法。

 3. 怎样防止回火？

 4. 日常保养要点有哪些？

 5. 定期保养有哪些注意事项？

知识讲解

1. 原子吸收光谱仪的安装要求

 不同原子吸收光谱仪安装要求有所不同，但一般都包括对实验室环境、电源、通风、气体等方面的要求。

 （1）实验室环境要求 原子吸收光谱仪应放置在防潮、防尘、防震、无热辐射源、无腐蚀性气体、无强电磁场干扰、无发生高频波的电气设备的房间。房间温度应保持在 $10 \sim 30℃$，且每小时温度变化速率最大不超过 $2.8℃$。相对湿度不应大于 75%，无结露。如有条件，最好配备空调等，在相对湿度较大的地区应配备去湿机。实验室内应保持清洁，室内应无腐蚀和污染物。窗户应有窗帘，避免阳光直接照射到仪器上，室内照明不宜太强。房间周围不应有会产生剧烈振动的设备和车间。

 （2）电源要求 不同品牌的原子吸收光谱仪以及其附件容许的电压范围和功率有所不同，使用前务必按照设备生产厂家的要求进行配置。实验室应配有 380V 三相五线制电源，除三相火线外应具备零线与保护地线，保护地线接地电阻应小于 0.1Ω（截面积一般不小于 $2.5mm^2$ 的黄绿线接地），配电室至实验室的导线截面积应 $\geqslant 6mm^2$。配电箱的容量根据仪器的功率匹配，一般单火焰仪器应不小于 15A，火焰石墨炉仪器不小于 30A。为防止触电及短路等事故，应安装剩余电流动作断路器。为减少干扰及均衡三相电流，仪器主机、计算机的电源应与石墨炉电源、空压机和冷却循环水装置分相使用。对每相电源的要求 $220V\pm22V$，频率 $50Hz\pm1Hz$。电源供应平稳，无瞬间脉冲，若电压不稳，可以安装稳压器。有条件的实验室还可以配置一台 UPS，以防突然停电对设备造成损害。

 （3）排风装置 仪器上方应安装排风设备，使燃烧产生的气体或石墨炉高温产生的废气能顺利排出。排风量的大小应能调节，风量过大会影响火焰的稳定性，风量过小有害气体不能完全排出，火焰原子吸收光谱仪用的空气 - 乙炔火焰最小排风量为 $6m^3/min$，氧化亚氮 - 乙炔火焰最小排风量为 $8m^3/min$，石墨炉原子吸收光谱仪要求排风量小很多。排风罩尺寸要求为下端风口应能罩住原子化器，但距离仪器上端 6 ～ 10cm，排气管道支于室外的应加防雨罩，防止雨水顺管道流入室内，排风口前沿应与工作台前沿在同一垂直平面内。管道应采用防腐材质。

（4）供气要求　高压气瓶不应放在仪器房间内，要放在离主机最近、安全、通风良好的房间。气瓶应避免暴晒和强烈震动。气瓶的温度不能高于 40℃。气瓶应固定在墙上，有条件的实验室可以安装带有漏气报警装置的气瓶柜来放置气瓶。液化气体的气瓶（乙炔、氧化亚氮等）须垂直放置不容许倒下，也不能水平放置。气瓶室周围不能有火源。

对于火焰原子吸收光谱仪所用气体和气体压力的要求：

① 空气　一般由空气压缩机提供。国产仪器压力一般在 0.25MPa 左右，流量 6 ～ 12 L/min，进口仪器压力一般在 0.35 ～ 0.45MPa，流量 15 ～ 25L/min。空压机应为无油静音连续工作的空压机。非连续工作的压缩机采用储气罐储气，压力低于 0.5MPa 启动压缩机工作，压力达到 0.8MPa 时停止工作。

② 乙炔（C_2H_2）　纯度 ≥ 99.6%，出口压力 0.06 ～ 0.4MPa，准备减压阀。

注意：乙炔绝不能与纯的铜、银或汞直接接触，因为可能生成爆炸性的乙炔化合物，也不能用铜管输送乙炔，黄铜接头中含铜量应低于 65%。

③ 氧化亚氮（N_2O）　需分析高温元素并已配置专用燃烧头，纯度 ≥ 99%，出口压力 0.35 ～ 0.5 MPa，使用专用减压阀，有电热保温功能，防冷凝。

④ 氩气（Ar）　对于石墨炉原子吸收光谱仪只需石墨炉冷却气，一般采用氩气，纯度 > 99.996%，出口压力 0.35 ～ 0.5MPa，备减压阀。

所有气体管道应清洁无油污、耐压，各管道接头处要密封、牢靠，并经试漏检查。

（5）冷却水

石墨炉原子吸收光谱仪需要采用冷却水冷却石墨管，一般采用冷却水循环设备，冷却水循环设备应能满足以下要求：水温 20 ～ 40℃；水压 0.1 ～ 0.4MPa；流速 1 ～ 5L/min；加入 pH 6.5 ～ 7.5、硬度 ≤ 14°的去离子水。

（6）仪器实验台

应配置专用的实验台，实验台应满足尺寸、承重及稳固等要求。应坚固稳定，防振，台面平整。为便于操作与维修，实验台四周应留出足够的空间。

（7）废液

应集中收集于实验台下靠近仪器的大塑料瓶中，废液排水导管应时刻保持畅通无阻，其排液管通过盖上的孔直到瓶底。该容器应敞口，不得加盖，不得放入密闭的橱柜中，容器内和周围务必自由通风，不宜使用玻璃容器。

2. 仪器各部件的具体保养维护

对一台从未使用过或新的仪器，在操作前，首先必须认真阅读仪器使用说明书，详细了解和熟练掌握仪器各部件的功能，严格按照仪器说明书给出的方法操作。在使用仪器的过程中，最重要的是注意安全，避免发生人身、设备安全事故。为保证原子吸收光谱仪的正常运行，需要对原子吸收光谱仪进行日常维护。

日常维护保养的内容主要有：气体供应，雾化器、雾化室和燃烧头，石墨管、石墨炉，自动进样器，仪器本身，各种附件，保持仪器的各项性能、安全条件。

仪器缺乏保养的结果有：仪器的性能下降；灵敏度变差，甚至没有信号；稳定性变差；仪器的安全性下降。

（1）空心阴极灯的保养维护

① 对新购置的空心阴极灯，都应进行扫描测试，记录发射线波长、强度及背景发射情况。空心阴极灯使用时不得超过最大额定电流，否则会使阴极材料大量溅射，热蒸发或阴极熔化，寿命缩短，甚至永久性损坏。一般应选用最大工作电流的 1/3 ～ 2/3，选择灯电流的原则，以灯能向仪器提供足够能量的前提下，尽量用较小的工作电流。实验结束待灯充分冷却后，从灯架上取下存放好。

② 如果空心阴极灯长期不用，可能会因漏气等原因使灯不能正常使用，有时甚至点不着。所以对长期不用的空心阴极灯，每隔 3 ～ 4 个月，通电点燃 2 ～ 3 h，以保障灯的性能，延长寿命。

③ 空心阴极灯使用一段时间后，灯的性能会变差，有时会产生老化，有时会产生发光不稳定、光强度减弱、噪声增大等现象。这种情况可以采取把灯的极性反接，或者用激活器激活，在最大电流下（不能超过额定电流），点燃 30min 左右，可以提高灯的吸气剂的活性，吸掉杂质气体。如这样处理后灯的性能仍不能恢复，应及时更换灯。要注意的是，碱金属和除镁以外的碱土金属灯不可反向处理。

④ 取、装空心阴极灯时，应拿灯座，不要拿灯管，以防灯管破裂或污染通光窗口，导致光能量下降。如通光窗口有油污、手印或其他污物，可用脱脂棉蘸上 1∶3 的无水乙醇和乙醚的混合液轻轻擦拭清除。

⑤ 使用低熔点元素（如 As、Se 等）空心阴极灯，应避免大电流、长时间连续使用。使用完毕后必须待灯管冷却后再移动，移动时注意保持通光窗口朝上，以防止阴极灯内元素倒出。

（2）气路系统的保养维护

① 应定期检查气路是否漏气。检查时可在可疑处涂一些肥皂水，看是否有气泡产生，如果有气泡产生，则表示此处漏气，需要及时更换气管。切忌用明火检查漏气，容易发生安全事故。发现管道有老化或接口开裂要及时更换。经常查看空气压缩机。在空气压缩机的送气管道上，应安装油水分离器，要经常排放分离器中集存的冷凝水。若冷凝水进入仪器管道会引起喷雾不稳定，进入雾化器则直接影响测定结果。

安全常谈　原子吸收爆炸事故案例

某化验室新进一台 3200 型原子吸收分光光度计，在分析人员调试过程中发生爆炸，产生的冲击波将窗户内层玻璃全部震碎，仪器上的盖崩起 2m 多高后崩离 3m 多远。当场炸倒 3 人，其中 2 人轻伤，一块长约 0.5cm 的碎玻璃片射入另 1 人眼内。

事故原因：仪器内部用聚乙烯管连接易燃气乙炔，接头处漏气，分析人员在仪器使用过程中安全检查不到位。

空气－乙炔火焰原子吸收分光光度计，乙炔是易燃易爆气体，乙炔气体的使用要严格遵守安全操作规程。然而，该化验室原子吸收爆炸事故的直接原因是分析人员没有检查出接头处的漏气，从而导致爆炸。请结合事故原因，分析原子吸收光谱仪使用的安全注意事项。

【路漫漫其修远兮，吾将上下而求索。】

弘扬中国精神，认真规范，科学严谨，发扬伟大的奋斗精神。奋斗精神是中华民族的光荣传统，激励着中国人民顽强拼搏、攻坚克难，不断征服与改造自然，建设了今天美好的生活。同学们要坚定自强不息，认真规范，科学严谨，艰苦奋斗，敢于胜利的爱国情怀。

② 高压气瓶上的减压阀要按气体分类专用，安装时螺扣要旋紧，防止泄漏。开、关减压阀和气瓶开关阀时，动作必须缓慢，使用时应先旋动开关阀，后开减压阀。使用完毕后，应先关闭开关阀，放尽余气后，再关减压阀。切不可只关减压阀，不关气瓶开关阀。

③ 使用高压气瓶时严禁敲打撞击，以防发生安全事故。各种气瓶必须定期进行技术检查。充装一般气体的气瓶三年检验一次；如在使用中发现有严重腐蚀或严重损伤时，应提前进行检验。不得使用标识不清、磕碰严重的高压气瓶。

④ 经常检查减压阀有无漏气，应注意压力表读数，一般气体应留有 200 ～ 300kPa 的压力，乙炔气瓶应大于 600kPa，避免低压时丙酮进入燃气管道造成仪器损坏。

⑤ 乙炔气供应注意事项：

a. 使用乙炔气体时要用乙炔专用减压阀。乙炔气必须是用丙酮法灌装的，当钢瓶总压力低于 0.5MPa 时，钢瓶中的丙酮可能会被带出；进入仪器，损坏 O 形密封圈，降低分析性能或引起回火，因此应及时更换钢瓶。

b. 乙炔气瓶出口压力不能高于 100kPa，否则乙炔气不稳定。乙炔气压力允许范围是 65 ～ 100kPa。

c. 乙炔绝不允许与纯的铜、银或汞直接接触，因为可能生成爆炸性的乙炔化合物，绝不允许用铜管输送乙炔，黄铜接头中含铜量应低于 65%。

d. 乙炔气钢瓶出口应装回火器，避免由于乙炔流量不够而引起回火。

⑥ 氧化亚氮供应注意事项　液态氧化亚氮转换成气态氧化亚氮的过程中要吸收热量，可能使减压阀冻冰，从而导致减压阀失灵，因此减压阀应带有加热装置。千万不要在 N_2O 的气体管线的接口处使用油脂来密封，因为它会导致自燃。钢瓶中的 N_2O 是以液体形式保存的。因此，压力的大小并不能指示气体的多少。

原子吸收光谱仪使用的主要气体（乙炔、空气、氧化亚氮）及要求、允许压力、推荐压力见表 4-7。

表 4-7　原子吸收气体使用表

气体及要求	C_2H_2	空气	N_2O
	仪器纯 > 99.0%	干净、干燥、采用空气过滤装置	仪器纯 > 99.5%
允许压力	65 ～ 100kPa	245 ～ 455kPa	245 ～ 455kPa
推荐压力	75kPa	350kPa	350kPa

（3）火焰原子化系统的保养维护

① 经常保持雾室内清洁、排液通畅。测定结束后应继续喷水 5 ～ 10min，将残存的试样溶液冲洗出去。使用有机相喷雾，工作完毕后，要立即先用有机相喷洗 3 ～ 5min。关闭火焰，用丙酮喷洗 5min，再用硝酸（1+3）喷洗 5min，最后用去离子水喷洗 5min。必要时可拆下燃烧头，对燃烧头、雾化室进行全面清洗。

② 燃烧器上如有盐类结晶，会使火焰分叉，呈齿形，影响测定结果，出现这种情况应熄灭火焰，冷却后用薄刀片插入缝口刮除，但注意不要把缝刮伤，必要时可卸下燃烧器，用 1：1 的乙醇 - 丙酮清洗，严禁用酸浸泡。对由铜或不锈钢制作的燃烧器，应注意缝口是否因腐蚀变宽而发生回火，对钛合金燃烧器也应定期检查。

③ 应确保待测溶液澄清，若待测溶液浑浊，则应在测定前过滤，防止堵塞雾化器。金属雾化器的进样毛细管堵塞时，可用软细金属丝疏通。玻璃雾化器的进样毛细管堵塞时，应小心拆卸下来用水或稀酸浸泡清洗。切忌用软细金属丝疏通。不锈钢雾化器为铂铱合金毛细管，不宜测定高氟浓度样品，使用后立即用水冲洗，防止腐蚀。

④ 吸液用聚乙烯管应保持清洁，无油污，防止弯折；发现堵塞，可用软钢丝清除。

⑤ 每周应对原子化系统清洗一次，包括预混合室、雾化器、雾化室和燃烧头。喷过高浓溶液、浓酸碱溶液及含有大量有机物的试样后，应马上清洗。

（4）石墨炉系统的保养维护

① 定期清洗石墨管和主机样品室两边的石英窗，可先用中性洗涤剂的去离子水溶液清洗，然后用去离子水冲洗几遍，最后用氮气或氩气把水吹干。

② 石墨炉与石墨管连接的两个端面要保持平滑、清洁，保证两者之间紧密连接。如发现石墨锥有污垢要立即清除，防止随气流进入石墨管中，影响测试结果。

③ 新石墨管首次使用应进行热处理，即空烧，重复 3 ～ 4 次。空烧结束应检查空烧效果，吸收值应接近零。石墨管批次之间会有差异，换新批次石墨管后，应先进行被测元素的干燥、灰化及原子化温度和时间的条件选择性试验，确认最佳升温程序。装石墨管之前应将石墨锥与石墨管接触处用酒精棉棒进行清洁，开始新测试前应检查石墨管，尤其是内壁及平台，有破损或麻点不能使用。当石墨管达到使用寿命或被严重腐蚀，应及时进行更换。石墨炉测定的酸度不能过高，一般不能超过 5% 硝酸。

④ 被测样品溶液应尽量避免含有高氯酸、硫酸等强氧化性介质，否则对石墨管的破坏很严重。尤其是用氢氟酸分解样品后用高氯酸赶酸操作，必须将高氯酸清除干净，否则就会出现校正曲线测得很好，但测样品溶液时很快就出现吸收值相差很大、数据无法使用的情况。

⑤ 石墨炉自动进样器的毛细管进样头变脏后，可吸取 20% 的硝酸清洗，如果毛细管进样头严重弯曲或变形，需及时更换或者用刀片割去损坏部分。要经常检查注射器，如果有气泡，则应小心清除，经常清洗冲洗瓶，保持冲洗瓶干净。

（5）光学系统的保养维护

① 不要用手触摸外光路的透镜光敏探头，要保持清洁。当透镜有灰尘时，可以用干净的洗耳球吹去，或用氩气或氮气吹，必要时可用蘸酒精、乙醚混合溶液的镜头纸轻轻擦拭，擦拭时沿同一方向轻轻滑动棉签，每次更换一支棉签，切不可用力反复擦拭。

② 设计良好的仪器其单色器部分是全密封的，在干燥、清洁的实验室中可以使用多年，一般不需维护。单色器罩一般不轻易打开，非专业人员不能随便打开单色器，打开后会破坏单色器的密封，进入灰尘，降低仪器的光学性能，缩短仪器寿命。若不得已需要开

启，首先要将光电倍增管的负高压调为零。光栅不能用手触摸其表面，绝对禁止用呵气及擦镜纸去擦拭，只能用氩气或氮气吹灰尘。氘灯、光电倍增管壳必须清洁不沾油污，避免影响透光率，氘灯的弧光是强紫外光，应避免眼睛直视。单色器上的光学元件，严禁用手触摸或擅自调节。在潮湿、有腐蚀性气体污染的实验室中光学系统会受污染，严重的甚至会出现光栅发霉等现象，当发现仪器光学性能下降、外光路无法解决问题时，请联系厂家维修。

③ 光电倍增管负高压输入不宜过高（1000V 以下为好）。光电倍增管严禁强光照射，检修时要关掉高压电源。对备用光电倍增管应轻拿轻放，严禁振动。

④ 原子化器两端的透镜易被样液污染，要经常检查清洗，可用乙醇脱脂棉球擦拭。

（6）电路系统的保养维护

① 经常检查电线是否出现断裂或连接不牢固，尤其插头、插座。

② 长时间放置的仪器应 1～2 个月开机一次，使整个电路通电，避免电路元件长期搁置而受损。通电还可以驱除仪器内部的潮气，以免电路受潮发霉、元件腐蚀而断路，让电子元器件保持良好的工作状态，尤其是电解电容，经常通电可防止电解液干枯。

③ 在仪器断电后，至少过 3min 才能再次开启仪器开关。

3. 防止回火

火焰原子吸收光谱仪回火的主要原因是雾化室内气压下降，导致火焰烧到雾化室内，气体急剧膨胀，严重时可发生爆炸。多年实践表明，回火的发生可能与下列因素有关：

① 供气气流速度小于燃烧速度。

② 突然停电或空气压缩机出现故障使空气压力降低。

③ 如果燃烧头狭缝上有沉积物会引起燃烧头堵塞，使雾化室内压力增大，导致液封盒中的液体被压出，或残渣从燃烧狭缝中落入雾化室将燃气引燃。所以要保持燃烧头清洁。

④ 废液排出口水封不好或没有水封，废液排水管口径过大，或未打圈（存水封）。

⑤ 液封盒中所灌的液体要与样品是同类型的。废液管必须接在液封盒下出液口上，排液必须通畅。上通气口必须与大气相通。废液管下端不要插入废液中，应在废液上方与液面保持一定距离。

⑥ 用乙炔 - 氧化亚氮火焰时，乙炔气流量过小等。

⑦ 燃烧器的狭缝增宽，即使是很小的增大，也可能导致回火。所以，不要试图改变燃烧头的结构。燃烧头狭缝宽度不能超过最大设计值（N_2O 最大宽度 0.47mm，空气最大宽度 0.54mm）。

⑧ 点火前要先开空气后开乙炔气，熄火时要先关乙炔气后关空气，以防回火。

⑨ 确认使用正确的 O 形密封圈，且无损坏。O 形圈的损坏可能使雾化室与外界大气相通，将火焰引入雾化室。

⑩ 用空气钢瓶时，瓶内所含氧气过量。

⑪ 因 N_2O 以液态形式储存在钢瓶中，使用时减压阀要有加热装置。否则会造成供气气流速度小于燃烧速度，引起回火。

⑫ 助燃气体和燃气的比例失调。

⑬ 喷高浓度的 Ag、Cu 及 Hg 溶液时（尤其是碱性、氨性），可能会形成自燃性乙炔化合物，引起回火。

4. 原子吸收光谱仪日常使用及保养维护

① 保持仪器本身的干净和仪器房的整洁卫生，发现仪器有沾污及时用水或中性溶剂清洗干净。

② 仪器使用前，检查各电源插头是否接触良好，将仪器面板的所有旋钮回零再通电；检查排风系统是否正常工作；检查燃烧头是否清洁，燃烧器缝口上的积炭，可用刀片小心刮除；点火前一定要检查液封，发现缺液应马上填补；保持排液管排液通畅；检查气体钢瓶压力和传输压力，保证当天使用时有足够的气体余量；仪器使用前提前预热空心阴极灯。

③ 仪器点火时，先开助燃气，后开燃气；关闭时，先关燃气，后关助燃气。

④ 使用时，注意下列情况，如废液管道的水封圈被破坏、漏气，或燃烧器缝明显变宽，或助燃气与燃气流量比过大，这些情况都容易发生回火。

⑤ 检查雾化器的提升效率，应该为 5 ~ 6mL/min，太低的提升量可能是雾化器堵塞，或安装有问题，及时进行检查。

⑥ 喷雾器的毛细管用铂铱合金制成，不要喷雾高浓度的含氟样液。

⑦ 单色器中的光学元件严禁用手触摸或擅自调节，更不要打开单色器。

⑧ 使用石墨炉时，样品注入的位置要保持一致，减小误差。

⑨ 分析完毕，应喷雾蒸馏水 5 ~ 10min，对喷雾器、雾化室和燃烧器进行清洗。测试完毕后及时清理废液，避免废液溢出、酸液挥发。将试验用品收拾干净，把酸性物品远离仪器并保持仪器室内湿度，以免酸气将光学器件腐蚀，发霉。

⑩ 原子吸收光谱仪在不工作时加套防尘罩，防止尘土落入。

⑪ 做好仪器使用和保养维护记录。

5. 原子吸收光谱仪定期保养维护

① 保持实验室环境整洁卫生，做到定期打扫，避免各个镜子被尘土覆盖，影响光的透过、降低能量。

② 每月或分析有机样品后应清洗雾化器、雾化室及燃烧头。拆下雾化器和雾化室，检查雾化器状态，用清洗剂和去离子水清洗，保证无沉积颗粒物，不堵塞。燃烧头的清洗，将燃烧头拆下，用 5% 硝酸溶液浸泡过夜，再用燃烧头清洗专用卡刷洗及蒸馏水超声波清洗。

③ 每月用擦镜纸蘸 50% 乙醇 - 水溶液清洁光学窗。每月检查撞击球是否被腐蚀、是否有裂痕、是否断裂；撞击球应正对文丘里管的出口。

④ 定期检查垫圈及进样毛细管等消耗件，根据需要及时更换。定期清洗灯及石英窗口。

⑤ 定期检查气路，定期检查乙炔气路接头和封口是否有漏气现象，以便及时解决。每次换乙炔气瓶后一定要全面试漏。用肥皂水等可检验漏气情况的液体在所有接口处试漏，观察是否有气泡产生，判断其是否漏气；注意定期检查空气管路是否存在漏气现象，检查方法参见乙炔检查方法；检查压力表是否正常工作。

⑥ 空气压缩机及油水分离器要定期排水，避免积水进入气路管道。

⑦ 石墨炉原子吸收光谱仪每周需要更换一次自动进样器清洗液。每两个月更换一次仪器冷却水，为了防止冷却水滋生苔绿，可以在冷却水中加入 5mL 双氧水。

⑧ 原子吸收主机在长时间不使用的情况下，保持每一至两周为间隔将仪器打开并联机预热 1 ~ 2h，以延长使用寿命。

⑨ 元素灯长时间不使用，将会因为漏气、零部件放气等原因不能使用，甚至不能点燃，所以应将不经常使用的元素灯每隔 3～4 个月点燃 2～3h，以延长使用寿命，保障元素灯的性能。

⑩ 每年安排一次生产厂家专业工程师对仪器做全面预防性保养。

⑪ 做好仪器的保养维护记录。

 习题测验

一、填空题

1. 对大多数元素，日常分析的工作电流建议采用额定电流的_____。

2. 在原子吸收光谱分析中，为了防止回火，各种火焰点燃和熄灭时，燃气与助燃气的开关必须遵守的原则是_____。

3. 使用乙炔钢瓶气体时，管路接头不可以用的是_____。

4. 对于不锈钢雾化室，在喷过酸、碱溶液后，要立即喷_____，以免不锈钢雾化室被腐蚀。

二、选择题

1. 对于火焰原子吸收光谱仪的维护，（   ）是不允许的。

A. 透镜表面沾有指纹或油污应用汽油将其洗去

B. 空心阴极灯窗口如有沾污，可用镜头纸擦净

C. 元素灯长期不用，则每隔一段时间在额定电流下空烧

D. 仪器不用时应用罩子罩好

2. 在原子吸收分光光度计中，若灯不发光可（   ）。

A. 将正负极反接半小时以上　　　　　　B. 用较高电压（600V 以上）起辉

C. 串接 2～10kΩ 电阻　　　　　　　　 D. 在 50mA 下放电

3. 原子吸收分光光度计工作时须用多种气体，下列哪种气体不是 AAS 室使用的气体（   ）。

A. 空气　　　　　　B. 乙炔气　　　　　　C. 氮气　　　　　　D. 氧气

4. 原子吸收光谱仪操作的开机顺序是（   ）。

A. 开总电源、开空心阴极灯、开空气、开乙炔气、开通风机、点火、测量

B. 开总电源、开空心阴极灯、开乙炔气、开通风机、开空气、点火、测量

C. 开总电源、开空心阴极灯、开通风机、开乙炔气、开空气、点火、测量

D. 开总电源、开空心阴极灯、开通风机、开空气、开乙炔气、点火、测量

5. 原子吸收仪器中溶液提升喷口与撞击球距离太近，会造成（   ）。

A. 仪器吸收值偏大　　　　　　　　　　B. 火焰中原子去密度增大，吸收值很高

C. 溶液用量减少　　　　　　　　　　　D. 雾化效果不好、噪声太大且吸收不稳定

三、判断题

1. 在火焰原子吸收光谱仪的维护和保养中，为了保持光学元件的干净，应经常打开单

色器箱体盖板，用擦镜纸擦拭光栅和准直镜。（　　　）

2. 使用钢瓶中的气体时气体不可用尽，以防倒灌。（　　　）

3. 使用钢瓶中的气体时要用减压阀，各种气体的减压阀可通用。（　　　）

4. 原子吸收光谱仪在更换元素灯时，应一手扶住元素灯，再旋开灯的固定旋钮，以免灯被弹出摔坏。（　　　）

5. 在原子吸收测量过程中，如果测定的灵敏度降低，可能的原因之一是，雾化器没有调整好，排障方法是调整撞击球与喷嘴的位置。（　　　）

6. 用原子吸收分光光度法测定高纯 Zn 中 Fe 含量时，采用的试剂是优级纯的 HCl。

（　　　）

四、简答题

1. 火焰原子吸收光谱法中应对哪些仪器操作条件进行选择？分析线选择的原则是什么？

2. 请阐述原子吸收光谱仪的日常保养。

五、思考题

六一儿童节前夕，某技术监督局从市场抽检了一批儿童食品，欲测定其中 Pb 含量，请用你学过的知识确定原子吸收测定 Pb 含量的实验方案。（包括最佳实验条件的选择、干扰消除、样品处理、定量方法、结果计算）

任务8　石墨炉原子吸收光谱法测定土壤中的镉

任务导入

现有从湖南某精准扶贫乡村采集的农田土壤样品（图 4-21），需测定土壤中镉，以判断土壤镉含量是否符合土壤环境质量标准要求。如果你是该检测中心的分析人员，并接受了这个检测任务，你要怎么做呢？

图 4-21　采集土壤样品

见微知著

大湖之南、鱼肥粮丰，湘水之滨、稻浪飘香……提及湖南，人们脑中首先浮现出的是"鱼米之乡"美景。然而，2013年湖南大米不时被检出镉超标，"鱼米之乡"光环被罩上一层阴影。事实上，不仅是湖南，国内多个省份出产的稻米被查出镉超标，土壤污染已成为我国众多地方的"公害"。"镉米危机"的出现，再次敲响土壤污染警钟。精准扶贫、乡村振兴，不仅仅是助力村民的脱贫致富，还要关注村民的生活环境、身体健康。检测乡村农田的土壤是否符合土壤环境质量标准，从源头上保障村民的粮食安全、丰产丰收，意义深远。请查找资料，谈谈镉中毒对身体危害的案例及粮食安全的重要性。

【国以民为本，民以食为天，食以粮为先。】

粮食安全是国家富强的保障。"一粒粮食能救一个国家，也可以绊倒一个国家。"新时代粮食安全是建设社会主义现代化强国必须要解决的首要问题。粮食安全是维护国家安全的重要支撑，是我们国家立足于世界民族之林的重要保障。

 实验方案

实验 12　石墨炉原子吸收光谱法测定土壤中镉

1. 仪器与试剂

（1）实验仪器　GGX-920 石墨炉原子吸收分光光度计，电热板，分析天平，样品粉碎机，赶酸仪、100mL 烧杯，5mL、10mL 吸量管，25mL、50mL、100mL 容量瓶。

（2）实验试剂　浓硝酸（优级纯），浓盐酸（优级纯），浓氢氟酸（优级纯），浓高氯酸（优级纯）；磷酸氢二铵；硝酸钯；镉标准储备液（1000mg/L）。

硝酸（5%）：量取 25mL 硝酸，放入大烧杯，用水定容到 500mL，混匀。

硝酸（10%）：量取 10mL 硝酸，放入小烧杯，用水定容到 100mL，混匀。

基改剂：称取 0.01g 硝酸钯，加入少量 10% 硝酸溶解，再加入 1g 磷酸氢二铵，溶解后用 5% 硝酸定容至 50mL。

2. 实验步骤

（1）配制待测样液和标准曲线系列溶液

① 样品制备　将采集的土壤样品（一般不少于 500g）混匀后用四分法缩分至约 100g。缩分后的土样经风干（自然风干或冷冻干燥）后，除去土样中石子和动植物残体等异物，用木棒（或玛瑙棒）研压，通过 2mm 尼龙筛（除去 2mm 以上的砂砾），混匀。用玛瑙研钵将通过 2mm 尼龙筛的土样研磨至全部通过 100 目（孔径 0.149mm）尼龙筛，混匀后备用。

② 湿法消解、稀释定容　准确称取 0.1 ~ 0.3g（精确至 0.0002g）试样于 50mL 聚四氟乙烯坩埚中，用水润湿后加入 5mL 浓盐酸，于通风橱内的电热板上低温加热，使样品初步分解，当蒸发至约 2 ~ 3mL 时，取下稍冷，然后加入 5mL 浓硝酸，4mL 浓氢氟酸，

2mL 浓高氯酸，加盖后于电热板上中温加热 1h 左右，然后开盖，继续加热除硅，为达到良好的效果，应经常摇动坩埚。当加热至冒浓厚高氯酸白烟时，加盖，使黑色有机碳化物充分分解。待坩埚上的黑色有机物消失后，开盖驱赶白烟并蒸至内容物呈黏稠状。视消解情况，可再加入 2mL 浓硝酸和 2mL 氢氟酸，1mL 高氯酸，重复上述消解过程。当白烟再次基本冒尽且内容物呈黏稠状时，取下稍冷，用水冲洗坩埚盖和内壁，并加入 1mL 硝酸溶液温热溶解残渣。然后将溶液转移至 25mL 容量瓶中，加入 3mL 磷酸氢二铵溶液冷却后定容，摇匀备测。同时要做样品空白。

由于土壤种类多，所含有机质差异较大，在消解时，应注意观察，各种酸的用量可视消解情况酌情增减。土壤消解液应呈白色或淡黄色（含铁较高的土壤），没有明显沉淀物存在。电热板的温度不宜太高，否则会使聚四氟乙烯坩埚变形。

③ 配制标准曲线系列溶液　镉标准使用液（1.00mg/L）：将镉标准储备液（1000mg/L）用 5% 硝酸逐级稀释 1000 倍至 1.00mg/L，作为镉标准使用液。

镉标准曲线系列溶液：分别吸取镉标准使用液（1.00mg/L）0.00mL、0.50mL、1.00mL、2.00mL、3.00mL 和 4.00mL 于 100mL 容量瓶中，用 5% 硝酸定容，混匀。此标准曲线系列溶液质量浓度分别为 0μg/L、5.00μg/L、10.0μg/L、20.0μg/L、30.0μg/L 和 40.0μg/L。

（注：有些仪器配有自动进样器，可以只配制溶液最高点，让进样器自动配标。可根据仪器灵敏度及样品中镉实际含量确定标准曲线系列溶液中镉质量浓度。）

（2）上机测定　按仪器的操作规程，绘制标准曲线，测定待测样液。

3. 数据处理，结果计算

实验实施

1. 方法原理

采用盐酸 - 硝酸 - 氢氟酸 - 高氯酸全消解的方法，彻底破坏土壤的矿物晶格，使试样中的待测元素全部进入试液。然后，将试液注入石墨炉中。经过预先设定的干燥、灰化、原子化等升温程序使共存基体成分蒸发除去，同时在原子化阶段的高温下镉化合物离解为基态原子蒸气，并对空心阴极灯发射的特征谱线产生选择性吸收。在选择的最佳测定条件下，通过背景扣除，测定试液中镉的吸光度。通过标准曲线法，计算样品中镉含量。

样品前处理

2. 实验过程

（1）样品前处理　根据实验方案进行样品制备、消解、定容。

（2）根据实验方案配制标准曲线系列溶液。

（3）上机测定，绘制标准曲线，测定待测样液含量

① 开机，进入测量程序　首先，根据测试要求，为仪器安装需要的空心阴极灯、石墨管。先打开循环制冷机电源，打开主机电源，同时打开电脑软件，双击图标进入 WizAArd 程序，打开石墨炉原子吸收测试软件进入测量程序。

标准溶液配制

② 登录仪器控制程序　联机，仪器开始自检，待自检后进入就绪状态。完成联机后进入测试页面，此时，确认已经打开冷却循环水或者制冷

仪器开机

机，打开氩气。即可开始实验。

③ 选择测试的元素及条件，设置测试的标准曲线范围及样品信息　进入元素选择界面—选择要测定的元素—选择进样量和温度—设定标准曲线—设定进样参数。

建立方法、设置
条件参数

④ 测定标准曲线　选择测试选项，选定标准曲线法，拟合方程为一次方程，选定合适的浓度单位，一般为 μg/kg，或者 μg/L。一般的实验中不需设定混合条件，测定的重复次数一般不超过 3 次。

选定 STD 功能，设定标准曲线浓度和位置，设定标准溶液体积、稀释溶液体积、基体改进剂体积。注意，常用的测量体积为 20μL 左右，一次实验中测量总体积不可以超过 90μL。

标准曲线溶液和
样液的测定

设置标准曲线信息，输入标准曲线点的数量，点击更新。样品体积常为 10μL 或 20μL，基体修饰液常为 5μL，样品组同标样。

⑤ 设定样品检测信息　根据实验参数，填入准确的定容体积、稀释倍数，重量因子为样品重量，校正因子用于换算浓度倍数用。仪器会自动计算样品的浓度，减少操作者的计算操作。以下这些系数用于计算样品的真实浓度，重量因子 WF，定容因子 VF，稀释因子 DF，校正因子 CF。

$$实际浓度 = 测量浓度 \cdot VF \cdot DF \cdot CF / WF$$

⑥ 处理数据，打印结果　一般实验测试完成后，对数据进行再处理，查看标准曲线的测试浓度范围，标准曲线相关系数要达到 0.999 以上，确认样品浓度是否在曲线范围内，空白样品是否满足要求，以上信息确认后打印标准曲线页面。

分析报表、仪器
关机

⑦ 测试结束后，清洗仪器、关机　清洗进样针、空烧石墨管。断开仪器软件联机，关闭软件和主机，然后依次关闭氩气和循环制冷机（或者冷却水）。

（4）仪器维护及注意事项

① 日常维护　每周需要更换一次自动进样器清洗液。

每两个月更换一次仪器冷却水，为了防止冷却水滋生苔绿，可以在冷却水中加入 5mL 双氧水。

长期不用仪器时，要定期开机，保持仪器的工作状态，防止石墨管吸附空气中水汽造成性能下降。

② 定期维护　石墨炉是一种皮实耐用的分析仪器，日常只做清洗液和冷却水维护即可。石墨管寿命一般为 500 次左右，如果经常测量高温元素，使用寿命可能会有不同程度的降低，如果仪器更换了石墨管，则要做石墨炉喷嘴位置检查乃至喷嘴位置调整。

3. 数据处理与结果讨论

模块五

原子荧光光谱法

√掌握原子荧光光谱法的基本概念，了解其发展历程及应用；

√理解原子荧光分析的基本原理、定量依据，荧光猝灭及其原因；

√理解氢化物发生原子荧光光谱法原理，熟悉氢化物发生法的特点；

√熟悉原子荧光光谱仪构成、各组成部分的功能要求；

√掌握原子荧光分析样品处理技术。

√能熟练进行样品溶液制备、标准溶液配制、常用原子荧光光谱仪的测量条件调试和上机操作等基本操作；

√能熟练操作常用原子荧光光谱仪及其应用软件，进行定量分析；

√能根据测定对象选择定量分析方法，正确计算样品含量，出具规范标准的实验报告单；

√能熟练维护保养原子荧光光谱仪。

√坚守"安全绿色、数据精准、诚信求实"的科学检测观，养成精益求精、团结协作的工作作风，具备工匠精神、劳动精神以及良好的职业道德和职业素养。

√培养学生环保意识，激发参与美丽中国建设的担当意识，培育成为生态文明建设的参与者和建设者。

√培养学生绿色发展理念，养成绿色生活方式，树立人与自然和谐共生的理念。

√培养学生顽强拼搏的实干精神和自强不息的奋斗精神，以实际行动践行社会主义现代化强国建设。

√培养学生广阔的国际视野，树立人类命运共同体的大格局、大视野、大情怀。

任务9　原子荧光光谱法测定土壤中的砷

任务分解

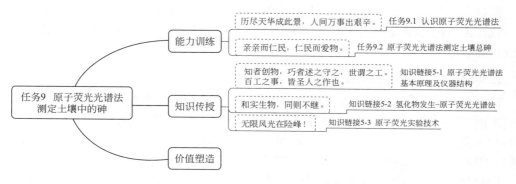

任务 9.1　认识原子荧光光谱法

问题导学

1. 什么是原子荧光光谱法？
2. 原子荧光光谱法的发展历程及应用现状。
3. 原子荧光光谱法与原子吸收光谱法在原理和结构上有哪些异同点？

知识讲解

1. 基本概念

原子荧光光谱法（AFS）是原子光谱法中的一个重要分支，是介于原子吸收光谱（AAS）和原子发射光谱（AES）之间的光谱分析技术。原子荧光是指基态原子蒸气吸收光源的特征辐射后，原子的外层电子被激发跃迁到较高能级，然后去活化又返回到基态或较低能级，同时发射与原激发光波长相同或不同的光辐射。图 5-1 为原子荧光跃迁示意图。

基于测量待测元素受激后发射的荧光强度而建立起来的分析方法，称为原子荧光光谱法。原子荧光从其发光机理看属于一种原子发射光谱（AES），而基态原子的受激过程又与原子吸收（AAS）相同。因此可以认为 AFS 是 AES 和 AAS 两项技术的综合和发展，它兼具 AES 和 AAS 的优点。

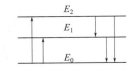

图 5-1　原子荧光跃迁示意图

原子荧光光谱法与原子吸收光谱法相比，两者原理上有本质的不同。AFS 是利用光能激发产生原子荧光谱线，根据其谱线的波长和强度进行定性、定量的分析方法，属于光致激发，是发射光谱分析。而 AAS 则属于吸收光谱分析。AFS 测量的原子荧光强度和 AAS 测量的吸光度都与基态原子浓度成正比关系。

两者在仪器结构上非常相似。AAS 仪器装置"光源—原子化器—单色器—检测器"是一直线；而 AFS 仪器装置，光源与单色器不是在一直线上，而是成 90°，且 AFS 必须使用强光源。

2. 原子荧光光谱法的发展与应用

原子荧光理论自 1859 年 Kirchhoof 研究太阳光谱开始，到 20 世纪 20 年代发现了许多元素的原子荧光。比如：BOGROS 介绍用锂火焰来激发锂原子的荧光，WOOD 用汞弧灯辐照汞蒸气观测汞的原子荧光，Nichols 和 Howes 用火焰原子化器测到了钠、锂、锶、钡和钙的微弱原子荧光信号，Terenin 研究了镉、铊、铅、铋、砷的原子荧光等。

1962 年，阿克玛德（Alkemade）在第 10 次国际光谱学会议上，介绍了原子荧光量子效率的测量方法，并预言这一方法可能用于元素分析。1964 年，美国 Winefodner 教授研究组和英国 West 教授研究组发表了许多关于原子荧光光谱分析的理论研究、基础实验及各种应用的报告，确立了原子荧光光谱分析的基础。1974 年，Tsujii 和 Kuga 将氢化物进样技术与非色散原子荧光分析技术相结合，实现了氢化物发生 - 原子荧光光谱分析（HG-AFS）。

20 世纪 70 年代末，以郭小伟为首的我国科技工作者，致力于原子荧光光谱仪器和测试技术方法的研究，在氢化物发生（HG）与原子荧光（AFS）联用技术方面取得令人满意的分析结果，将原子荧光光谱分析推向实际应用前沿。1978 年开始，我国实施了以找矿为目的的区域化探全国扫面计划，原子荧光分析技术成为重要配套仪器及分析方法在地质系统率先应用，随即将科研成果迅速地转化为商品化仪器。1985 年原子荧光进样系统以小蠕动泵为主并投入批量生产，1996 年成功研制以蠕动泵为主的原子荧光。1998 年，加拿大 Aurora 公司也推出了一款蒸气发生 - 原子荧光光谱仪，该仪器的性能基本上接近于我国早期同类型仪器的水平。

见微知著

1998 年，国外原子荧光水平和国内至少相差 15 年。迄今为止，原子荧光光谱仪器及其分析技术，我国仍居于国际领先地位。可以自豪地说：原子荧光，中国造！请结合原子荧光光谱法的发展历程，列举 3 点你认为能取得如此杰出成就的重要原因。

【 历尽天华成此景，人间万事出艰辛。】

实现中华民族伟大复兴，是一项光荣而艰巨的事业。这项事业是拼出来的，干出来的，需要每一个人付出艰苦努力，用实干托起中国梦。中国从近代积贫积弱一步步走到今天的发展繁荣，靠的是一代又一代人的顽强拼搏，靠的是自强不息的奋斗精神。因此，新时代青年，必须大力弘扬真抓实干、埋头苦干的良好风尚，出实策、鼓实劲、办实事、不图虚名、不务虚功，披荆斩棘、勇往直前。一代又一代的中国人勠力同心、不懈追求，我们一定能够达到中华民族伟大复兴的光辉彼岸。

1999 年，北京有色金属研究院为了进一步提高空心阴极灯的辐射强度，满足原子荧光分析高灵敏度的需求，在我国早期吴廷照、高英奇研制成功的原子吸收高性能空心阴极灯基础上结合原子荧光的特点，研制成功了用于原子荧光的高性能空心阴极灯。

目前，原子荧光分析方法已经成为各个领域不可缺少的检测手段。随着有关原子荧光的国家、行业、部门检测标准的建立，原子荧光光谱法有 40 多项国家、部门、地方及行业标准，广泛应用于地质、冶金、化工、生物制品、农业、环境、食品、医药医疗、工业矿山等领域，常用来测定无机金属元素，如 As、Hg、Pb、Se、Sn、Sb、Bi、Ge、Cd 等。

 习题测验

一、填空题

1. _____是指基态原子蒸气吸收光源的特征辐射后，原子的外层电子被激发跃迁到较高能级，然后去活化又返回到基态或较低能级，同时发射与原激发光波长相同或不同的光辐射。

2. AFS 测量的原子荧光强度和 AAS 测量的吸光度都与基态原子浓度成_____比关系。

二、判断题

1. 原子荧光从其发光机理看属于一种原子吸收光谱（AAS），而基态原子的受激过程又与原子发射（AES）相同。（   ）

2. AFS 是利用光能激发产生原子荧光谱线，根据其谱线的波长和强度进行定性、定量的分析方法，属于光致激发，是发射光谱分析。（   ）

3. AAS 仪器装置"光源—原子化器—单色器—检测器"是一直线；而 AFS 仪器装置，光源与单色器不在一直线上，而是成 90°，且 AFS 必须使用强光源。（   ）

任务 9.2 原子荧光光谱法测定土壤总砷

 任务导入

现有一第三方检测公司，接到某冶炼厂周边（图 5-2）采集的土壤样品，要求用原子荧光光谱法测定土壤总砷，以判断土壤总砷含量是否符合国家环境土壤技术指标要求。如果你是该公司的检测分析人员，并接受了该任务，需要怎么做呢？

图 5-2　某冶炼厂周边土壤采样点

 见微知著

　　砷广泛分布在自然环境中，在土壤、水、矿物、植物中都能检测出微量的砷，正常人体组织中也含有微量的砷。日常生活中，人们可通过食物、水源、大气摄入砷。研究表明，适量的砷有助于血红蛋白的合成，能够促进人体的生长发育。动物实验也表明，砷缺乏会抑制生长，生殖也会出现异常。但砷及其化合物具有毒性，当人体砷摄入量过多时，就会造成砷中毒。测定并监控土壤总砷含量是否符合土壤环境质量标准要求，守护碧水蓝天、绿水青山意义重大。请查阅资料，列举一则有关砷中毒的案例，并谈谈砷超标土壤已有的修复方法。

【亲亲而仁民，仁民而爱物。】

　　良好的生态环境是最普惠的民生福祉。发展经济是为了民生，保护生态环境同样也是为了民生。国家坚持生态惠民、生态利民、生态为民的政策，要重点解决损害群众健康的突出环境问题。生态文明是人民群众共同参与、共同建设、同享有的事业，新时代青年，要把建设美丽中国转化为自觉行为，积极参与生态文明建设，成为生态环境的保护者、建设者、受益者。

实验方案

实验 13　氢化物发生 – 原子荧光光谱法测定土壤总砷

1. 仪器与试剂

　　（1）实验仪器　VG-AFS9600 蒸气发生 - 非色散原子荧光光谱仪，砷空心阴极灯，氩气钢瓶及减压阀，100mL 烧杯，5mL、10mL 吸量管，50mL、100mL 容量瓶。

　　（2）实验试剂

　　① 5% HCl 溶液　将 50mL 优级纯 HCl+950mL 去离子水混合，摇匀，稀至 1000mL，盛装于玻璃皿中密闭待用，一周内有效。

② KBH₄ 溶液　称 4g 分析纯 NaOH 溶于水，溶解后，加入 16g 分析纯 KBH₄，稀至 800mL，摇匀，盛装于塑料瓶中待用，现用现配。

③ 硫脲 - 抗坏血酸溶液　称分析纯硫脲 15g，加 100mL 水，加热溶解，冷却后加 15g 抗坏血酸，稀至 300mL。

④（1+1）王水　量取 200mL 优级纯 HNO₃ 和 600mL 优级纯 HCl，混合摇匀配成王水，再量取 800mL 去离子水与前述王水混合摇匀，保存于玻璃试剂瓶待用。现用现配。

⑤（1+1）盐酸　取相同体积的优级纯 HCl 和去离子水，将去离子水倒入装有优级纯 HCl 的烧杯中，混匀后移入试剂瓶中待用。

2. 实验步骤

（1）样品前处理

① 土壤样品制备　土壤样品经避光风干、研磨后过 100 目非金属筛，保存于塑料自封袋中。

② 土壤样品消解　准确称取 0.5000g 待测土壤样品至（精确至 0.0002g）50mL 比色管中，加入 10mL（1+1）王水溶解，水浴加热，沸腾后开始计时，30min 时摇匀一次样品，60min 时结束水浴加热，从水浴中取出比色管，用 5% HCl 溶液定容至 50mL，摇匀，放置一晚，第二天使用。待测。

（2）配制标准曲线系列溶液　将浓度为 1000μg/mL 的砷标准溶液稀释至浓度为 1.00μg/mL 的标准工作液，分别吸取 0.00、0.50、1.00、1.50、2.00、3.00（mL），转移至 50mL 比色管或容量瓶中，加 5mL（1+1）盐酸，加 20mL 硫脲 - 抗坏血酸溶液，定容至刻度待测。

（3）上机测定荧光强度，绘制标准曲线，测定待测样砷含量

① 测定标准曲线系列溶液　在仪器的最佳工作条件下，以空白调零，测定其荧光强度。按照从低到高吸取不同浓度的标样，以测定的荧光强度为纵坐标，相对应的砷含量为横坐标，绘制出标准曲线。

② 测定待测样　按测定标准曲线溶液的相同仪器条件，以空白调零，测定待测样荧光强度。

若待测样中砷含量超过标准曲线范围，可加大稀释倍数后重新测定。

3. 计算含量

土壤样品总砷含量 w 以质量分数计，数值以 μg/g 或 mg/kg 表示，按如下公式计算：

$$w=\frac{(c-c_0)(V_2/V_1)V_总}{m(1-f)\times1000}$$

式中　　c——从标准曲线上查得砷元素含量，单位为 ng/mL；

　　　　c_0——试剂空白溶液测定浓度，单位为 ng/mL；

　　　　V_2——测定时分取样品溶液稀释定容体积，单位为 mL；

　　　　$V_总$——溶液消解后定容总体积，单位为 mL；

　　　　V_1——测定时分取样品消解液体积，单位为 mL；

　　　　m——试样质量，单位为 g；

　　　　f——土壤含水量；

　　1000——将 ng 换算为 μg 的系数。

实验实施

1. 方法原理

土壤样品中的砷经酸化加热消解后，加入硫脲和抗坏血酸使五价砷还原为三价砷。在酸性条件下，三价砷与硼氢化钾反应生成砷化氢，由载气（氩气）带入石英原子化器，砷化氢分解为原子态砷。在特制的砷空心阴极灯的照射下，基态砷原子被激发至高能态，去活化回到基态时，发射出特征波长的荧光，在一定浓度范围内，其荧光强度与砷的含量成正比，因此可通过测定标准曲线求出未知样品中砷含量。

方法原理及思路

氢化物产生反应式如下：

$$BH_4^- + H^+ + 3H_2O \longrightarrow H_3BO_3 + 8H^*$$
$$5H^* + As^{3+} \longrightarrow AsH_3\uparrow + H_2\uparrow$$

2. 实验过程

（1）样品制备、消解　根据实验方案进行样品制备、消解。

（2）根据实验方案配制标准曲线系列溶液和待测样液。

（3）上机测定荧光强度，绘制标准曲线，测定待测样砷含量。

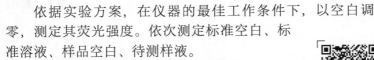

土壤样品制备　配制标准曲线溶液和待测样液

依据实验方案，在仪器的最佳工作条件下，以空白调零，测定其荧光强度。依次测定标准空白、标准溶液、样品空白、待测样液。

本任务以蒸气发生-非色散原子荧光光谱仪（VG-AFS）系列产品为例。

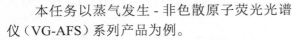
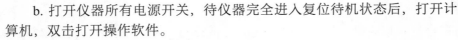

仪器简要介绍（手动进样）　仪器简要介绍（自动进样）　仪器组成及工作原理

① 仪器开机

a. 安装元素灯，检查计算机与仪器线路连接状态，确保连线正常。

b. 打开仪器所有电源开关，待仪器完全进入复位待机状态后，打开计算机，双击打开操作软件。

② 条件设置

a. 开启软件后删除 A 通道 Hg 元素，保留 B 通道砷元素。

安装元素灯

b. 点击"条件"按钮，设置负高压 210V，B 通道灯总电流 30mA。

c. 测量条件选项中设置读数时间 16s，B 通道曲线拟合次数 2 次。

d. 设置自动进样器参数。

e. 打开氩气（载气）气瓶阀门，调节压力表出口压力在 0.25～0.30MPa 之间。

仪器开机　灯位调节　条件设置

③ 点火，清洗仪器　将进还原剂管和进样品/载流管插入蒸馏水中，

打开载气

准备完毕后，在软件上按"点火"按钮，然后点击"清洗"按钮，先将仪器
清洗 10 遍。

④ 标准曲线绘制

a. 设置标准曲线浓度。

b. 测定标准空白。将蠕动泵的还原剂管插入硼氢化钾溶液中，将样品 /
载流管依次插入标准空白溶液和 5% HCl 载流溶液中。硼氢化钾溶液和样品 / 载流进入反
应块示意图如图 5-3 所示。

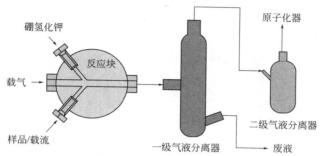

图 5-3　进样反应示意图

点击软件上"空白"按钮选择"标准空白"项，开始测定标准空白，直至相邻两个标准
空白的荧光强度值小于或等于空白辨别值，标准空白自动停止测定。

c. 测定标准曲线溶液。标准空白测定结束后，将样品 / 载流管依次插入标准曲线系列溶液
和 5% HCl 载流溶液中。点击"标准"按钮，选择"测定标准曲线"选项，依次进行曲线测定。

d. 标准曲线测试结束后，自动生成标准曲线图，相关系数 $R=0.999$，则符合测试要
求，否则，须重新测定标准曲线。

⑤ 样品测定

a. 测定样品空白溶液。测完标准曲线后，再测定样品空白，将样品 / 载流管依次插入
样品空白溶液和 5% HCl 载流溶液中。操作为点击"空白"按钮，选择测定样品空白。

b. 测定样品溶液。样品空白测完后，将样品 / 载流管依次插入样品溶液和 5% HCl 载
流溶液中。点击软件上"样品"按钮，设置样品批次编号，依次进行样品的测定。

⑥ 数据保存　样品测定结束后，点击软件上 Excel 选项，打开表格，将所需要保存
的文件重新命名，存放在电脑对应文件夹中。

⑦ 关机　样品测定结束后，清洗仪器，并熄火，退出测试软件，关
闭仪器主机和自动进样器。关闭氩气钢瓶。

（4）仪器日常维护及注意事项

① 严禁将酸液、碱液、水等液体洒在仪器上，误洒时，请及时清理。

② 测定结束用硅油涂抹裸露活动部件，如自动进样器丝杆、滑轨部
件、蠕动泵等，既可保证设备部件的润滑，又能有效地隔离金属与空气中
的酸碱，减少部件的腐蚀。

③ 每两周用纱布或毛巾蘸少量凡士林反复擦抹仪器表面及内部可接
触到的地方（光学仪器，严禁触碰透镜）。

④ 调节泵管松紧时，可先调节样品管压块 / 卡板调节轮，使样品 / 载
流平稳流出，然后调节还原剂管压块 / 卡板调节轮，直到反应块出口

有丰富气泡即可。过松或过紧会导致进样异常，而且过紧时易损坏泵管，缩短泵管寿命。

⑤ 泵管不可空载运行。每次实验后，需将压块调节顶丝松开或将卡板调节轮调至最下端，使泵管处于非挤压状态。泵管使用一段时间后，应予以更换，老化不严重的泵管放置一段时间后还可以重复使用。

⑥ 长期使用会出现原子化器炉芯污染、炉丝老化或断裂等现象，这些现象将影响测量灵敏度，此时应更换炉芯或炉丝。

⑦ 更换气瓶时，应先清洁气瓶出口灰尘杂物，以免堵塞气路。

⑧ 测试前，应先打开气瓶，以防止液体倒灌，腐蚀气路系统。

⑨ 排风系统抽风口的中心距离工作台面 90cm 左右，排风量不宜过大，以免影响仪器的稳定性，并且不得与其他设备共用一个排风通道。推荐排风量不小于 15m³/min 或风机功率不低于 50W。

⑩ 仪器应定期通电运行，不可长期搁置。

3. 数据处理，计算含量

实验报告

原子荧光光谱法测定土壤总砷报告单

姓名：_____ 实验时间：_____年___月___日 组员：_____

1. 标准使用液的配制

标准储备液浓度：_____ 标准使用液浓度：_____

稀释次数	吸取体积 /mL	稀释后体积 /mL	稀释倍数
1			
2			
3			

2. 标准曲线的绘制

溶液代号	吸取标液体积 /mL	$c/$（μg/mL）	A
0			
1			
2			
3			
4			

续表

溶液代号	吸取标液体积 /mL	c/ (μg/mL)	A
5			
6			
回归方程			
线性 R			

3. 样品的制备和配制

土壤样品称取质量: _____ g　　溶液消解后定容总体积: _____ mL

稀释次数	吸取体积 /mL	稀释后体积 /mL	稀释倍数
1			
2			
3			

4. 样品含量的测定

平行测定次数	1	2	3
A			
查得的浓度 / (μg/mL)			
土壤样品砷含量 / (μg/g)			
土壤样品平均砷含量 / (μg/g)			

计算过程:

① 根据浓度稀释公式 $c_1V_1=c_2V_2$, 计算标准曲线系列溶液浓度。

② 计算待测样液砷含量。

③ 根据待测样液的稀释倍数, 计算原始样品砷含量、相对平均偏差。

定量分析结果: 样品的浓度为 _____ 。

任务评价

见表 5-1。

表 5-1 实验完成情况评价表

姓名：_____ 完成时间：_____ 总分：_____

第___组 组员：_____

评价内容及配分		评分标准							扣分情况记录	得分
实验结果（45分）		工作曲线： 1挡 相关系数 ≥ 0.9999，不扣分 2挡 0.9999 > 相关系数 ≥ 0.999，扣5分 3挡 0.999 > 相关系数 ≥ 0.99，扣10分 4挡 相关系数 < 0.99，扣22分								
		相对平均偏差 ≤ /% 1.0 2.0 3.0 4.0 5.0 6.0 7.0 扣分标准 / 分　　　 0　 1　 2　 3　 4　 6　 8								
		与准确浓度 相对偏差 ≤ /%　 1.0 2.0 3.0 4.0 5.0 6.0 > 6.0 扣分标准 / 分　 0　 2　 4　 8　 10　 12　 15								
过程操作（25分） （注：操作分扣完为止，不进行倒扣）		1. 玻璃仪器未清洗干净，每件扣2分； 2. 损坏仪器，每件扣5分； 3. 定容溶液：定容过头或不到，扣2分； 4. 标准溶液：每重配一个，扣5分； 5. 50mL 比色液：每重配一个，扣2分； 6. 显色时间不到：扣2分； 7. 仪器未预热：扣5分； 8. 吸收池类型选择错误：扣5分； 9. 吸收池操作不规范：扣5分； 10. 计算有错误：扣5分/处（出现第一次时扣，受其影响而错不扣）； 11. 数据中有效数字位数不对或修约错误：每处扣1分； 12. 其他犯规动作，每次扣0.5分，重复动作最多扣2分								
职业素养（20分）	原始记录（5分）	原始记录不及时，扣2分；原始数据记在其他纸上，扣5分；非正规改错，扣1分/处；原始记录中空项，扣2分/处								
	安全与环保（10分）	未穿戴实验服：扣5分； 台面、卷面不整洁：扣5分； 损坏仪器：每件扣5分； 不具备安全、环保意识：扣5分								
	6S 管理（5分）	1. 考核结束，仪器清洗不洁：扣5分； 2. 考核结束，仪器堆放不整齐：扣1～5分； 3. 仪器不关：扣5分								
	否决项	涂改原始数据未经监考老师同意不可更改，在考核时不准进行讨论等作弊行为发生，否则作0分处理。不得补考								
考核时间（10分） 超 60min 停考		超过时间 ≤	0：00	0：10	0：20	0：30				
		扣分标准 / 分	0	3	6	10				

原子荧光光谱法基本原理及仪器结构

问题导学

1. 原子荧光光谱的产生机理。原子荧光有哪些种类？
2. 荧光猝灭是什么？引起荧光猝灭的原因有哪些？
3. 荧光强度与待测元素浓度的关系。
4. 原子荧光光谱仪的主要构成及其功能。

知识讲解

1. 原子荧光光谱的产生

气态自由原子吸收光源的特征辐射后，原子的外层电子被激发跃迁到较高能级，处于高能态的电子很不稳定，在极短的时间（约 10^{-8}s）内即会自发返回到基态或较低能态，同时将吸收的能量以辐射的形式释放出去，发射与原激发光波长相同或不同的光辐射，即为原子荧光。图 5-4 为原子荧光光谱的产生示意图。

原子荧光分为共振荧光、非共振荧光和敏化荧光三类。其中，共振荧光是指激发态原子发射与原吸收波长相同的荧光；而发射与原吸收波长不相同的荧光，则为非共振荧光；敏化荧光是指激发态原子通过碰撞将激发能转移给另一个原子（待测元素）使其激发，后者再以辐射方式去活化而发射的荧光。

三类荧光以共振荧光最强，测定灵敏度最高，在分析中应用最广。

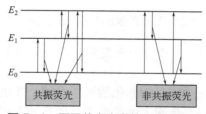

图 5-4 原子荧光光谱的产生示意图

2. 荧光猝灭

处于激发态的原子，随时可能与其他分子、原子或电子发生非弹性碰撞而丧失其能量，导致荧光减弱或完全不产生的现象，称为荧光猝灭。引起荧光猝灭的物质称为荧光猝灭剂。

荧光猝灭的程度与被测元素以及猝灭剂的种类有关，其猝灭原因很多，机理也很复杂，主要包括：①因荧光物质的分子和猝灭剂分子碰撞而损失能量；②荧光物质的分子与猝灭剂分子作用生成了本身不发光的配位化合物；③溶解氧的存在，使得荧光物质氧化，或是由于氧分子的顺磁性，促进了体系间跨越，使激发单重态的荧光分子转变至三重态；④当荧光物质浓度过大时，会产生自猝灭现象。

3.荧光强度与浓度的关系

物质发射荧光的量子数和吸收激发光的量子数之比称为荧光量子效率。荧光量子效率的大小取决于物质的分子结构、状态及环境，如温度、pH及溶剂等。当实验条件固定，荧光量子效率一定时，原子荧光强度 I_f 与试样浓度 c 成正比。即 $I_f=kc$。

注意：在原子荧光分析中，原子浓度较高时容易发生自吸，它可使荧光信号变化和荧光谱线变宽，从而减少峰值强度。$I_f=kc$ 式中 I_f 与试样浓度 c 的线性关系，只在低浓度时成立。

4.原子荧光光谱仪器

原子荧光光谱仪分为色散型原子荧光光谱仪和非色散型原子荧光光谱仪。两类仪器结构基本相似，主要组成部件有激发光源、原子化器、光学系统、检测系统，差别在于单色器部分。

（1）激发光源　激发光源是原子荧光光谱仪的主要组成部分，要求激发光源应具有：强度高，无自吸，稳定性好，噪声低，辐射光谱重复性好，操作容易，不需复杂的电源，使用寿命长，价格便宜，发射的谱线要足够纯。

原子荧光光谱法可用连续光源或锐线光源，常用的光源有：蒸气放电灯、连续光源——高压汞氙灯、空心阴极灯、无电极放电灯等。其中，锐线光源辐射强度高，稳定，可得到更好的检出限。实际测定中多用高强度空心阴极灯作锐线光源。

（2）原子化器　原子荧光光谱仪对原子化器的要求与原子吸收光谱仪基本相同。

（3）光学系统　色散型原子荧光光谱仪配装单色器，常用光栅作为色散元件，其对光学系统的分辨能力要求不高，但要求有较大的集光本领。非色散型仪器则不配单色器，用滤光器分离分析线和邻近谱线，降低背景。两类仪器的构成见图5-5。

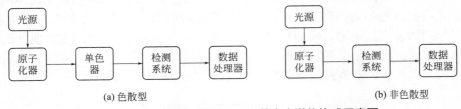

(a) 色散型　　　　　　　　　　　　　　(b) 非色散型

图5-5　色散型与非色散型原子荧光光谱仪构成示意图

（4）检测器　检测器与激发光束成直角配置，以避免激发光源对检测原子荧光信号的影响。如图5-5所示。

目前，大多数原子荧光光谱仪采用非色散光学系统。非色散型原子荧光光谱仪仪器结构简单，便于操作；不足之处是散射光的影响大，所测元素种类少。

见微知著

紫外-可见分光光度计和原子吸收分光光度计，其检测器与光源都在一条直线上。而原子荧光光谱仪为避免激发光源对原子荧光信号的干扰，巧妙地将光源与检测器呈直角设计。设计成就未来，设计成就梦想，人类美好生活离不开匠心设计，请分享一个你熟悉的能给人们生活工作带来便利的设计。

【知者创物，巧者述之守之，世谓之工。百工之事，皆圣人之作也。】

　　工作不仅仅是我们赚钱谋生之道，更应该是我们追求目标和梦想，实现人生价值的舞台。千百个年轻人的梦想和目标汇聚在一块儿，就成为一个国家的宏大叙事史诗。新时代青年，要培育精益求精、团结协作的工匠精神，做中华文明传承者和发扬者。

 习题测验

一、填空题

　　1. 处于激发态的电子从高能级返回低能级的同时发射出与_____相同或不同的_____，即原子荧光。

　　2. 处于激发态的电子从高能级返回低能级除发射荧光外，也可能在原子化器中与其他电子、原子、分子发生_____碰撞，导致荧光减弱或完全不产生的现象，称为_____。

　　3. 原子荧光可分为 3 类：即_____、_____和_____，其中以_____最强，在分析中应用最广。

　　4. 原子荧光光谱仪的主要组成部件有_____、_____、_____及_____。

　　5. 原子荧光分析仪分为_____原子荧光分析仪与_____原子荧光分析仪。

二、判断题

　　1. 基态电子吸收能量跃迁到高能级的过程称为激发，处于激发态的电子不稳定，总具有跃迁回基态、伴随释放能量的趋势。（　　）

　　2. 当电子从基态跃迁到第一激发态时，与所吸收的能量对应的光谱线叫做共振吸收线，而从第一激发态跃迁回基态时所放出的能量对应的光谱线叫做共振发射线。（　　）

　　3. 当电子从低能级跃迁到高能级时，必须吸收相当于两个能级差的能量，而从高能级跃迁到低能级时，则要释放出相对应的能量。（　　）

　　4. 在原子荧光分析中，原子浓度较高时容易发生自吸，它可使荧光信号变化和荧光谱线变宽，从而增加峰值强度。（　　）

　　5. 原子荧光光谱仪的检测器与激发光束成直角配置，以避免激发光源对检测原子荧光信号的影响。（　　）

知识链接
5-2

氢化物发生 – 原子荧光光谱法

 问题导学

　　1. 氢化物发生原子荧光法的基本原理。

　　2. 氢化物（蒸气）发生 – 原子荧光光谱仪的仪器构成。

3. 氢化物发生 – 原子荧光光谱法适宜测定元素有哪些？氢化物发生法的特点是什么？

知识讲解

氢化物发生 - 原子荧光光谱法（HG-AFS）是将氢化物进样技术与非色散原子荧光分析技术相结合而形成的一种分析方法。

1. 基本原理

碳、氮、氧族元素的氢化物是共价化合物，其中 As、Sb、Bi、Se、Ge、Pb、Sn、Te 八种元素的氢化物具有挥发性，通常情况下为气态，因此借助载气流可以方便地将其导入原子化器或激发光源之中，进行定量光谱测量。

在酸性条件下，样品溶液中 As、Sb、Bi、Se、Ge、Pb、Sn、Te 元素与还原剂硼氢化钾或硼氢化钠（KBH_4 或 $NaBH_4$）发生氢化反应，生成挥发性共价化合物。Cd、Zn 形成气态组分，Hg 形成原子蒸气。其挥发性组分借助载气流导入原子化器被原子化为基态原子，基态原子蒸气吸收激发光源特定波长的辐射，由基态激发到高能态，而后返回基态时以光辐射的形式发射出特征波长的荧光，其荧光强度与样品溶液中的待测元素浓度之间具有正比关系，据此进行待测元素的定量分析。氢化物反应方程式如下：

$$BH_4^- + H^+ + 3H_2O \longrightarrow H_3BO_3 + 8H^*$$
$$H^* + M^{n+} \longrightarrow M_mH_n\uparrow + H_2\uparrow$$

式中 M^{n+} 代表待测元素，M_mH_n 为气态氢化物（m 可以等于或不等于 n）。

2. 氢化物（蒸气）发生 – 原子荧光光谱仪

氢化物（蒸气）发生 - 原子荧光光谱仪主要由氢化物发生系统、原子化器、激发光源、分光系统、检测器、数据处理器构成。如图 5-6 所示。

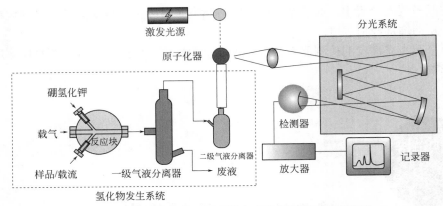

图 5-6 氢化物发生 – 原子荧光光谱仪工作过程示意图

（1）氢化物发生系统 氢化物发生反应主要由蠕动泵、反应块、一级气液分离器、二级气液分离器和相应流路管路共同完成。

待测样品在载流盐酸的推动下，进入反应块，与还原剂硼氢化物在酸性条件下发生化学反应，生成的气态组分经过二级气液分离器，被载气送入原子化器原子化为自由基态原子。气液分离的过程，既消除了部分干扰，也是样品的富集过程。

从氢化物的发生技术分析，氢化物的发生进样方式主要有：间断法、连续流动法、断续流动法、流动注射法。

见微知著

氢化物发生进样装置及进样方式一度是科研工作的重点和热点。氢化物发生进样技术与原子荧光光谱仪联用，实现了原子荧光光谱法的准确测定。氢化物发生系统不仅将待测元素转化为氢化物，经载气被导入原子化器，还起到了分离与富集待测元素的作用，以致测定含量干扰少、检出限较低、灵敏度高。然而，氢化物发生－原子荧光手动进样方式烦琐且容易出错，自动进样装置则能自动完成重复的进样工作，从而降低进样人工成本。在人工智能日益普及的今天，重复劳动可日渐被机器人取代，请你谈谈怎样让自己独一无二，怎样实现人与机器人和谐共处。

【和实生物，同则不继。】

不同事物聚合在一起，相互作用，可以不断产生新事物。相反，只是同质事物的简单累积，那就还是原来的事物。"和"构成了"生"的动力机制。人工智能已改变人类生活的方方面面。作为 21 世纪的青年，要与时俱进，要投身互联网 + 的时代洪流，利用人工智能提升人类的发展水平。

（2）原子化系统　氢化物发生 - 原子荧光光谱法的氢化物原子化器是一个电加热的石英管，当硼氢化钾（钠）与酸性溶液反应生成氢气被载气带入石英炉时，氢气被点燃并形成氩氢焰原子化器，使待测元素的气态化合物或原子蒸气实现原子化。

氢化物原子化器采用双层屏蔽式石英炉，中心为双层同芯的石英炉芯，外周为固定及保温装置，特制点火炉丝安装在炉芯顶端。其中，中心的双层石英炉芯，进入内层的为载气（氩气）、待测元素的原子蒸气或气态化合物和氢气的混合气体，外层通入屏蔽气（氩气）。内层气体入口和外层屏蔽气入口通过硅胶管分别与二级气液分离器出口和屏蔽气口相连。炉芯上方的电热炉丝固定在加持套上，炉丝有两个作用，一是点燃氢气，在炉口上方形成浅蓝色的氢氧火焰，使待测元素的原子蒸气或气态化合物实现原子化。二是维持原子化器基础温度（200℃左右），这一温度可对气态混合物进一步干燥，以减少水分进入火焰区域，从而提高数据稳定性。原子荧光光谱仪的原子化火焰实质为氩气氛围下的氢氧火焰，氩氢火焰为习惯叫法。

原子化器是原子化系统的关键部件，不同型号仪器的原子化室内部结构有所区别，但原子化器结构与功能完全相同。

对原子化器的要求：原子化效率高，物理或化学干扰小，稳定性好，在测量波长处具有较低的背景发射，为获得最大的荧光量子效率，不应含有高浓度的猝灭剂，在光路中原子有较长的寿命等。

（3）激发光源、分光系统、检测器、数据处理器　氢化物发生 - 原子荧光光谱法激发光源用脉冲供电的空心阴极灯；分光系统、检测器、数据处理器与原子荧光光谱仪基本相同。

3. 氢化物发生法的适用范围及其特点

（1）适用范围　氢化物发生法适用于与还原剂硼氢化钾（钠）反应转换为挥发性氢化物的 As、Sb、Bi、Ge、Sn、Pb、Se、Te、Zn、Cd 元素，以及能生成蒸气的 Hg 元素。

注意：能与还原剂硼氢化钾或硼氢化钠形成氢化物的元素的价态见表 5-2。

表 5-2　形成氢化物的元素的价态

元素	价态
As	3+
Sb	3+
Bi	3+
Se	2+、4+
Te	4+
Ge	4+
Pb	4+

其中，五价状态的 As 和 Sb 也可以与硼氢化钾（钠）反应，但反应速度较慢；六价的 Se 和 Te 完全不与硼氢化钾（钠）反应；Pb 的氢化物为 PbH_4，但在溶液中 Pb 一般为二价存在，故一般需加入氧化剂，常用的氧化剂有铁氰化钾，不同的氧化剂，酸度不同。

氢化物发生 - 原子荧光光谱法的样品溶液酸介质和载流酸介质须按氢化物反应条件的要求来配制，样品经消化处理后应根据分析元素的价态进行适当的预处理使之符合氢化物反应条件所需的价态。

（2）特点

① 分析元素能够与可能引起干扰的样品基体分离，消除了部分干扰。

② 与溶液直接喷雾进样相比，氢化物法能将待测元素充分预富集，进样效率近乎100%。

③ 连续氢化物发生装置宜于实现自动化。

④ 不同价态的元素氢化物发生实现的条件不同，可进行价态分析。

 习题测验

一、填空题

1. 氢化物发生 - 原子荧光光谱法的氢化物原子化器是一个电加热的石英管，当硼氢化钾（钠）与酸性溶液反应生成____被载气带入石英炉时，氢气被点燃并形成____原子化器，使待测元素的气态化合物或原子蒸气实现原子化。

2. 氢化物原子化器中心的双层石英炉芯，进入____层的为载气（氩气）、待测元素的原子蒸气或气态化合物和氢气的混合气体，____层通入屏蔽气（氩气）。

二、判断题

1. 氢化物发生系统气液分离的过程，既消除了部分干扰，也是样品的富集过程。（   ）

2. 氢化物发生法中，进样系统载流盐酸的作用，既可推动待测样品进入反应块，又为下一个样品的进入清洗了进样管道。（   ）

3. 原子荧光光谱仪的原子化火焰实质为氩气氛围下的氢氧火焰，氩氢火焰为习惯叫法。（   ）

4. 氢化物发生法适用于与还原剂硼氢化钾（钠）反应转换为挥发性氢化物的 As、Sb、Cd、Ge、Sn、Pb、Se、Te、Zn、Cd 元素，以及能生成蒸气的 Hg 元素。（   ）

5. 氢化物发生 - 原子荧光光谱法的样品溶液酸介质和载流酸介质须按氢化物反应条件的要求来配制，样品经消化处理后不需根据分析元素的价态进行适当的预处理使之符合氢化物反应条件所需的价态。（   ）

6. 氢化物发生 - 原子荧光光谱法测定的元素能够与可能引起干扰的样品基体分离，消除了部分干扰。（   ）

知识链接
5-3

原子荧光实验技术

问题导学

1. 原子荧光光谱法分析样品预处理方法及注意事项。
2. 原子荧光光谱仪测量条件的选择。
3. 原子荧光光谱法测定注意事项。

知识讲解

1. 样品预处理技术

样品在采集、储存、消解、样品空白处理等过程中，如果方法不当会造成测量元素的损失或污染的引入，从而导致回收率偏低或偏高。

样品预处理常用的消解方法有干灰化法、湿消化法、微波消解技术。干灰化法包括高温灰化和低温灰化，低温灰化适用于样品中有机物高的，不适用于易挥发性的元素。湿消化法是利用适当的酸、碱和氧化剂、催化剂一道与样品煮沸，将其中的有机物分解，使被测组分转化为离子态。常用酸为盐酸、硫酸、硝酸、高氯酸、氢氟酸等；常用氧化剂为过氧化氢、高锰酸钾等。微波消解技术分为微波马弗炉（干灰化）、微波消解仪（湿消化）、微波萃取仪。微波消解仪（湿消化）包括高压微波消解仪和常压微波消解仪。

在原子荧光光谱法测定中，需注意 As、Hg、Se 等典型元素的消解事项：As 在湿法消解后注意赶酸，至氮氧化物尽量少，以达到加入预还原剂时能把五价 As 还原为三价 As；

Hg 在消解后注意赶酸至氮氧化物挥发殆尽，消化和赶酸时控制温度和加回流装置；Se 在消化赶酸完成之后加入浓盐酸适量，加热煮沸几分钟，把六价 Se 还原为四价 Se。

在样品的处理过程中须考虑以下问题：所用处理方法要保证被测元素能完全分解；在样品的处理过程中被测元素不能有损失。如：在锗的测定中不应用盐酸处理，否则锗将以四氯化锗的形式挥发；由于方法的灵敏度高，所用试剂须先检查空白；最终的酸度及介质要符合被测元素发生氢化物的要求，一般不要采用硝酸或王水溶液（除汞外）；样品溶液的最终体积须根据被测元素的灵敏度和样品含量确定。

适宜的样品处理方法要保证待测组分的回收率符合要求，并在此基础上，兼顾快速、操作简便、成本低、污染小的方法，尤其污染小至关重要。

2. 定量分析方法

原子荧光光谱法用于定量分析的依据是待测元素发射的荧光强度与其浓度成正比。定量分析方法与原子吸收光谱法类似，主要用标准曲线法。

3. 仪器测量条件的选择

（1）光电倍增管负高压　光电倍增管负高压（PMT）指加于光电倍增管两端的电压。在一定范围内负高压与荧光信号（荧光强度 If）成正比，见图 5-7。负高压越大，放大倍数越大，但同时暗电流等噪声也相应增大。

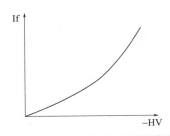

图 5-7　荧光强度与负高压的关系图

光电倍增管负高压随电压的增加荧光强度增大，增加光电倍增管负高压有利于提高灵敏度，降低检出限，但工作曲线的线性范围降低。因此，在满足分析要求的前提下，尽量不要将光电倍增管的负高压设置太高。

（2）灯电流　原子荧光光谱仪的激发光源采用集束脉冲供电方式，以脉冲灯电流的大小决定激发光源发射强度的大小，在一定范围内随灯电流增加荧光强度增大。但灯电流过大，会发生自吸现象，而且噪声也会增大，同时灯的寿命缩短。因此，在满足分析要求的前提下，尽量选用低的灯电流。

（3）原子化器温度　原子化器温度是指石英炉芯的温度，即预加热温度。当氢化物通过石英炉芯进入氩氢火焰原子化之前，适当的预加热温度，可以提高原子化效率、减少猝灭效应和气相干扰。石英炉芯内的温度为 200℃，即预加热温度为 200℃。原子化器温度不同于原子化温度（即氩氢火焰温度），氩氢火焰温度大约在 780℃。

（4）原子化器高度　原子荧光光谱仪的原子化器高度是指原子化器顶端到透镜中心水平线的垂直距离。其指示的高度数值越大，原子化器高度越低，氩氢火焰的位置越低。氩氢火焰的高度如图 5-8 所示。

原子化器高度的选择：原子化器高度低，荧光强度大，同时空白噪声也大，过小的高

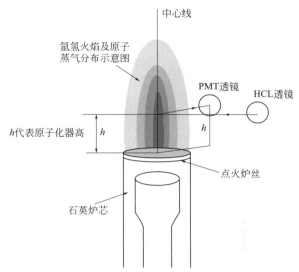

图 5-8　氩氢火焰的高度示意图

度将导致气相干扰，同时由于光源射到炉口所引起的反射光过强而降低检出限；原子化器高度高，空白噪声低，荧光强度低且不稳定。一般原子化器高度为 6 ～ 8mm。

（5）载气流量　氢化反应产生的氢化物、氢气及少量的水蒸气在载气（氩气）的"推动"下进入屏蔽式石英炉芯的内管，即载气管。

载气流量小，氩氢火焰不稳定，测量的重现性差，载气流量极小时，由于氩氢火焰很小，有可能测量不到信号；载气流量大，原子蒸气被稀释，测量的荧光信号降低，过大的载气流量还可能导致氩氢火焰被冲断，无法形成氩氢火焰，使测量没有信号。

屏蔽气流量小时，氩氢火焰肥大，信号不稳定；屏蔽气流量大时，氩氢火焰细长，信号不稳定且灵敏度降低。

载气流量的选择：载气流量与荧光强度有关，载气流量太小，不能把砷的氢化物稳定地带到原子化器；载气流量太大，会稀释火焰中原子浓度降低荧光信号。一般载气选用 300 ～ 700mL/min。

仪器工作条件的选择原则为：首先初步判断待测元素含量，结合仪器检测范围，确定样品称样量及待测样液配制方案；根据待测元素浓度范围，确定工作曲线标准曲线系列溶液的浓度；根据标准曲线系列溶液的浓度范围，设置仪器的各项参数，高浓度的标准曲线系列溶液要把仪器的各项参数（如灯电流、负高压等）降低，反之，则要提高。

4. 注意事项

（1）实验试剂　原子荧光测定痕量元素，试剂纯度、配制方法、保存方法等都会影响测定结果。

① 水　建议使用 18MΩ 以上的纯净水。

② 酸　盐酸、硝酸常含有杂质（砷、汞、铅等），须采用较高纯度的酸。实验之前可测试各酸的空白荧光强度，挑选较低荧光强度值的酸，如果空白值过高，会影响工作曲线的线性、方法的检出限和测定的准确度。

③ 硼氢化钾（钠）　要求含量 ≥ 95%。为保证溶液的稳定性，硼氢化钾（钠）溶液为碱性，建议其中氢氧化钾（钠）的浓度为 0.2% ～ 0.5%，过低的浓度不能有效防止硼氢化

钾（钠）的分解，过高的浓度会影响氧化还原反应的总体酸度。配制后的硼氢化钾（钠）溶液应避免阳光照射，密闭保存，以免引起还原剂分解产生较多的气泡，影响测定精度。建议现用现配。

④ 标准储备液　注意标准溶液的保存。如保存不当，会导致含量偏低、标准溶液配制有误、标准溶液受污染。

⑤ 其他试剂　注意试剂中纯度，要考虑到试剂中被测元素的含量以及干扰元素的含量。

⑥ 试剂使用、保存不当　试剂在保用和保存过程中，注意外界的污染物进入试剂中。注意用移液管吸取试剂前要把移液管清洗干净并保持干燥，盛放试剂的器皿要用完即刻密封好。盛放试剂的容器本身的材质应不含污染物或不易溶出污染物。

（2）实验仪器

① 玻璃器皿的清洗　容量瓶、烧杯、比色管、移液管等曾经盛装过某种物质而未清洗干净，或者洗净的器皿长时间放置而吸附了空气中的污染物等。实验所用玻璃器皿要在1∶1的硝酸溶液中浸泡12h以上，使用前用自来水冲洗，再用纯净水冲洗5、6遍。沾污严重的器皿可考虑采用超声清洗、用氧化性强的溶剂、加温等手段清洗。容易造成污染的元素有汞、砷、铅、锌等。切记不论是什么器皿，用前一定要再清洗。

② 原子荧光仪器的反应系统管道、原子化器等清洗　氢化物原子荧光仪器是用来进行痕量分析的仪器，如果测试了高含量样品，必定会对后面的测定造成污染。注意一定要事先排查样品，尽量在未上机测试前把样品稀释。如已发生污染，要停止测试，立即清洗反应系统的管道、原子化器等。

（3）实验室环境　注意防止室内空气、水源等被污染。由于样品、试剂存放不当或长期积累造成实验环境的污染。平时注意实验室的通风，实验室的清洁，不存放易污染、挥发性强的物质。已经造成污染的可以请有关专家进行处理。建议在污染物未清理干净的情况下更换实验室房间。

见微知著

氢化物发生－原子荧光光谱法测定物质痕量、超痕量组分，测定的精密度和准确度要求高，对所用玻璃仪器、试剂、实验室环境均有规定。比如：原子荧光测定的元素锗（Ge）、砷（As）、硒（Se），它们在高科技尖端科学特别是信息领域有着广泛的用途。其中Ge是被称为比黄金还珍贵的稀有资源元素；Se被科学家誉为"人类抗癌之王""生命的火种"的人体必需十四种微量元素之一。不仅仅是Ge或者Se，任何稀有资源都需要很好地控制，精确测定各元素含量，把精力投入到这些稀有资源的高端技术研发上，意义重大。请查阅资料，列举一个在高科技尖端科学方面应用且你感兴趣元素的背后故事。

【无限风光在险峰！】

目前我国已进入新发展阶段，要树立新发展理念，秉承"创新、协调、绿色、开放、共享"的新发展理念，根据新发展阶段的新要求，坚持问题导向，彻底解决好科技上卡脖子的问题，实现整个国家高质量的发展。新时代青年，在创新驱动大潮中练就扎实本领，培养广阔的国际视野，有落后就会挨打的危机意识和忧患意识，有敢啃硬骨头的闯劲，咬定青山不放松的韧劲，生命不息奋斗不止的拼劲，成长为时代的奋进者、搏击者，在新时代成就精彩人生。

 习题测验

一、填空题

1. 样品预处理常用的消解方法有_____、_____、_____。

2. 原子荧光光谱仪原子化器温度是指_____的温度，即预加热温度。当氢化物通过石英炉芯进入氩氢火焰原子化之前，适当的预加热温度，可以提高原子化效率、减少猝灭效应和气相干扰。

3. 氢化发生 - 原子荧光光谱法中氢化反应产生的_____、_____及少量的水蒸气在载气（氩气）的"推动"下进入屏蔽式石英炉芯的内管，即载气管。

二、判断题

1. 在原子荧光光谱法测定中，As 在湿法消解后注意赶酸，至氮氧化物尽量少，以达到加入预还原剂时能起到把五价 As 还原为三价 As。（　　）

2. 在原子荧光光谱法测定中，Se 在消化赶酸完成之后加入浓盐酸适量，加热煮沸几分钟，把六价 Se 还原为四价 Se。（　　）

3. 原子荧光光谱法由于方法的灵敏度高，在样品的处理过程中所用试剂须先检查空白。（　　）

4. 光电倍增管负高压随电压的增加荧光强度增大，增加光电倍增管负高压有利于提高灵敏度，降低检出限，但工作曲线的线性范围降低。在满足分析要求的前提下，尽量不要将光电倍增管的负高压设置太低。（　　）

5. 空心阴极灯灯电流与荧光强度有关，灯电流越大，荧光强度越大，但影响灯的使用寿命。在满足分析要求的前提下，尽量选用高的灯电流。（　　）

6. 原子荧光实验所用玻璃器皿要在 1∶1 的硝酸溶液中浸泡 12h 以上，使用前用自来水冲洗，再用纯净水冲洗 5、6 遍。切记不论是什么器皿，用前一定要再清洗。（　　）

附录

参考答案

导入　走进光谱分析

0.1 光的本质 ABCCB

0.2 光与物质的相互作用 C；ABC、DE

0.3 光分析方法及光谱分析仪器 A、C；A、B

模块一　紫外－可见分光光度法

任务 1.1　认识紫外－可见分光光度法

一、1.200～800nm；吸收　2.分子　二、D

知识链接 1-1　分子吸收光谱的产生

一、1.分子吸收光谱　2.选择性　3.分子的电子光谱

二、BD；ABC

知识链接 1-2　光吸收的基本定律

一、1.负对数　2.浓度；正

二、DACBC　DDBAB　C

三、BD；ABC；ACD；CD

知识链接 1-3　紫外－可见分光光度计

一、1.光源；单色器；吸收池（比色皿）；检测器；信号指示系统

2.棱镜；光栅　3.紫外；可见　4.紫外；可见；单波长；双波长

二、BCCBAA

三、BC；ABD；ABCD

四、略

任务 2　未知物的定性定量分析

知识链接 1-4　化合物的紫外－可见吸收光谱及定性应用

一、1.助色团　2.短　3.减少

二、BD

三、BD；ABC；ACD

知识链接 1-5　紫外 - 可见吸收光谱定量分析方法

一、BD

二、ABD

三、√×√×

任务 3　工业废水中铁含量的测定

知识链接 1-6　选择最佳实验条件

一、DCBBA　AACDD　BAABA

二、ABCD；BC；ABCD；ABCD；BCD

任务 3.3　紫外 - 可见分光光度计的检验及维护保养

一、BBADB　BCDAD　DB

二、ABCD；ABCD；ABD；ABC；BC；ABCD；ABC；ABC

知识链接 1-7　拓展——多组分、高含量物质的测定

1. D　2. 略

3.【解】　A_s=0.700 时，T=10^{-A}=$10^{-0.700}$=20%；A_x=1.00 时，T=10%

锌标准溶液和含锌试液的透光率之差为 ΔT=20%−10%=10%

差示法测定时，把标准溶液的透射比由 20% 调节为 100%，放大了 5 倍，此时，试液的透射比由 10% 放大 5 倍后为 50%。

即试液的吸光度为 A=−lg0.5=0.301

差示法读数标尺放大的倍数为 50/10=5 倍。

模块二　红外分光光谱法

任务 4.1　认识红外光谱法

一、1. 波数；透光率（T）2. 短；高；长；低 3. 近红外；中红外；远红外

二、√√

知识链接 2-1　红外吸收光谱法基本原理

一、1. 小；小　2. 偶极矩　3. 官能团区；指纹区

二、DBAAC

三、ACE；ACE；AC；AD

四、1. 产生红外吸收的条件：

（1）红外辐射的能量应与振动能级差相匹配。即 $E_{光}$=ΔE_v。

（2）分子在振动过程中偶极矩的变化必须不等于零。

故只有那些可以产生瞬间偶极距变化的振动才能产生红外吸收。

2.（1）在红外谱图中 p-CH$_3$ — Ph — COOH 有如下特征峰：v_{OH} 以 3000cm^{-1} 为中心有一宽而散的峰。而 Ph — COOCH$_3$ 没有。

（2）苯酚有苯环的特征峰：即苯环的骨架振动在 1625 ～ 1450cm^{-1}，有几个吸收峰，

而环己醇没有。

知识链接 2-2　红外光谱仪及其应用

一、1. 溴化钾压片法　2. 干涉光

二、CDC

模块三　原子发射光谱法

知识链接 3-1　原子发射光谱法的基本原理

一、1. 激发态；基态　2. 自吸　3. 谱线的波长；谱线强度

二、C　B　D　A

三、1. 解释下列名词：原子线、离子线、共振线、最后线。

原子线：原子外层电子被激发到高能态后跃迁回基态或较低能态，所发射的谱线称为原子线。

离子线：原子受到外界能量激发，当它的激发能量高于原子的电离能时，原子失去电子成为离子，离子被激发后其外层电子跃迁发射出的谱线称为离子线。

共振线：指电子由激发态跃迁至基态所发射的谱线。

最后线：当元素含量减少到最低限度时出现的最后一条谱线称为最后线，最后线一般是元素分析的最灵敏线。

2. 什么是原子吸收线和原子发射线？

原子吸收线是基态原子吸收一定辐射能后被激发跃迁到不同的较高能级产生的光谱线；原子发射线是基态原子吸收一定的能量（光能、电能、热能或辐射能）后被激发跃迁到较高的能级，然后从较高的能级跃迁回基态或较低能级时产生的光谱线。

四、对于 Na589.592nm：

$$\Delta E=h\frac{c}{\lambda}=\frac{6.626\times10^{-34}\times3.0\times10^{10}}{589.592\times10^{-7}}=2.1(eV)$$

对于 Cu327.396nm，$\Delta E=3.9eV$。

知识链接 3-2　原子发射光谱仪结构

一、1. 激发光源；分光系统；检测器　2.Li 的 670.785nm 的原子线　3. 高频发生器；炬管；雾化器；稳定性好、基体效应小、线性范围宽、检出限低、应用范围广、自吸效应小、准确度高　4. 蒸发；激发　5. 直流电弧；高；易于蒸发；较小；稳定性

二、C　C　D　B　C

三、1. 常用的光源有直流电弧、交流电弧、电火花和电感耦合等离子体。

2. 带电荷的气体流从高频感应线圈的交变磁场中获得能量的相互作用称为"电感耦合"。

3. ～ 5. 略。

知识链接 3-3　原子发射光谱定性定量分析方法

一、1. 铁　2.$I=ac^{b}$ 或 $\lg I=\lg a+b\lg c$；3. 下部（或低含量）；上　4. 标准试样光谱比较法；标准光谱图比较法　5. 物理干扰；电离干扰；光谱干扰

二、A；C；B；D；ABC

三、1. 常用的半定量方法有谱线比较法、谱线呈现法和均称线对法。

2. 原子发射光谱是根据元素特征谱线定性，待测元素谱线强度定量。

3.（1）原子发射光谱半定量分析，因为一次摄谱即可进行全部元素测定；

（2）石墨炉原子吸收分光光度法，因为灵敏度高；

（3）原子荧光光谱法，因为灵敏度高，干扰少。

4. 略。

模块四　原子吸收光谱法

任务 7.1　认识原子吸收光谱法

一、特征谱线；基态原子

二、D

三、××√

知识链接 4-1　原子吸收光谱法的基本原理

一、1. 正比　2. 发射谱线；吸收谱线　3. 基态原子　4. 多普勒变宽　5. 线性光谱

二、×××××

三、DCDAA

四、1. 原子吸收光谱法与紫外 - 可见分光光度法有相似之处，都属于吸收光谱分析，主要不同点是，两者吸光物质的状态和使用的光源不同。紫外 - 可见分光光度法测定的物质状态是溶液中分子和离子，产生的是宽带分子光谱，可以使用连续光源；而原子吸收光谱法测定的物质状态是基态原子蒸气，产生的是窄带原子光谱，必须使用锐线光源。正是这种区别，两者所用的仪器和分析方法也不同。

2. 略。

知识链接 4-2　原子吸收光谱仪的结构及其测量条件的选择

一、1. 光源波动　2. 脉冲　3. 出射狭缝宽度　4. 低　5. 笑气 - 乙炔

二、ADCACD

三、√√××√

四、1. 原子吸收光谱仪的结构：光源—原子化器—分光系统（单色器）—检测系统。光源的作用：发射待测元素的特征光谱。原子化器的作用：将试样中的待测元素转化为原子蒸气。分光系统的作用：将待测元素的吸收线与邻近谱线分开。检测系统的作用：将光信号转变为电信号，然后放大、显示。

2. 空气 - 乙炔火焰根据燃助比的不同可分为化学计量火焰、贫燃焰、富燃焰。

其特点分别为：

化学计量火焰按照 $C_2H_2+O_2 \Longrightarrow CO_2+H_2O$ 反应配比燃气与助燃器的流量，性质中性，温度较高，适合大多数元素的测定。

贫燃焰燃助比小于化学计量火焰的火焰，蓝色，具有氧化性（或还原性差），火焰温度高，燃烧稳定，适合测定不易形成难熔氧化物的元素。

富燃焰燃助比大于化学计量火焰的火焰，火焰黄色，具有较强的还原性，火焰温度低，燃烧不稳定，适合测定易形成难熔氧化物的元素。

241

五、要分开 285.2nm 与 285.5nm 的谱线，光谱带宽应小于

285.5nm−285.2nm=0.3nm

狭缝宽度 = 光谱带宽 / 线色散率倒数 =0.3/1.5=0.2（mm）

知识链接 4-3　原子吸收光谱法的定量分析

一、1. 特征浓度　2. 检出限　3. 标准加入法

4. 比尔定律

二、DDDCC

三、×√××

四、一般来说灵敏度越高，检出限越低，特征浓度越低。灵敏度、特征浓度与噪声无关，而检出限与仪器噪声有关。噪声越大检出限越高。

五、1.【解】由铜标液加入的体积可计算出其浓度为 2.00、4.00、6.00、8.00、1000（μg/mL），以浓度为横坐标、相应的吸光度为纵坐标作出工作曲线，当 A=0.137 时 c=4.40μg/mL。

样品中铜浓度：c（Cu）=4.40×50/10=22.0（μg/mL）。

2.【解】将上述数据列表

加入铬标液体积 /mL	0.00	0.50	1.00	1.50
浓度增量 /（μg/mL）	0.00	1.00	2.00	3.00
吸光度 A	0.061	0.182	0.303	0.415

画图，曲线延长线与浓度轴交点为 0.55μg/mL，样中铬的质量分数

w=（0.55×50×50）/（10×2.1251）=1.31（mg/kg）

知识链接 4-4　干扰消除方法

一、1. 线状　2. 消除磷酸根离子的化学干扰　3. 空气；乙炔　4. 原子吸收+背景吸收；背景吸收　5. 次灵敏线

二、ABCD；ABD；D；C；ABCD；BCD

三、××√√√

四、1. 消除的方法有四种，即：使用高温火焰如氧化亚氮乙炔火焰；加释放剂（镧盐）；加保护剂（EDTA）；化学分离。

2. ～ 3. 略。

任务 7.4　原子吸收光谱仪的安装和维护保养

一、1.40% ～ 60%　2. 先开助燃气再开燃气，先关燃气再关助燃气　3. 铜接头　4. 去离子水

二、ABCDD

三、×√×√√√

四、1. 原子吸收常设的仪器条件为：分析线（波长）、空心阴极灯电流、燃气流量、燃烧头高度、光谱带宽。

分析线选择的原则：通常选择最灵敏线，当试液浓度较高或在最灵敏线附近有邻近线干扰时选择次灵敏线。

2. 略。

五、原子吸收测 Pb 的最佳实验条件选择：

分析线选择：在 Pb 的几条分析线上分别测定定浓度的铁标准溶液，选出吸光度最大者即为最灵敏线作为分析线。

灯电流选择：改变灯电流测量定浓度的 Pb 标准溶液，绘制 A-I 曲线，选择吸光度较大并稳定性好者为最佳灯电流。

燃气流量选择：改变燃气流量测量一定浓度的 Pb 标准溶液，绘制 A- 燃气流量曲线，选择吸光度最大者为最佳燃气流量。

燃烧器高度选择：改变燃烧器高度测量一定浓度的 Pb 标准溶液，绘制 A- 燃烧器高度曲线，选择吸光度最大者为最佳燃烧器高度。

光谱带宽选择：固定其他实验条件，改变光谱带宽，测量一定浓度的 Pb 标准溶液，吸光度最大时所对应的光谱带宽为最佳光谱带宽。

干扰消除：采用标准加入法消除物理干扰、化学干扰。采用背景校正技术（氘灯校正背景或其他方法校正背景）消除背景干扰。

样品处理：称取定量（质量 m）的食品试样，放入 100mL 烧杯中，加入硝酸、高氯酸，放于电炉上加热至样品转为白色，溶解残渣，定容于 $V(\mathrm{mL})$ 的容量瓶中，作为待测试液。

定量方法：标准加入法。取四个 V（mL）容量瓶，各加 V（mL）的待测液，再加入不同体积的 Pb 标准溶液，定容上机测定吸光度，画曲线，由曲线与浓度轴的交点查得浓度 c_x。

结果计算：样品中 Pb 的质量分数。

模块五　原子荧光光谱法

任务 9.1　认识原子荧光光谱法
一、1. 原子荧光 2. 正
二、×√√

知识链接 5-1　原子荧光光谱法基本原理及仪器结构
一、1. 原激发波长；能量辐射　2. 非弹性；荧光猝灭　3. 共振荧光；非共振荧光；敏化荧光；共振荧光　4. 激发光源；原子化器；光学系统；检测系统　5. 非色散型；色散型
二、1-5 √√√×√

知识链接 5-2　氢化物发生 - 原子荧光光谱法
一、1. 氢气；氩氢焰　2. 内；外
二、√√√××√

知识链接 5-3　原子荧光实验技术
一、1. 干灰化法；湿消化法；微波消解技术　2. 石英炉芯　3. 氢化物；氢气
二、√√√××√

参考文献

[1] 朱明华.仪器分析.北京：高等教育出版社，2000.

[2] 赵藻藩，等.仪器分析.北京：高等教育出版社，1990.

[3] 魏培海，曹国庆.仪器分析.北京：高等教育出版社，2014.

[4] 邓勃.应用原子吸收与原子荧光光谱分析.北京：化学工业出版社，2007.

[5] 栾崇林.仪器分析.北京：化学工业出版社，2018.

[6] 黄一石.仪器分析.3版.北京：化学工业出版社，2004.

[7] 刘珍.化验员读本.4版.北京：化学工业出版社，2005.

[8] 穆华荣.分析仪器维护.北京：化学工业出版社，2006.

[9] 邢梅霞.光谱分析.北京：中国石化出版社，2012.

[10] 刘崇华.光谱分析仪器使用与维护.北京：化学工业出版社，2010.

[11] 紫外可见分光光度计 UV-1800DS2 使用说明书.

[12] 红外分光光度计 TJ270-30A/B 使用说明书.

[13] Optima 5300DV 型电感耦合等离子体发射光谱仪使用说明书.

[14] SPECTROLAB M12 型火花源原子发射光谱仪使用说明书.

[15] 4510 原子吸收分光光度计使用说明书.

[16] GGX-920 石墨炉原子吸收分光光度计使用说明书.

[17] 蒸气发生 - 非色散原子荧光光谱仪 VG-AFS 使用说明书.

[18] 中华人民共和国环境保护行业标准.水质 - 铁的测定 - 邻菲啰啉分光光度法（试行）. HJ/T 345—2007.

[19] 中华人民共和国卫生部.GBZ/T 192.4—2007.工作场所空气中粉尘测定 第 4 部分：游离二氧化硅含量.北京：人民卫生出版社，2007.

[20] 电感耦合等离子体光谱法测定铝、镉、铜、铁、铅、锑、砷、锡量.Q/ZYJ09.02.35.19—2004.

[21] 水质 铜、锌、铅、镉的测定 原子吸收分光光度法.GB/T 7475—1987.

[22] 土壤质量 铅、镉的测定 石墨炉原子吸收分光光度法.GB/T 17141—1997.

[23] 土壤质量 总汞、总砷、总铅的测定 原子荧光法 第 2 部分：土壤中总砷的测定. GB/T 22105.2—2008.

[24] 锌及锌合金分析方法光电发射光谱法.GB/T 26042—2010.